呼伦湖水量动态演化特征及水文数值模拟研究

Hydrological Numerical Modelling & Dynamic Evolution Characteristics of Hulun Lake Water Volume

李畅游 孙 标 张 生 贾克力 著

科学出版社

北 京

内 容 简 介

本书以北方第一大湖呼伦湖及其流域为研究对象,全书共分为 7 章,主要内容包括:绪论,呼伦湖概况及流域水系特征研究,基于小波理论的流域水文序列随机分析,基于混沌理论的流域水文序列预测分析,湖面演化及多波段水深反演研究,基于 TIN 模型的湖泊水量动态演化研究,呼伦湖流域水文数值模拟。

本书可供资源、地理、环境等相关专业的研究生、本科生及从事相应专业的科研、教学和工程技术人员参考。

图书在版编目(CIP)数据

呼伦湖水量动态演化特征及水文数值模拟研究/李畅游等著. —北京:科学出版社,
2016.12
　　ISBN 978-7-03-050974-1

Ⅰ. ①呼… Ⅱ. ①李… Ⅲ. ①呼伦湖-含水量-动态平衡-研究　②呼伦湖-水文模拟-研究　Ⅳ.①P344.226

中国版本图书馆 CIP 数据核字(2016)第 287092 号

责任编辑:何雯雯　王希挺/责任校对:刘凤英
责任印制:李　冬/封面设计:王　浩

科学出版社 出版
北京东黄城根北街 16 号
邮政编码:100717
http://www.sciencep.com

北京科信印刷有限公司 印刷
科学出版社发行　各地新华书店经销

*

2016 年 12 月第 一 版　开本:787×1092　1/16
2016 年 12 月第一次印刷　印张:14 1/2
字数:330 000

定价:88.00 元
(如有印装质量问题,我社负责调换)

作者介绍

李畅游 内蒙古农业大学教授，博士生导师。现任中国高等教育学会常务理事、内蒙古水利学会副理事长、教育部高等学校水利类专业教学指导委员会副主任、中国水利教育协会高等教育分会副理事长、中国农业工程学会副理事长、《农业环境科学学报》编委。

多年来一直从事水环境系统规划及管理、水资源最优化配置教学和科研工作。先后主持和参加了 40 余项国家和省部级重大科研项目，其中主持国家自然科学基金项目 7 项（含重点项目 1 项），国际合作项目 3 项。1993 年获"内蒙古自治区优秀青年知识分子"荣誉称号，1994 年被自治区授予"优秀科技工作者"荣誉称号，1996 年获"内蒙古自治区有突出贡献的中青年专家"荣誉称号，2012 年获国务院特殊津贴。1995 年获国家科技进步三等奖，2001 年与 2009 年分别获国家级教学成果二等奖，2013 年获内蒙古自治区教学成果一等奖，2013 年获内蒙古自然科学二等奖。发表论文 180 余篇，其中 30 余篇被 SCI 或 EI 收录，拥有国家专利 5 项，以第一作者撰写出版专著 3 部。

孙　标 内蒙古农业大学助理研究员，博士。近年来主要从事湖泊湿地水环境、水生态与 3S 技术应用研究。主持国家自然科学基金项目 1 项，高等学校博士学科点专项科研基金项目 1 项，内蒙古自然科学基金项目 1 项，内蒙古农业大学校级优秀青年基金项目 1 项；参加国家自然科学基金项目 9 项（含重点项目 1 项），国际合作项目 2 项，其他省部级科研项目 10 余项。2013 年获得内蒙古自然科学二等奖。发表论文 20 余篇，其中 5 篇被 SCI 收录，参与撰写专著 3 部。

张　生 现任内蒙古农业大学水利与土木建筑工程学院院长，教授，博士生导师，硕士毕业于以色列本古里昂大学水资源利用专业，博士毕业于英国谢菲尔德大学水环境科学与工程专业。近年来主要从事水环境保护与修复的研究。先后主持国家自然科学基金项目 2 项，水利部公益性行业科研专项 1 项，其他省部级科研项目 3 项；参加国家自然科学基金项目 3 项（含重点项目 1 项），国际合作项目 2 项，其他省部级科研项目 10 余项。2015 年入选内蒙古"草原英才"高层次人才，2009 年先后获内蒙古自治区教学成果一等奖和二等奖，2013 年获内蒙古自治区教学成果一等奖。发表论文 70 余篇，其中 6 篇被 SCI 收录，拥有国家专利 2 项，参与撰写专著 1 部。

贾克力 内蒙古农业大学教授，硕士生导师，毕业于爱尔兰国立高威大学水文专业。近年来主要从事流域水文模拟的研究。主持国家自然科学基金项目 2 项，其他省部级科研项目 5 项；参加国家自然科学基金项目 4 项，国际合作项目 2 项，其他省部级科研项目 10 余项。发表论文 30 余篇，其中 4 篇被 SCI 收录，参与撰写专著 1 部。

前　言

我国湖泊数量众多，分布广泛，就像一颗颗璀璨的明珠，镶嵌在祖国的大地上。在气候变化和人类活动的双重作用下，一些湖泊出现了水位持续下降、集水面积和蓄水量不断减小的现象，有的湖泊甚至完全干涸。

呼伦湖是中国第五大湖，北方第一大湖，又称"达赉湖"，水域辽阔，素有"草原明珠"的美誉，地处呼伦贝尔草原腹地，呼伦贝尔草原以水草丰美而著称，是我国优质的天然牧场和重要的畜牧业生产基地。呼伦湖是全球范围内寒冷干旱地区极为罕见的具有生物多样性和生态多功能的自然湖泊湿地生态系统，是水鸟迁徙的重要天然驿站。呼伦湖及周边草原于1990年被划定为自治区级保护区，1992年被批准为国家级自然保护区，2002年1月被联合国列入国际重要湿地名录，2002年11月被联合国教科文组织人与生物圈计划吸收为世界生物圈保护网络成员。它与呼伦贝尔草原及大兴安岭森林共同构筑了我国北方重要的生态屏障，对维护地区生物多样性，以及保护我国北方乃至华北地区的生态安全，促进经济社会可持续发展发挥着不可替代的重要作用。呼伦湖近年来由于气候变化和河流来水量的减少，湖泊水量变化剧烈，水文循环发生变化，并由此引发其他各类生态环境问题，如生物多样性减少，芦苇沼泽和苔草沼泽演替为盐生植被和沙生植被，周边草场退化，畜牧业生产力降低等。对呼伦湖的水文过程进行研究具有重要的科学与现实意义。

本书以呼伦湖及其流域为研究对象，首先根据收集到的长序列资料对该湖泊的气候及水系特征做了分析，利用DEM明确了呼伦湖流域的分布范围。基于小波理论和混沌理论对呼伦湖的主要入湖河流克鲁伦河和乌尔逊河的水文时间序列做了分析，明确了该流域的水文周期规律。其次，基于3S技术分析研究了呼伦湖近年来的湖面变化情况，并利用实测水深和遥感影像建立了多波段水深反演模型，精确地反演了呼伦湖的湖底地形分布情况，在此基础上利用湖底三维模型进行不同水位情况下湖泊的多年水量平衡分析，明确了呼伦湖水量动态演化的成因。最后，结合区域地下水的补给研究，利用HydroGeoSphere模型进行了呼伦湖流域水文数值模拟，并模拟预测了未来气候条件下的流域水文动态变化情况，为呼伦湖的保护与修复提供了重要的研究基础。

内蒙古农业大学河湖湿地水环境保护与修复团队从2007年开始，一直对呼伦湖进行着水文、水环境方面的连续监测，凡是到呼伦湖做过试验的团队成员都对这片土地有着深厚的感情，它有一种无法用言语形容的魅力，令人神往。本书为团队近十多年来关于呼伦湖水循环的理论、方法、成果的系统总结，是湖泊湿地水资源与水环境重要的研究积累，凝聚了团队科研人员的智慧与见解。笔者希望通过本书的出版，为呼伦湖的保护尽绵薄之力，可以有更多的人去关注呼伦湖、关注内蒙古、关注草原生态。水是生命之源，没有了水，一切将不复存在。

全书由内蒙古农业大学李畅游教授和孙标助理研究员设计，由李畅游教授、张生教授、贾克力教授及孙标助理研究员共同执笔。全书共7章，第1章由李畅游、孙标撰写，第2章由史小红、孙标、赵胜男撰写，第3章由李畅游、张生、贾克力撰写，第4章由张生、贾克力、赵胜男撰写，第5章由李畅游、史小红、孙标撰写，第6章由孙标撰写，第7章由史小红、孙标、赵胜男撰写。初稿完成之后李畅游教授、张生教授、贾克力教授及孙标助理研究员又进行了若干轮的统稿和修订。王志杰、黄健、计亚丽、樊才睿、高宏斌、梁丽娥、朱永华、王静洁、王旭阳、韩知明等团队成员在资料的收集、整理和后期的校稿工作中付出了辛勤的劳动。

特别要感谢科学出版社的何雯雯老师，在本书出版过程中的大力支持和多方面的修改意见，才能使本书更为完善。笔者对所有为本书出版作出贡献的同事和朋友们致以衷心的感谢。

本书由内蒙古农业大学优秀青年科学基金（2014XYQ-10）、国家自然科学基金重点项目（51339002）、教育部"创新团队发展计划"（IRT13069）、国家自然科学基金（51409288、51669022、51669021、51569019、51509133、51269016）、高等学校博士学科点专项科研基金（20131515120005）和内蒙古产业创新团队项目联合资助。

本书内容涉及水文、空间信息、计算机、地理信息、数学等学科和领域，由于作者水平有限，在撰写的过程中难以全面把握多学科的交叉知识，书中错误及不足之处在所难免。诚恳希望同行和读者批评指正，提出宝贵意见。

作者

2016年10月

于内蒙古农业大学

目　录

第 1 章　绪论 ··· 1
　1.1　研究背景 ··· 1
　1.2　水文时间序列研究的主要进展 ··· 2
　1.3　水文模型研究的主要进展 ·· 5
　1.4　气候预测模型研究的主要进展 ··· 9
　1.5　呼伦湖现有研究的主要进展 ··· 11
　参考文献 ··· 14

第 2 章　呼伦湖概况及流域水系特征研究 ··· 18
　2.1　地理位置及其形态概况 ·· 18
　2.2　湖泊的形成与周边地貌概况 ··· 19
　2.3　区域气候特征 ·· 20
　2.4　呼伦湖水系特征 ··· 26
　2.5　基于 DEM 的呼伦湖流域特征研究 ·· 29
　2.6　结论与讨论 ··· 40
　参考文献 ··· 40

第 3 章　基于小波理论的流域水文序列随机分析 ·· 42
　3.1　呼伦湖流域水文序列复杂性分析 ··· 42
　3.2　小波分析在水文系统多时间尺度分析中的应用 ···································· 58
　3.3　结论与讨论 ··· 70
　参考文献 ··· 71

第 4 章　基于混沌理论的流域水文序列预测分析 ·· 72
　4.1　基于混沌理论的水文时间序列预测研究 ··· 72
　4.2　基于最小二乘支持向量机的混沌时间序列预测研究 ····························· 84
　4.3　基于 ARIMA 模型的流域水文序列预测研究 ······································ 108
　4.4　结论与讨论 ·· 119
　参考文献 ··· 120

第 5 章　湖面演化及多波段水深反演研究 ·· 123
　5.1　呼伦湖湖面演化遥感解译研究 ·· 123
　5.2　多波段遥感水深反演模型研究 ·· 136

5.3 结论与讨论 ··· 151
　　参考文献 ··· 151
第6章 基于TIN模型的湖泊水量动态演化研究 ································· 153
　　6.1 呼伦湖湖盆三维模型分析 ··· 153
　　6.2 多年水量平衡分析及演化规律研究 ······································ 156
　　6.3 呼伦湖保护的对策与建议 ··· 163
　　6.4 结论与讨论 ··· 164
　　参考文献 ··· 164
第7章 呼伦湖流域水文数值模拟 ·· 165
　　7.1 HydroGeoSphere模型 ··· 165
　　7.2 基于HydroGeoSphere的地表水–地下水耦合模拟 ···················· 173
　　7.3 未来气候下流域水文特征预测 ··· 196
　　7.4 结论与讨论 ··· 211
　　参考文献 ··· 212
附录 ··· 214

第1章 绪 论

1.1 研究背景

　　淡水资源是一切生物赖以生存的重要物质基础和生命有机体的重要组成部分，是生物进化过程中不可缺少的物质流和能量流。具有独特功能的湖泊是维系人与自然和谐发展的重要纽带。湖泊被誉为"地球之肾"（杨永兴，2002），具有调节河川径流、发展灌溉、提供工业和饮用的水源、繁衍水生生物、沟通航运，改善区域生态环境以及开发矿产等多种功能，在国民经济的发展中发挥着重要作用。同时，湖泊及其流域是人类赖以生存的重要场所，湖泊本身对全球变化响应敏感，在人与自然这一复杂的巨大系统中，湖泊是地球表层系统各圈层相互作用的联结点，是陆地水圈的重要组成部分，与生物圈、大气圈、岩石圈等关系密切，具有调节区域气候、记录区域环境变化、维持区域生态系统平衡和繁衍生物多样性的特殊功能。

　　我国湖泊数量众多，分布广泛，就像一颗颗璀璨的明珠，镶嵌在祖国的大地上。根据科技部"十一五"期间进行的《中国湖泊水质、水量与生物资源调查》，我国目前现有面积 $1km^2$ 以上的天然湖泊 2693 个，总面积约 8.1 万 km^2（马荣华等，2011）。目前我国湖泊萎缩退化形势严峻。在气候变化和人类活动的双重作用下，一些湖泊出现了水位持续下降、集水面积和蓄水量不断减小的现象，有的湖泊甚至完全干涸。据报告，中国近 50 年来消失的湖泊共计 243 个。其中，新疆消失的湖泊 62 个，位居榜首；内蒙古紧随其后，消失 59 个；湖北排第三，消失 55 个；江苏排第四，消失 11 个；江西、安徽排第五，各消失 10 个。湖泊萎缩的现象不仅发生在中国，位于非洲中部，被喀麦隆、乍得、尼日尔和尼日利亚四国环绕的乍得湖曾是世界最大的湖泊之一，但由于气候变化、人口增长等因素，乍得湖的面积在不到 40 年的时间里已经缩小了 90%。

　　内蒙古大部分地区都属于干旱半干旱地区，当地的湖泊水资源对于维持区域环境生态的协调可持续发展具有毋庸置疑的关键作用。内蒙古湖泊分布构成一个北东—南西向的湖群带，主要分布在年降水量 200~400mm 的呼伦贝尔高原、西辽河平原、锡林郭勒高原、乌兰察布高原和丘陵区、河套平原和鄂尔多斯高原等广大地区（李畅游和孙标，2013）。它们所处位置远离海洋，降水少，气候干旱，水蚀作用微弱。在全球气候逐渐变暖大背景下，随着人类活动对湖泊的影响日渐加深，内蒙古的湖泊由于其特殊的地理位置及气候特征将在水量、水质及周边流域生态环境等方面迎接更为严峻的考验。

　　呼伦湖是中国第五大湖，北方第一大湖，又称"达赉湖"，水域辽阔，素有"草原明珠"的美誉，地处呼伦贝尔草原腹地，呼伦贝尔草原以水草丰美而著称，是我国优质的天然牧场和重要的畜牧业生产基地（王志杰等，2012）。呼伦湖是全球范围内寒冷干旱地区极为罕见的具有生物多样性和生态多功能的自然湖泊湿地生态系统，是水鸟迁徙的重要天然驿站，区内共有鸟类18目52科317种，其中国家一级重点保护鸟类有9种、国家二级重点保护鸟类有43种。区内共有哺乳动物6目13科35种，两栖爬行类1目2科2种，野生植物74科653种；水体内共有鱼类30种。呼伦湖及周边草原于1990年被划定为自治区级保护区，1992年被批准为国家级自然保护区，2002年1月被联合国列入国际重要湿地名录，2002年11月被联合国教科文组织人与生物圈计划吸收为世界生物圈保护网络成员。它与呼伦贝尔草原及大兴安岭森林共同构筑了我国北方重要的生态屏障，对维护地区生物多样性，及保护我国北方乃至华北地区的生态安全，促进经济社会可持续发展发挥着不可替代的重要作用。

呼伦湖近年来由于气候变化和河流来水量的减少，湖泊水量变化剧烈，水文循环发生变化，并由此引发其他各类生态环境问题（孙标，2010），如生物多样性减少，芦苇沼泽和苔草沼泽演替为盐生植被和沙生植被，周边草场退化，畜牧业生产力降低等。因此，对呼伦湖及周边流域的水文过程进行研究，分析湖泊水量减少的直接及间接原因，对水量的动态变化进行模拟预测。以期为政府水资源管理的决策提供一定的科学支撑，同时也是对干旱半干旱区同类型湖泊相关研究的经验积攒，具有重要的科学与现实意义。

1.2　水文时间序列研究的主要进展

1.2.1　小波理论方面

1980年，法国工程师Morlet在分析地震资料时提出了小波分析（子波分析）。它是继傅里叶分析以后，纯粹数学与应用数学殊途同归的又一范例，素有"数学显微镜"的美称，是纯粹数学家和应用数学家、工程师各自独立发现的，并经过他们的共同努力而得以迅速发展。在随后的20多年里，小波分析成为国际研究热点。Kumar和Georgiou（1993）将小波分析引入水文中来，小波分析在水文科学中已经取得了一定的研究成果，主要表现在水文多时间尺度分析、水文时间序列变化特性分析、水文预测预报和随机模拟方面。模式识别、地震勘探、大气科学以及许多非线性科学领域内取得了大量的研究成果。Kumar等（1993）在评述WT基础上，运用正交小波（Haar小波）交还研究了空间降水的尺度和振荡特征。研究表明空间降水存在标度的自相似性和时间尺度的多种成分。Venckp和Georgiou（1996）等用小波包理论对降水时间序列进行小波分解，识别其时间-频率尺度，进而进行能量分解，为分析降水形成机制开辟新途径。邓自旺等（1997）根据Morlet小波交还系数的模、位相和实部分析了西安市近50年月降水量多时间尺度结构。赵永龙等（1998）基于小波分析、混沌和人工神经网络构造了混沌小波网络模型，用该模型对金沙江屏山站汛期日流量序列进行了长期预测，文中还与多元线性回归模型作了比较，研究表明混沌小波神经网络模型是优越的。杨辉和宋亚山（1999）通过Morlet小波变换分析了华北地区的水资源各分量的时间-频率的多层次结构和突变特征。李贤彬等（1999）基于人工神经网络与小波耦合，提出了基于小波变换序列的人工神经网络组合预测模型。首先，对水文序列进行小波变换；再利用人工神经网络模型对小波变换系数进行多尺度组合预测；最后对预测重构得原始水文序列预测。孙力等（2000）用小波变换法分析了中国东北地区夏季降水异常情况。金龙等（2000）通过人工神经网络模型结合小波分析的优点，提出了多步预测小波神经网络模型，并应用到大气中。王文圣等（2002，2003）以长江宜昌站近百年年平均流量水文序列为基础，利用 Marr 小波和 Morlet 小波对水文序列进行变换，进行多时间尺度特性分析。结果表明周期性变化复杂，长度和强弱在不同时段表现不同。运用 Morlet 小波变换分析长江宜昌站年最大洪峰流量序列多时间尺度特征和周期性变化。蒋晓辉等（2003）基于小波分析方法对黄河中上游天然径流序列进行分析，得出河川径流多时间尺度变化规律。桑燕芳等（2009，2013）为准确有效地识别和分离水文时间序列中的噪声成分，应用信息熵理论并结合小波消噪概念，建立了小波系数阈值优选熵准则和水文序列消噪新方法，并对水文时间序列的方法进展情况做了研究。徐淑琴等（2015）以黑龙江省虎林市 858 农场区为例，采用小波变换 A Trous 算法，分析模拟该区 1999~2014 年降雨量，结果与实际测量值接近。小波分析具有很大潜力，在水文学的应用中发挥了重要作用，小波理论与水文学结合，不但拓宽了其本身应用范围，而且推动了小波理论的发展。

1.2.2 混沌相关理论方面

混沌理论的主导思想是：宇宙本身就是处于混沌状态的，在其中某一部分中似乎并无关联的事件间的冲突，可能导致宇宙的另一部分产生不可预测的后果。混沌理论具有以下几种特性：随机性、敏感性、分维性、普遍性、标度律。水文学于 20 世纪 80 年代开始引入混沌理论，近十年来有着突飞猛进的发展。将混沌理论应用于水文学的研究中，必须首先解决三个关键性的问题：水文时间序列的相空间重构、水文时间序列的混沌特性识别以及水文混沌时间序列的预测方法。混沌时间序列的预测是混沌理论的一个重要分支和研究热点，它不仅可以用来确定动力模型，还可以用于检测模型和进行混沌特性的识别，被广泛应用于各个学科领域。

自然界中许多现象表现为非随机却貌似随机的特征，即混沌特性（曹鸿兴，2003）。水文水资源系统是一个复杂的非线性系统，具有产生混沌的基本条件：对初始条件的敏感性和内在随机性（丁晶等，1995）。复杂动力系统理论指出，单变量时间序列不只是系统的简单输出，而且包括了系统所有其他变量的过去信息，同时也蕴含大量关于系统未来演化的信息（李荣峰等，2006）。因此，分析水文序列的混沌特性，可以了解和掌握水文水资源系统的混沌特性。应用混沌理论解决水文分析和模拟等问题时，需要解决 3 个关键问题：水文系统混沌特性识别或性质判断、重建水文系统相空间结构、水文系统混沌动力学模拟预报（冯国章和李佩成，1997）。国外，Hense（1987）最早将混沌动力学方法引入水文学领域，开辟了水文学应用的先河，之后有一系列的研究成果（Liu et al.，1998；Ng et al.，2007；Sogoyomi et al.，1996）。国内，丁晶（1992）最先论述了将混沌理论用于洪水分析的可能性，探索了洪水系统的混沌识别和预测方法，并指出洪水过程可能存在混沌特性。目前混沌理论在水文学领域的应用主要是对水文系统的混沌特性进行定量分析。傅军（1994）探讨了洪水的混沌特性，并总结了目前的模拟预报模型，主要有局域线性模型、局域非线性模型和全域非线性模型等；丁晶等（1995）采用相空间多点相似法对金沙江屏山站日流量进行了模拟预测；权先璋等（1999）对葛洲坝和隔河岩电站不同的径流序列分别应用局部预测方法和全局预测方法进行了预测，对降雨-径流时间序列进行了混沌分析和预报；周寅康等（1999a，1999b，2000；Zhou et al.，2002）对淮河流域洪涝变化序列的混沌特征、耗散性及可预报时间进行了研究，依据混沌理论和微分方程反演建模原理，建立了三维二阶微分方程组来描述淮河洪涝序列的混沌动力系统。这些混沌分析方法都基于统计理论。之后，丁晶等（2002）又探索了通过分析系统的动力行为及演变机制进行预测的方法，并尝试利用水文观测资料反演水文动力模型进行水文预测，结果表明反演水文动力模型是一条可行的建模新途径；丁涛等（2004）利用混沌理论对水文序列区间预测方法进行了研究；李荣峰等（2006）建立了基于相空间重构的水文自记忆预测模型，林振山（1993）基于混沌理论研究了长期预报的相空间理论和技术途径等。盖兆梅（2009）将其他优化算法与混沌优化算法相结合，建立了一些新的模型，并将之应用于三江平原水文水资源领域。李新杰（2013）引入0-1混沌测试二元方法、递归图分析理论、顺模式递归图理论和复杂网络理论，与混沌理论相结合，对长江流域和美国部分河流的径流时间序列混沌特征的时间和空间尺度问题进行了定性的描述和定量的分析。刘祖涵（2014）引入分形理论、混沌理论、复杂网络理论等并结合GIS技术对塔里木河流域的气候-水文过的复杂性与非线性特征进行了系统的定性与定量分析。

支持向量机（support vector machines，SVM）于20世纪90年代由Vapnik提出，它是数据挖掘中的一项新技术，是借助最优化方法解决机器学习问题的一个新工具。基于LS-SVM模型的混沌时间序列预测是一个新的研究热点，LS-SVM预测模型只注重预测信息的功能，不注重预测模型的形式。有的研究者研究了LS-SVM模型的混沌时间序列多步预测（江田汉和束炯，2006），有的将LS-SVM的混沌时间序列预测模型应用于径流、降雨、凌汛等水文系统（黄如国和芮孝芳，2004；李亚伟等，2006；罗芳琼等，2011），随着研究的发展，LS-SVM的混沌时间序列预测模型将会有更广阔的应用前景。从20世纪80年代末开始，RBF神经网络模型就被应用于混沌时间序列的预测中，相对于传统的线性预测方法，RBF神经网络不仅可以实现混沌时间序列的全局预测，而且还可以实现其局域预测（郭兰平等，2011）。20世纪70年代，美国统计学家Box和Jenkins的著作《Time Series Analysis》的问世，标志着时间序列的分析成为一个完整的理论体系。同时，Box和Jenkins在《Time Analysis: Forecasting and Control》一书中提出了用ARIMA模型来分析时间序列资料，并对其时间序列进行预报和控制的方法。时间序列分析模型是系统理论模型的一个重要分支，于20世纪80年代引入水文分析领域。ARIMA模型应用的是一种概率统计的方法，将水文时间序列作为随机过程进行分析（狄源硕，2015）。

1.3 水文模型研究的主要进展

近年来,不同学者已经建立了多种水文模型,并在水文预报、水文计算和径流模拟等领域得到广泛应用。用于估算气候变化影响的水文模型,目前主要有四种,即统计回归模型、水量平衡模型、概念性水文模型以及分布式物理模型,发展的趋势是从集总式的概念性模型向分布式水文模型发展。

1.3.1 水量平衡模型方面

水量平衡是全面研究某一地区在一定时间段内水资源的补给量、储存量和消耗量之间数量转化关系的平衡计算,理论基础是质量守恒原理,最早于 20 世纪 40~50 年代发展起来的。到 20 世纪末,为了满足生态研究、干旱分析、气候变化以及人类活动影响评价等不同目的,研究者相继提出许多不同结构和假设的水量平衡模型。在过去的 30 年里,水量平衡模型的理论和应用水平进一步得到了提升。

水量平衡计算在湖泊水量问题的研究中也有着广泛的应用。Calder 等(1995)利用水量平衡模型研究土地利用类型的改变对于湖泊水位的影响。Crapper 等(1996)基于水量平衡模型预测了湖泊水位的变化。Yin 和 Nicholson(1998)通过计算 Victoria 湖的收入项及支出项,发现存在着 19mm 的差距,通过敏感性分析得出,此差距远小于蒸发计算输入项云量因子所造成的误差,强调获得全面的云量数据,并且在水量平衡计算中使用湖面降雨量。Gebreegziabher(2004)结合湖泊及流域土壤水量平衡模型探索 Awassa 湖泊水位变化的原因,结果显示过去 25 年的气候变化及土地利用的改变共同作用导致了流域径流的增加及湖泊水位的变化。Gibson 等(2006)利用日水量平衡模型估计 Great Slave 湖水位波动的幅度及频率,确定湖泊水量的来源及损失,同时确定湖泊水位变化的主要原因是气候变化所致。Amo-Boateng(2010)通过对 Bosumtwi 湖的水平衡计算,得出湖面降雨是湖泊的主要输入项,降雨的持续减少,蒸发的不断增加是造成湖泊水位下降的主要原因。Kumambala 和 Ervine(2010)研究气候变化对于湖泊水位的影响。Soja 等(2013)分析了气候因子变化下的奥地利东部草原型湖泊 Neusiedl 的水量平衡情况。Gibson 等(2016)利用稳定同位素技术对加拿大阿尔伯塔省的五十个湖泊进行了水量平衡分析。

湖泊水量平衡在我国也具有广泛的应用。秦伯强和施雅风(1992)通过分析青海湖流域内的各项水文因子特征及湖泊水量平衡,分析湖泊水位下降原因。秦伯强(1993)通过湖泊水量平衡计算阐述湖泊水位的变化原因,同时,分析了湖盆的物理性状与湖泊气候变化响应的关系。邓兆仁(1990)根据多次调查的实测资料与长期观测资料,分析研究了咸宁地区湖泊水量资源时空变化规律,计算了湖泊水量平衡。黄群和姜加虎(1999)根据近几十年来岱海的湖区气候、湖泊集水域的入湖径流特征分析,以及湖泊水量平衡计算,分辨人为及自然因素对湖泊水位变化的贡献。刘吉峰等(2008)模拟了青海湖近几十年水位变化过程,预估了未来 30 年青海湖湖泊水文变化情景。朱立平等

（2010）从气象要素和水量平衡两方面对西藏纳木错 1971~2004 年湖泊面积变化原因进行了探讨，结果显示气候变暖引起的冰川融水增加是引起近年湖面扩张的主要原因。孟万忠等（2011）根据 1919~1970 年汾河流域近 50 年器测的水文、气象资料，应用水量平衡的方法，对两千年来不同的历史时段，太湖盆地湖泊水量平衡进行了估算，结果表明，入湖径流量是太湖盆地湖泊存亡的决定性因素。王义民等（2011）根据湖泊水量平衡原理，对乌梁素海的生态补水量进行了计算。黄智华等（2011）通过水位还原计算，反演了乌伦古湖天然情形下的水位变化。金章东等（2013）利用高分辨率的河水化学、（次）降水量和径流量等数据，探讨了 2005 年以来青海湖湖水的来源和水位持续回升的原因。结果表明，1959 年以来青海湖水位的变化与降水量和径流量紧密相关，青海湖水位持续回升是全球增暖情形下区域降雨模式的改变、降水量和径流量增加，以及流域植被生态改善的综合效应。张国庆等（2013）利用利用 ICESat 和 Landsat 数据对中国最大的 10 个湖泊 2003~2009 年的高程、面积和体积变化进行了研究，结果表明青藏高原地区色林错、纳木错、青海湖和中国东北的兴凯湖显示出湖面高程增加，中国北部干旱和半干旱地区的博斯腾湖和呼伦湖表现了湖面高程与面积的下降，长江中下游地区的洞庭湖、鄱阳湖、太湖和洪泽湖湖面高程与面积则呈现出明显的季节变化，但总的变化趋势不明显。伊丽努尔·阿力甫江（2015）分析了博斯腾湖水位变化规律及其影响因素，建立博斯腾湖水量平衡的系统动力学模型，进行水量平衡分析、敏感度分析、情景分析以及博斯腾湖水量平衡的优化调控研究。水量平衡模型简单实用，被广泛应用于水资源管理，特别是水库规划设计和运行调度、流域中长期水文模拟、水资源供需分析以及气候变化对大尺度区域水资源影响评估等方面。

1.3.2 地表水–地下水耦合模型方面

Smith 和 Woolisher（1971）建立了坡面流、河道、截留损失及渗透损失的解析解耦合模型，Senarath 等（2000）提出了二维坡面流模型计算蒸散发损失，并用解析解法计算渗透损失。Pinder 和 Sauer（1971）、Govindaraju 和 Kavvas（1991），Singh 和 Bhallamudi（1998）、探索了地表水、坡面流及河道之间的关系，以便确定流域对此的综合响应。虽然，耦合解求解困难，且可信程度差，但是 VanderKwaak 和 Loague（2001）仍然提出了一种完全隐含式的地表水、地下水耦合模型。Liang 和 Lettenmaier（1999）将一维动态的地下水参数作为地表水模型中水面深度的函数，实现地下水与地表水模型的耦合，Gunduz 和 Araln（2003）将一维的地表渠系水流与三维的非稳定变饱和地下水模型进行耦合，Kollet 和 Maxwell（2006）提出了一种不基于假想界面交换通量的方法，将地表水模块作地下水模块的上部边界条件，实现两者耦合。

国内地下水、地表水耦合模型发展较晚，但是速度很快。蒋业放和鲁静（1994）建立了含水层水流模型及河流水量均衡模型，模型运转结果表明，所建模型能正确模拟地表水与地下水相互转换过程。易云华等（1995）论述水文地质条件对河流–含水层相互作用的影响，建立河水与地下水的耦合系统模拟模型，并做实际应用。李致家和谢悦波

(1998)通过河道四周地下水流与河道水流的交换量将河道水流一维不稳定流有限差分的迭代方程与地下水的有限元数值法耦合起来，计算结果表明，模型的设计是合理的。蒋业放和张兴有（1999）提出了河流-含水层相互作用的水力耦合模型，应用结果表明模型能够较准确的模拟河流–地下水系统的水量平衡与动态变化过程。潘世兵等（2002）将地表水与地下水转化量计算模型统与三维地下水数值模型完全耦合，能够预测在有人工干预条件下，地表水与地下水转化量的变化趋势。谢新民等（2002）提出一种基于"四水"转化水文模型和地下水数学模拟模型的二元耦合模型，应用到实践中，取得了较好的效果。武强等（2005）提出了地表河网与地下水流耦合模拟算法，可用于地表水与地下水转化关系较密切地区的水资源综合评价中。胡立堂等（2007）归纳了国内外地表水和地下水相互作用定量计算的基本方法，评述了国内外主要的集成模型并对其进行了分类；并基于水动力学基础建立了地表水和地下水集成模型，计算结果符合实际。邓洁、魏加华建立了一维明渠流和三维非稳定地下水耦合控制方程，并应用在美国佛罗里达南部地区（胡立堂，2008）。刘路广和崔远来（2012）通过改进 SWAT 模型的稻田及旱作物水分循环、蒸发蒸腾量和渠系渗漏计算等模块，建立了灌区地表水分布式模拟模型；以 SWAT 模型中的水文响应单元（HRU）和 MODFLOW 模型中的有限差分网格（cells）作为基本交换单元，将改进 SWAT 模型的地下水补给量计算值加载到 MODFLOW 模型的地下水补给模块，实了灌区地表水-地下水分布式模拟模型的耦合。王喜华（2015）针对三江平原超采地下水大力发展灌溉农业，地表水利用率不高，导致地下水位持续下降以及湿地退化等资源与生态环境问题，建立地下水–地表水联合模拟模型，对不同的水资源开发方案进行模拟分析，确定合理的地下水–地表水联合调控方案。

1）耦合模型分类及存在的问题

根据不同的标准，耦合模型有着不同的分类。根据研究对象的侧重点，耦合模型可分为地表水模型包容地下水模块型、地下水模型包容地表水模块型、地表水和地下水模型双向兼容型。根据地表水和地下水模型的耦合计算方法可分为分离型、相关分析型、线性入渗/排泄型、线性水库型和达西定律型五类。根据模型耦合方式的不同，可分为松散耦合型、半松散耦合型和紧密耦合型，也可分为边界条件型、交换量型、水文分割型。按模型的求解方法分类，可分为水均衡法模型、解析模型、数值模型（王蕊等，2008；曾献奎，2009）。

现有的地表水–地下水耦合模型存在以下几方面的问题：一些耦合模型在耦合机制的处理上存在过多的假设或简化，造成耦合模型失真；一些耦合模型仅是针对某个地区或者某个特定问题，不具有普遍适用性；多数耦合模型对数据种类及数量要求高，存在一些缺乏物理意义的参数，参数的率定和运行耗时较大，对计算机要求高；多数模型用大小固定不变矩形网格刻画流域各水文系统特征，不能充分反映河岸及地势变化剧烈地区的水文特征。

2）典型模型介绍

SWATMOD 模型耦合了美国农业部农业研究局开发的半分布式水文学模型 SWAT 和美国地质调差局开发的 MODFLOW 模型。SWATMOD 模型将从陆地水文学角度建立的概念性水文模型和从水文地质学角度建立的地下水动力学模型相结合，能够更充分地利用水文气象和水文地质资料，而且耦合模型可以在两类模型中取长补短（赵振国等，2012），如：SWAT 本身含有对地下水的描述，但并不能较准确反映河流与含水层之间的相互关系以及地下水抽水井的分布，用 MODFLOW 取代 SWAT 地下水模块，就能很好地解决这些问题。SWAT 也能为 MODFLOW 提供更加准确的蒸散发、入渗补给量等的空间分布信息。

MODBRNCH 模型是 Swain 在 1994 年提出的，它耦合了一维明渠不稳定地表水模型 BRANCH 和三维地下水流模型 MODFLOW，对河流-含水层相互作用的模拟功能比 MODFLOW 更完善。此外，MODBRANCH 中地表水和地下水模拟的时间尺度可以不一致，地下水的时间尺度可以是地表水时间尺度的好几倍，这样可适当减少需要收集的数据量（胡立堂，2008）。

MIKE-SHE 系列模型是在 SHE 模型的基础上发展起来的，是一个综合性的、确定性的且具有物理意义的分布式水文模型。它能够模拟陆地水文循环中几乎所有主要的水文过程，包括水流运动、水质和泥沙输移，可以解决与地表水和地下水相关的资源和环境问题。MIKE-SHE 模型采取较严格的水动力学瞬变微分方程描述水文过程，具有很好的物理基础，但需要大量精确的参数和数据，因此建立和率定模型非常耗时，而且需要很深的专业知识，使模型在推广中面临很多困难。此外，因为对土壤水流采取了一维垂直流的简化，它不太适用于求解坡面坡度过大的水流模拟（Sandu and Virsta，2015）。

HydroGeosphere 软件是由加拿大 Waterloo 大学、Laval 大学和 Hydrogeologic 公司联合研制开发的地下水、地表水耦合模拟软件。HydroGeosphere 软件包括两部分:地下水模块（FRAC3DVS）和地表水模块（MODHMS），它能够全面耦合的模拟赋存于孔隙介质、裂隙介质、双重联系介质中的地下水、地表水的水流运动，溶质运移和热量传递的三维过程。HydroGeosphere 软件通过有限元法或有限差分法求解耦合的数学模型，具有先进的迭代技术和强大的计算功能，能够方便设置合适的时间段以及输出选项，还具有强大的三维可视化功能。HydroGeosphere 软件在饱和、非饱和区域对地表水、地下水进行了完全的耦合，利用有限元对研究区内的水流方程同时求解，有效地提高了模型对整个水文系统的代表性。同时，模型内部还计算流域内每个时间步长、每个节点处地表水、地下水的交换速率。另外，在确定的蒸发区域内，实际的蒸散发过程作为节点土壤水分的函数在每个时间点进行了计算。在同一个模型内耦合蒸散发过程、地表水、地下水水流计算，虽然增加了模型的复杂程度，但是提高了预测结果的可靠程度(Ebel and Loague，2006)，同样也增加了参数识别所需要的观测数据。由于同时使用地表水、地下水的观测数据识别参数，使得参数的范围比较容易控制，并且降低了水量平衡项计算的不确定性，特别是地表水、地下水之间的相互关系（Goderniaux et al.，2009）。

目前，HydroGeoSphere 耦合模型得到了越来越多的重视，但是由于计算过程需要较大的计算机资源，多数的研究主要局限在小流域及短时间尺度上。例如，Sudicky 等（2008）将模型应用到 $75km^2$ 的流域上，有限元网格节点数超过了 600000 个，非稳定流模拟耗时近一个月。Li 等（2008）将 HydroGeoSphere 应用到流域面积为 $286km^2$ 的

Duffins Creek 流域，目的是检验 HydroGeoSphere 模型对于大流域在不均匀降雨下的三维响应过程的模拟能力，其结果表明虽然模型能够重现地表径流的年平均变化过程，但是不能完全捕捉到流量过程变化的细节。另外，在不同年份使用此模型时，需要对蒸发参数进行调整，这也就降低了利用现有模型形式对于未来气候下流域水文过程的模拟能力。Goderniaux 等（2009）利用 HydroGeoSphere 模型模拟 A2 情形下六种区域气候模式下，流域面积为 465km^2 的 Green basin 2010 年到 2100 年地下水的动态变化，这对 HydroGeosphere 模型应用在时间尺度上是一个新的挑战。结果显示，地表水–地下水耦合模型、空间变化的蒸散发过程及复杂气候变化情形的联合应用，增加了模型的可靠性，同时预测了气候变化对于地下水的影响。Colautti（2010）利用 HydroGeosphere 模型模拟大气环流模式下 5 个气候情形对面积为 6700km^2 的 Grand River 流域地表水、地下水的影响。Wiebe 等（2015）利用 HydroGeoSphere 模型对芬兰的 Pyhäjärvi 湖进行了水平衡分析计算，评估了地下水所占的比重。

HydroGeosphere 在我国近些年有所进展。龙玉桥（2008）针对大凌河中游修建白石水库所导致的地下水水位不同程度的下降，个别地区出现了地面沉降以及滨海地区的海水入侵等现象，基于有限元方法的 HydroGeosphere 软件对建立研究区水循环的概念模型和数学模型进行求解，结合二分法和 ArcGIS 软件得到白石水库的最小下泄流量。曾献奎（2009）综合考虑凌海市大、小凌河扇地内的各种水文及水文地质条件，建立研究区地下水–地表水水流及溶质运移耦合模拟模型，流域面积为 918.564km^2，利用 HydroGeoSphere 软件对区内的水流及总氮浓度进行模拟分析及预测。黄勇等（2009）基于 HydroGeoSphere 模型，采用等效连续介质模型和耦合模型来模拟裂隙岩体中的水流和溶质运移规律，并对两种模型的模拟结果进行了对比。模型的预测结果显示，采用耦合模型而不是等效连续介质模型预测的结果与实测数据拟合较好。刘派（2011）将 HydroGeoSphere 模型应用在吉林西部地区，流域面积为 47074.5km^2，用时间序列方法对研究区未来 15 年的源汇项进行预报，将预报结果代入到模拟模型中，计算得到 2001 年到 2015 年的地下水水位分布情况。同时，灵敏度分析法计算水文地质参数对模拟模型的影响程度，得到敏感性较大的参数和参数分区。李析男（2011）以河南省陆浑水库的栾川站为例，建立地表水–地下水耦合模型，对伊河流域栾川站进行洪水预报，对洪水期土壤水量的变化进行模拟，探讨不同时刻洪水主要水源形式，如地表径流、壤中流和地下径流。王志杰（2012）应用 HydroGeoSphere 模型对呼伦湖进行了深入的研究。

1.4 气候预测模型研究的主要进展

气候变化情景是建立在一系列科学假设基础之上的，对未来气候状态时间、空间分布形式的合理描述。虽然气候模拟已取得了相当的成就，但存在着不少缺陷。目前还没有一个模式能包括各种气候组成部分以及它们之间存在着的种种相互作用。我国短期气候预测的对象主要是月和季尺度的降水量和气温，特别是关系我国国民经济的汛期降水量的预测，一直是我国气象工作者的重要研究课题。近年来，尽管气候动力模式研究取得显著的进步，但是，使用动力模式作短期气候预测还在试验中，在业务中大量使用的仍然是以统计方法为主。

马振峰和陈洪（1999）使用欧洲中心 T63 模式，对我国西南地区的短期气候进行了预测。他们利用 1996~1997 年 T63 模式输出统计量资料，寻找与西南地区的月降水量和气温显著相关区，并建立预测对象的回归方程。黄嘉佑（1988）、王莉和黄嘉佑（1999）利用简单的气候动力模式，进一步差分化，转换为统计模型，进行气候要素的预测。严生华等（1998）利用逐段线性化的方法，把变量随时间变化的曲线部分，转化为分段线性化，用线性回归模型做预测。黄嘉佑和黄茂怡（2000）使用奇异谱方法作三峡地区逐月预测试验，并用典型相关方法作我国汛期预测试验（黄茂怡和黄嘉佑，2000）。陈创买等（1999）提出用主分量分析与多元回归方程结合，对广东省地区的季节降雨预测。目前，许多新统计方法也在使用。例如，尤卫红等（1999）采用相空间相似模型预测云南的降雨和温度，效果较好。金龙等（1999）利用均生函数与神经网络相结合的方法预测平均气温预测值与实际值平均误差 0.156℃，表明模型具有一定优越性。

全球气候模式（GCM）是当前研究气候变化机制以及进行气候预估的重要手段之一，由于 GCM 的水平分辨率在几百公里以上，主要反映大尺度、长时间的气候特征，难以细致地描述区域地形特征、陆面物理过程以及其他因子对区域气候变化的强迫和影响，另外由于计算机运算能力的限制及中小尺度物理过程需要更细致的参数化，使得 GCM 对区域气候的模拟还存有很大的局限性和不确定性。因此，利用全球气候系统模式预估未来各种排放情景下的区域气候响应时，需要引进降尺度（downscaling）方法。降尺度方法能够有效弥补 GCMs 分辨率不足的问题，从而大大改善气候模式对区域气候的模拟效果。降尺度方法，主要包括动力降尺度和统计降尺度两种，其基本思路是将 GCMs 输出的全球大尺度气候信息转化到区域尺度上的气候变化信息。另外，高分辨率的区域气候模式（RCM）被认为是获取局地气候变化信息有效的动力降尺度方法，研究表明，大部分 RCM 模拟的大尺度气候平均态与驱动它的全球模式有较好的一致性，但模拟的中尺度细节变化却有较大的改善。RCM 较高的分辨率以及对中小尺度过程较完善的参数化方案，使得 RCM 能够模拟出更为合理的区域性强迫作用，如地形、河流/湖泊、城市建筑等，得到许多 GCM 难以分辨的区域温度、降水及土壤水分的变化特征，弥补 GCM 的不足（王芳栋，2010）。

区域气候模式首先是由 Dickinson 和 Giorgi 发展起来并应用到气候模拟中的。目前，大部分区域气候模式是在美国国家大气研究中心（NCAR）与美国宾州大学（PSU）联合创建的中尺度天气模式 MM4 或 MM5 基础上发展起来的。随着计算机技术的飞速发展，区域气候模式也逐步发展并得到广泛应用，主要包括美国国家大气研究中心（NCAR）的区域气候模式 RegCM 系列；英国气象局 Hadley 中心的 PRECIS；美国科罗拉多州立大学（CUS）的区域天气模式 RAMS；德国马普气象研究所的区域气候模式 REMO；日本的 MRI 以及澳大利亚的 DARLAM 等（王芳栋，2010）。

气候比拟法是从地质年代变化过程的记录中，如从树木年轮、花粉沉积、植物种类、河湖泥沙沉积以及冰核中化学同位素的比例寻找依据，重建气温、降水等气候因子的变化过程。例如 Budyko 等通过对古气候资料和未来温室效应的气候进行类比以推测大气二氧化碳加倍后的气候状况。近代仪器观测的数据也可用来作为未来气候变化的依据。Wigley 根据英格兰和威尔士的降水记录,分析计算洪涝和干旱极值出现的频率和变化规律。许多水文学者使用一些假定的气候变化情景,以此为依据来分析探讨流域水文、水资源对气候变化的响应。

对未来气候变化的预测具有相当的困难和不确定性。在这种情况下,关于哪一个情景是最好的问题仍然得不到答案。既不能因 GCMs 目前的结果甚至还不能准确地模拟当前的平均气候状况就否定应用 GCMs 的输出结果,也不能因为假定方法的局限性而削弱用各种假定的气候情景进行水文敏感性分析的价值。当气候变化情景确定后,便可以应用流域水文模型耦合气候情景分析未来流域水量变化,因此选择具有一定精度且能够描述水文过程的水文模型十分关键(邓慧平等,1996)。

1.5 呼伦湖现有研究的主要进展

1.5.1 古湖泊及古气候研究方面

中国科学院南京地理与湖泊研究所,该机构在 1991~1994 年以王苏民为主在国家自然科学基金委的资助下主要对呼伦湖古湖泊学进行了研究,在对呼伦湖及流域进行了野外考察基础上,对内蒙古呼伦湖盆地扎资诺尔地区晚第四纪湖泊沉积物进行了沉积学(沉积构造、结构、垂向层序等)和 ^{14}C 年代地层学研究,并逐层识别出地层剖面的各种沉积相类型,包括开阔湖、近岸带、滨岸沙滩、滨岸沼泽和滨岸沙丘等不同类型沉积,依此恢复了 30ka.B.P.以来的湖泊演化和湖面波动历史。同时对呼伦湖东露天煤矿剖面 TOC 及有机碳稳定同位素的垂直分布以及低、高频磁化率测量、粒度分析、磁性矿物成分鉴定和含量进行了分析,结合剖面的沉积特征及孢粉、硅藻的分析结果,讨论了呼伦湖地区末次冰期以来古气候古环境演化过程及扎费诺尔晚第四纪湖泊沉积物的磁化率变化及其影响因素。于 1990~1993 年分别对呼伦湖及乌伦古湖进行了调查,并对其剖面及钻孔进行了孢粉分析,结合 ^{14}C 测年、介形类、硅藻分析资料,将两区孢粉植物群演替、气候与湖泊环境变迁进行了比较。结果表明,13ka B.P.前,西北地区湖水位变化与冰川融水有关,东北湖区温凉湿润气候受季风环境影响所致;10.0~7.0ka B.P.及 5.0~3.0ka B.P.间,气候干旱,两者受西风带控制;7.0~5.0ka B.P.间,气候温暖湿润,东亚季风边界推移至我国西北湖区;2.5~1.0ka B.P.间,季风曾两次在西北湖区做短暂停留,降水略有增多。通过对比 13ka 以来呼伦湖地区湖面波动、泥炭发育与风沙-古土壤堆积的时间序列及其与古气候的关系可以看出:古气候变化对湖面波动、泥炭发育、风沙-古土壤堆积有重要影响。除此之外,还利用重力采样器在湖泊的中部和西北部取表层 2cm 的泥样进行研究,对沉积物的成分,粒度及沉积速率进行了分析(吉磊等,1994;王苏民和吉磊,1995;胡守云等,1998;张振克和王苏民,2000)。

1.5.2 气候及人类活动对湖泊流域的影响研究方面

秦伯强和王苏民（1993，1994）通过对呼伦湖近一个世纪以来呼伦湖演变的分析及水量平衡的计算推断出，呼伦湖水位波动主要受地表径流量大小的控制，而影响径流变化的主要因子是降水的变化。因此，影响湖水位变化最根本的原因是降水波动。严登华和何岩（2001）认为近代呼伦湖流域的生态水文过程受到全球气候变化和人类活动的干扰非常强烈，湖泊水质呈现明显变化。如不采取有效措施，未来呼伦湖流域生态水文过程会发生进一步紊乱，水环境系统会进一步恶化。白美兰等（2008）利用1959~2005年温度、降水和卫星遥感监测资料，研究呼伦湖区域气候变化特征，进而分析气候变化对其周边地区生态环境的影响。结果表明，近46年来呼伦湖区域温度呈显著的升高态势；降水量波动性较大，总体上呈下降趋势，并存在11年和22年的周期性变化。近年来气候的变干、变暖，使得1999年以后呼伦湖区域生态呈现快速恶化的趋势。由此引起一系列生态环境问题，如呼伦湖水域面积的缩小、湿地萎缩、草场退化等。赵慧颖等（2008）利用呼伦湖湿地的气象资料、水体面积、水位深度和生态环境等资料进行回归统计分析。结果表明：在不考虑人为因素的影响下，呼伦湖地区气候暖干化是造成水资源短缺和周边地区生态环境荒漠化等问题的重要原因。

1.5.3 水量平衡研究方面

以李翀等（2006a，2006b，2007）为代表的中国水利水电科学研究院的科研团队，应用收集到的呼伦湖水文资料，采用彭曼公式估计了湖泊的水面蒸发，并建立一个两参数月水量平衡模型模拟湖周的人流，通过水量平衡计算，建立了42年（1961~2002年）的呼伦湖区水量变化序列，并模拟了湖泊月水量、水位、含盐度的变化，模拟的水位、含盐度变化趋势与实际比较接近，精度较好，其误差在可以接受范围内。结合流域内19世纪末到21世纪初的长序列的气象降雨资料，综合分析气候变化与湖泊水量、水位变动之间的相关关系，并情景分析了1900年气候变化对湖泊水位、容积过程的影响。认为1900年前后呼伦湖的干涸是不存在的，是在野外调查中由于一些误解而产生的一个错误认识。内蒙古农业大学的孙标（2010）和王志杰（2012）针对呼伦湖水位快速下降，应用3S技术对水量动态演化进行了研究，并应用模型模拟预测了不同气候条件下降雨径流情况。

1.5.4 湖泊水质及沉积物研究方面

嘎日迪（1995）通过对达赉湖20项水质参数进行监测，分析湖水质情况，基本符合我国地面水环境质量Ⅲ-Ⅳ类标准。但在盐碱化、富营养化，有毒污染物的污染等问题都有发展趋势，已不再是无污染的湖泊。乔明彦等（1996）针对呼伦湖夏季蓝藻水华曾多次引起牛、羊中毒死亡的事件，在1995年夏采样设点集中在死牛、羊最多的二号渔场至五号渔场之间，发现有毒藻种为微囊藻，鱼腥藻（卷曲鱼腥藻），并对鱼腥藻毒性及毒素进行了研究。李亚威和韩天成（2000）从内蒙古自治区湖泊分布及成因入手，分析了内蒙古湖泊水资源现状及主要环境问题，文中剖析了内蒙古的主要典型湖泊，特别是淡水湖，如呼伦湖、乌梁素海、居延海等的历史及现状，提出了内蒙古湖泊环境目前的主要问题。韩向红和杨持（2002）在翔实资料和基础调查的基础上，对呼伦湖富营养化状况、影响因素，以及其较强自净功能的成因进行了分析讨论。结果表明，呼伦湖属牧业污染型，氮入湖量主要来源于点源污染（河流的输入），磷入湖量面源（主要是降尘）大于点源因素。岳彩英等（2008）根据呼伦贝尔市环境监测站对呼伦湖多年水质监测结果对呼伦湖进行了评价，结果为呼伦湖为劣Ⅴ类水质，重度污染，水质无明显变化，由于受高纬度及近年来连续干旱、湖泊周边放牧、地表径流的影响，呼伦湖水体呈现盐碱化和富营养化，而且进程在加速。李卫平等（2010），等对呼伦湖表层沉积物营养元素（总氮 TN、总磷 TP 和总有机碳 TOC）的分布特征进行了分析，并对表层沉积物进行了营养元素的环境评价和重金属的地积累指数评价。揣小明等（2014）为了探索我国南北方湖泊沉积物对磷吸附特征的差异性，选取太湖和呼伦湖为研究对象，通过室内模拟实验，研究我国南北方典型代表湖泊沉积物对磷的吸附特征及其影响因素。

1.5.5 动植物研究方面

白军红等（2002）以乌兰泡湿地为研究对象，对该区环带状植被区湿地土壤有机质及全氮的空间分布规律进行了初步研究，结果表明不同植被区养分含量垂直分异趋势一致，但水平分异显著，沿土壤水分梯度变化而变化，表现为距泡心越远含量越低。常煜（2005）从呼伦贝尔草原的气象要素（气温、降水等）变化特征出发，利用 50 多年（1951~2004 年）的气象资料和牧草监测数据，分析了该区域的气温、降水构成特征及变化规律，利用相关系统和积分回归的分析方法，定量寻找气象因子对牧草生长发育的关系。刘丙万等（2005）利用样带法对呼伦湖自然保护区 5 种主要生境类型中冬春季鸟类生物多样性进行了调查，用 Shannon-Wiener 指数和 Smith 相关性系数分析了这 5 种生境类型中冬春季鸟类的生物多样性、区系、鸟类的群落组成、群落间的相似性和均匀度。颜文博等（2006）根据呼伦湖生物生境情况，认为自然条件和人为干扰导致湿地污染以及对生物的驱逐效应不断加剧，使该区生物面临着巨大的危险，并从湿地生境安全保护的角度，提出了维持达赉湖自然保护区湿地生物多样性及其安全栖息生境的保护对策。特喜铁（2008）对达赉湖自然保护区 4 个管护站周边地区，调查鸟类种类和数量，分析水鸟对不同生境利用情况。共计调查水鸟 58 种，隶属于 7 目 11 科。调查研究表明，对于达赉湖周边生境不同种水鸟利用情况有显著不同。孙辉成（2008）利用水量平衡原理以及环境监测的相关理论，对不同时期的呼伦湖湿地变化进行研究，分析呼伦湖湿地退化的原因以及对区域经济发展的影响，为水生生物资源及生态环境的保护、治理、修复和养护水生生物资源及其水域生态环境，促进水域生态资源的可持续利用提供经济学依据。

参 考 文 献

白军红, 邓伟, 张玉霞. 2002. 内蒙古乌兰泡湿地环带状植被区土壤有机质及全氮空间分异规律. 湖泊科学, 14(2): 145-151

白美兰, 郝润全, 沈建国. 2008. 近46a气候变化对呼伦湖区域生态环境的影响. 中国沙漠, 28(1): 101-107

曹鸿兴. 2003. 动力系统自记忆原理: 预报和计算应用. 北京: 地质出版社

曹永强, 侯文萍. 2005. 非线性理论在水文学中的应用研究及展望. 水力发电学报, 31(4): 14-17

常煜. 2005. 气候变化对呼伦贝尔草原牧草生长的影响. 兰州大学硕士学位论文

陈创买, 薛纪善, 林应河. 1999. 广东灾害性气候的分析和预测研究. 广州: 中山大学出版社

揣小明, 杨柳燕, 程书波, 等. 2014. 太湖和呼伦湖沉积物对磷的吸附特征及影响因素. 环境科学, 35(3): 951-957

狄源硕. 2015. 中长期径流预报模型与方法综合应用研究. 大连理工大学硕士学位论文

丁晶. 1992. 洪水混沌分析. 水资源研究, 13(3): 14-18

丁晶, 邓育仁, 傅军. 1995. 洪水相空间预测. 成都科技大学学报, 27(4): 7-11

丁晶, 王文圣, 赵永龙. 2002. 反演水文动力模型的探讨. 水力发电学报, 21(3): 7-11

丁涛, 周惠成, 黄键辉. 2004. 混沌水文时间序列区间预测研究. 水科学报, 35(12): 15-20

邓慧平, 吴正方, 唐来华. 1996. 气候变化对水文和水资源影响研究综述. 地理学报, 51(增刊): 161-170

邓兆仁. 1990. 咸宁地区湖泊水资源与水量平衡初步分析. 华中师范大学学报(自然科学版), 24(1): 94-98

邓自旺, 林振山, 周晓兰. 1997. 西安市近50年来气候变化多时间尺度分析. 高原气象, 16(1): 81-93

冯国章, 李佩成. 1997. 论水文系统混沌特征的研究方向. 西北农业大学学报, 25(4): 97-101

傅军. 1994. 洪水混沌分析及其非线性预测方法研究. 四川联合大学博士学位论文

嘎日迪. 1995. 达赉湖水质调查分析. 内蒙古师大学报(自然科学汉文版), 1: 41-43

盖兆梅. 2009. 混沌优化算法在水文水资源中的应用研究. 东北农业大学硕士学位论文

郭兰平, 俞建宁, 张旭东. 等. 2011. 基于改进RBF神经网络的混沌时间序列预测. 云南民族大学学报, 20(1): 60-70

韩向红, 杨持. 2002. 呼伦湖自净功能及其在区域环境保护中的作用分析. 自然资源学报, 17(6): 684-690

胡立堂. 2008. 干旱内陆河地区地表水和地下水集成模型及应用. 水利学报, 39(4): 410-418

胡立堂, 王忠静, 赵建世, 等. 2007. 地表水和地下水相互作用及集成模型研究. 水利学报, 38(1): 54-59

胡守云, 王苏民, E. Appel, 等. 1998. 呼伦湖湖泊沉积物磁化率变化的环境磁学机制. 中国科学(D辑: 地球科学), 28(4): 334-339

黄嘉佑. 1988. 赤道东太平洋地区海温的随机模拟. 热带气象, 4(4): 289-296

黄嘉佑, 黄茂怡. 2000. 汛期降水的奇异谱分析及预报试验. 应用气象学报, 11(增刊): 58-63

黄茂怡, 黄嘉佑. 2000. CCA对中国夏季降水场的预报试验和诊断结果. 应用气象学报, 11(增刊): 31-39

黄如国, 芮孝芳. 2004. 流域降雨径流时间序列的混沌识别及其预测研究进展. 水科学进展, 15(2): 255-260

黄群, 姜加虎. 1999. 岱海水位下降原因分析. 湖泊科学, 11(4): 304-310

黄勇, 周志芳, 余钟波. 2009. HydroGeoSphere在锦屏水电站坝址区水流和溶质运移模拟中的应用. 水动力学研究与进展A辑, 24(2): 242-249

黄智华, 周怀东, 薛滨, 等. 2011. 人类活动对乌伦古湖环境演化的影响. 人民黄河, 33(5): 60-62

吉磊, 夏威岚, 项亮, 等. 1994. 内蒙古呼伦湖表层沉积物的矿物组成和沉积速率. 湖泊科学, 6(3): 227-232

江田汉, 束炯. 2006. 基于LSSVM的混沌时间序列的多步预测. 控制与决策, 21(1): 77-80

蒋晓辉, 刘昌明, 黄强. 2003. 黄河上中游天然径流多时间尺度变化及动因分析. 自然资源学报, 18(2): 142-147

蒋业放, 鲁静. 1994. 河流-含水层相互作用条件下数值计算问题. 河北地质学院学报, (4): 378-386

蒋业放, 张兴有. 1999. 河流与含水层水力耦合模型及其应用. 地理学报, 54(6): 526-533

金龙, 宋中平, 缪启龙. 1999. 长江三角州1996-2005年未来气候趋势预测模型研究. 南京气象学院学报, 22(增刊): 547-552

金龙, 秦伟良, 姚华栋. 2000. 多步预测的小波神经网络预报模型. 大气科学, 24(1): 71-86

金章东, 张飞, 王红丽, 等. 2013. 2005年以来青海湖水位持续回升的原因分析. 地球环境学报, 4(3): 1355-1362

李畅游, 孙标. 2013. 基于3S技术的乌梁素海湿地水环境研究. 北京: 科学出版社

李翀, 马巍, 史晓新, 等. 2006a. 呼伦湖水位、盐度变化(1961-2002年). 湖泊科学, 18(1): 13-20

李翀, 马巍, 叶柏生, 等. 2006b. 呼伦湖水面蒸发及水量平衡估计. 水文, 26(5): 41-44

李翀, 叶柏生, 杨玉生, 等. 2007. 呼伦湖水位变动与20世纪初干涸缘由探讨. 水文, 27(3): 43-45
李荣峰, 沈冰, 张金凯. 2006. 基于相空间重构的水文自记忆预测模型. 水利学报, 37(5): 583-587
李卫平, 李畅游, 张晓晶, 等. 2010. 内蒙古呼伦湖沉积物营养元素分布及环境污染评价. 干旱区资源与环境, 24(6): 159-163
李析男. 2011. 基于地表-地下水动态变化的水文耦合模型应用研究. 郑州大学硕士学位论文
李贤彬, 丁晶, 李后强. 1999. 基于子波变换序列的人工神经网络组合预测. 水利学报, 30(2): 1-4
李新杰. 2013. 河川径流时间序列的非线性特征识别与分析. 武汉大学博士学位论文
李亚伟, 陈守煜, 韩小军. 2006. 基于支持向量机SVR的黄河凌汛预报方法. 大连理工大学学报, 46(2): 272-275
李亚威, 韩天成. 2000. 内蒙古湖泊水资源及主要环境问题. 内蒙古环境保护, 12(2): 17-21
李致家, 谢悦波. 1998. 地下水流与河网水流的耦合模型. 水利学报, (4): 44-48
林振山. 1993. 长期预报的相空间理论和模式. 北京: 气象出版社
刘丙万, 张成安, 黎明, 等. 2005. 达赉湖自然保护区冬春季鸟类生物多样性与生境的关系. 生态科学, 24(3): 197-201
刘吉峰, 李世杰, 丁裕国. 2008. 基于气候模式统计降尺度技术的未来青海湖水位变化预估. 水科学进展, 19(2): 184-191
刘路广, 崔远来. 2012. 灌区地表水-地下水耦合模型的构建. 水利学报, 43(7): 826-833
刘派. 2011. 基于HydroGeoSphere技术的吉林省西部地下水系统随机模拟研究. 吉林大学硕士学位论文
刘祖涵. 2014. 塔里木河流域气候-水文过程的复杂性与非线性研究. 华东师范大学博士学位论文
龙玉桥. 2008. HydroGeoSphere在白石水库最小下泄流量研究中的应用. 吉林大学硕士学位论文
罗芳琼, 吴建生, 金龙. 2011. 基于最小二乘支持向量机集成的降水预报模型. 热带气象学报, 27(4): 577-584
马荣华, 杨桂山, 段洪涛, 等. 2011. 中国湖泊的数量、面积与空间分布. 中国科学: 地球科学, 41(3): 394-401
马振峰, 陈洪. 1999. T63月延伸预报在西南区域短期气候预测中的应用研究. 应用气象学报, 10(3): 268-373
孟万忠, 刘晓峰, 王尚义. 2011. 两千年来太原盆地古湖泊的水量平衡研究. 干旱区资源与环境, 25(8): 167-171
潘世兵, 王忠静, 邢卫国. 2002. 河流-含水层系统数值模拟方法探讨. 水文, 22(4): 19-21
乔明彦, 何振荣, 沈智, 等. 1996. 达贵湖鱼腥藻水华对羊的毒害作用及毒素分离. 内蒙古环境保护, 8(1): 19-20
秦伯强. 1993. 气候变化对内陆湖泊影响分析. 地理科学, 13(3): 212-219, 295
秦伯强, 施雅风. 1992. 青海湖水文特征及水位下降原因分析. 地理学报, 47(3): 267-273
秦伯强, 王苏民. 1993. 呼伦湖的近期演变及其与气候的关系. 干旱区资源与环境, 7(2): 1-9
秦伯强, 王苏民. 1994. 呼伦湖的近期扩张及其与全球气候变化的关系. 海洋与湖沼, 25(3): 280-287
权先璋, 温权, 张勇传. 1999. 混沌预测技术在径流预报中的应用. 华中理工大学学报, 27(12): 41-43
桑燕芳, 王栋, 吴吉春, 等. 2009. 水文序列分析中基于信息熵理论的消噪方法. 水利学报, 40(8): 919-926
桑燕芳, 王中根, 刘昌明. 2013. 水文时间序列分析方法研究进展. 地理科学进展, 32(1): 20-30
孙标. 2010. 基于空间信息技术的呼伦湖水量动态演化研究. 内蒙古农业大学博士学位论文
孙辉成. 2008. 呼伦湖湿地退化问题的研究. 内蒙古农业大学硕士学位论文
孙力, 安刚, 丁立, 等. 2000. 中国东北地区夏季降水异常的气候分析. 气象学报, 58(1): 72-80
特喜铁. 2008. 达赉湖湿地及周边地区水鸟对生境利用研究. 东北师范大学硕士学位论文
王芳栋. 2010. PRECIS和RegCM3对中国区域气候的长期模拟比较. 中国农业科学院硕士学位论文
王莉, 黄嘉佑. 1999. Kalman滤波的试验应用研究. 应用气象学报, 10(3): 276-282
王蕊, 王中根, 夏军. 2008. 地表水和地下水耦合模型研究进展. 地理科学进展, 27(4): 37-41
王苏民, 吉磊. 1995. 呼伦湖晚第四纪湖相地层沉积学及湖面波动历史. 湖泊科学, 7(4): 298-306
王义民, 李五勤, 畅建霞, 等. 2011. 乌梁素海生态补水量研究. 西北农林科技大学学报(自然科学版), 39(8): 1-6
王文圣, 丁晶, 衡彤. 2003. 长江异常年最大洪峰周期分析和长期预报研究. 四川大学学报(工程科学版), 35(1): 20-23
王文圣, 丁晶, 向红莲. 2002. 水文时间序列多时间尺度分析的小波变换法. 四川大学学报(工程科学版), 34(6): 14-17
王喜华. 2015. 三江平原地下水-地表水联合模拟与调控研究. 中国科学院研究生院(东北地理与农业生态研究所)博士学位论文
王志杰, 李畅游, 张生, 等. 2012. 基于水平衡模型的呼伦湖泊水量变化. 湖泊科学, 24(5): 667-674
王志杰. 2012. 未来气候下内蒙古呼伦湖流域水文数值模拟. 内蒙古农业大学博士学位论文
武强, 孔庆友, 张自忠, 等. 2005. 地表河网-地下水流系统耦合模拟Ⅰ: 模型. 水利学报, (5): 588-592, 597
谢新民, 郭洪宇, 唐克旺, 等. 2002. 华北平原区地表水与地下水统一评价的二元耦合模型研究. 水利学报, (12): 95-100

徐淑琴, 雷兴元, 刘宇佳, 等. 2015. 基于时间序列与小波分析耦合模型区域降雨量预测研究. 东北农业大学学报, 46(11): 63–69
严登华, 何岩. 2001. 呼伦湖流域生态水文过程对水环境系统的影响. 水土保持通报, 21(5): 1–5
严生华, 谢应齐, 曹杰. 1998. 非线性统计预报方法及其应用. 昆明: 云南科技出版社
颜文博, 张洪海, 张承德. 2006. 达赉湖自然保护区湿地生物生境保护. 国土与自然资源研究, (2): 47–48
杨辉, 宋亚山. 1999. 华北地区水资源多时间尺度分析. 高原气象, 18(4): 496–507
杨永兴. 2002. 国际湿地科学研究的主要特点、进展与展望. 地理科学进展, 21(2): 111–120
伊丽努尔·阿力甫江. 2015. 博斯腾湖水量动态平衡与调控研究. 新疆师范大学硕士学位论文
易云飞, 刘汉营, 郄心善. 1995. 河流和含水层相互作用数值模拟计算. 电力勘测, (4): 1–8
尤卫红, 李敏, 段旭. 1999. 短期气候预测的多时间序列相空间相似模型. 南京气象学院学报, 22(3): 392–397
岳彩英, 赵卫东, 李明娜, 等. 2008. 达赉湖水质状况及影响因素分析. 内蒙古环境科学, 20(2): 7–9
曾献奎. 2009. 基于HydroGeoSphere的凌海市大、小凌河扇地地下水–地表水耦合数值模拟研究. 吉林大学硕士学位论文
张国庆, XIE HongJie, 姚檀栋, 等. 2013. 基于ICESat和Landsat的中国十大湖泊水量平衡估算. 科学通报, 58(26): 2664–2678
张振克, 王苏民. 2000. 13ka以来呼伦湖湖面波动与泥炭发育、风沙–古土壤序列的比较及其古气候意义. 干旱区资源与环境, 14(3): 56–59
赵慧颖. 2007. 呼伦贝尔草原沙化现状及防治对策. 草业学报, 16(3): 114–119
赵慧颖, 乌力吉, 郝文俊. 2008. 气候变化对呼伦湖湿地及其周边地区生态环境演变的影响. 生态学报, 28(3): 1064–1071
赵永龙, 丁晶, 邓育仁. 1998. 混沌小波网络模型及其在水文中长期预测中的应用. 水科学进展, 9(3): 252–257
赵振国, 黄修桥, 徐建新. 2012. 基于SWATMOD的井渠结合灌区水资源可利用量评价. 水利水电技术, 43(6): 5–7
周寅康, 付重林, 王腊春, 等. 1999a. 淮河流域洪涝变化可预报时间研究. 自然灾害学报, 8(4): 42–47
周寅康, 王腊春, 许有鹏, 等. 2000. 淮河流域洪涝变化的耗散性. 地理研究, 19(3): 276–282
周寅康, 王腊春, 张捷. 1999b. 淮河流域洪涝变化的混沌特征. 自然灾害学报, 8(1): 42–47
朱立平, 谢曼平, 吴艳红. 2010. 西藏纳木错1971~2004年湖泊面积变化及其原因的定量分析. 科学通报, 55(18): 1789–1798
Amo-Boateng M. 2010. Assessment of the water balance of lake Bosumtwi. Kumasi, Kwame Nkrumah University: Science and Technology
Calder I R, Hall R L, Bastable H G. 1995. The impact of land ues change on water resources in sub-Saharan Africa: a modelling study of lake Malawi. Jounral Hydrology, 170: 123–135
Colautti D. 2010. Modelling the effects of climate change on the surface and subsurface Hydrology of the Grand River watershed. Canada: University of Waterloo
Crapper P F, Fleming P M, Kalma J D. 1996. Prediction of lake levels using water balance models. Environmental Software, 11(4): 251–258
Ebel B A, Loague K. 2006. Physics-based hydrologic-response simulation: seeing through the fog of equifinality. Hydrological Processes, 20(13): 2887–2900
Gebreegziabher Y. 2004. Assessment of the Water Balance of Awassa Catchment, Ethiopia. Netherlands: International institute for geo-information science earth observation enschede
Gibson J J, Birks S J, Yi Y, et al. 2016. Stable isotope mass balance of fifty lakes in central Alberta: Assessing the role of water balance parameters in determining trophic status and lake level. Journal of Hydrology: Regional Studies, 6(6): 13–25
Gibson J J, Prowse T D, Peters D L. 2006. Hydroclimatic controls on water balance and water level variability in Great Slave Lake. Hydrological Processes, 20(19): 4155–4172
Goderniaux P, Brouyere S, Fowler H J, et al. 2009. Large scale surface-subsurface hydrological model to assess climate change impacts on groundwater reserves. Journal of Hydrology, 373(1–2): 122–138
Govindaraju R S, Kavvas M L. 1991. Dynamics of moving boundary overland flows over infiltrating surfaces at hillslopes. Water Resour Research, 27(8): 1885–1898
Gunduz O, Araln M M. 2003. A simultaneous solution approach for coupled surface and subsurface flow modeling.

Multimedia Environmental Simulations Laboratory, School of Civil and Environmental Engineering. Georgia Institute of Technology, Technical Report, (20): 88–98

Hense A. 1987. On the possible existence of a strange attractorfor the Southern Oscillatio. Beiträge zur Atmosphärenphysik, 60(1): 34–47

Kollet S J, Maxwell R M. 2006. Integrated surface-groundwater flow modeling: A free surface overland flow boundary condition in a parallel groundwater flow model. Advance in Water Resources, (29): 945–958

Kumambala P G, Ervine A. 2010. Water Balance Model of Lake Malawi and its Sensitivity to Climate Change. The Open Hydrology Journal, 4: 152–162

Kumar P, Georgiou E F. 1993. A multi-component decomposition of spatial rainfall fields 1. segregation of Large and Small Scale features using Wavelet transforms. Water Resources Research, 29(8): 2515–2532

Li Q, Unger A J A, Sudicky E A, et al. 2008. Simulating the multi-seasonal response of a large-scale watershed with a 3D physically-based hydrologic model. Journal of Hydrology, 357(3–4): 317–336

Liang X E F, Lettenmaier D P. 1999. A simple hydrolically-based model of land surface and energy fluxes for general circulation models. Gephys resources, (14): 415–428

Liu Q, Islam S, IRodriguez-Iturbe I, et al. 1998. Phase-space analysis of daily stream flow: Characterization and prediction. Advances in Water Resources, 21(6): 463–475

Ng W W, Panu U S, Lennox W C. 2007. Chaos based analytical techniques for daily extreme hydrological observations. Journal of Hydrology, 342(1–2): 17–41

Pinder G F, Sauer S P. 1971. Numerical simulation of flow wave modification due to back storage effects. Water Resour Research, 7(1): 63–70

Sandu M A, Virsta A. 2015. Applicability of MIKE SHE to Simulate Hydrology in Argesel River Catchment. Agriculture and Agricultural Science Procedia, 6: 517–524

Senarath S U S, Ogden F L, Downer C W, et al. 2000. On the calibration and verification of two-dimensional, distributed, Hortonian, continuous watershed models. Water Resour Research, 36(6): 1495–1510

Singh V, Bhallamudi S M. 1998. Conjunctive surface-subsurface modeling of overland flow. Advances in Water Resources, (21): 567–79

Smith R E, Woolhiser D A. 1971. Overland flow on an infiltrating surface. Water Resour Research, 7(4): 899–913

Soja G, Züger J, Knoflacher M, et al. 2013. Climate impacts on water balance of a shallow steppe lake in Eastern Austria (Lake Neusiedl). Journal of Hydrology, 480(14): 115–124

Sogoyomi T B, All U I, Abarbanel H D I. 1996. No-linear dynamics of the Great Salt Lake: Dimension estimation. Water Resources Research, 32(1): 149–159

Sudicky E A, Jones J P, Park Y J, et al. 2008. Simulating complex flow and transport dynamics in an integrated surface-subsurface modeling framwork. Geosciences Journal, 12(2): 107–122

VanderKwaak J E, Loague K. 2001. Hydrologic-response simulations for the R-5 catchment with a comprehensive physics-based model. Water Resour Research, 37(4): 999–103

Venckp V, Georgiou E F. 1996. Energy decomposition of rainfall in the time-frequency-scale domain using wavelet packets. Journal of Hydrology, 187: 3–27

Wiebe A J, Jr. B C, Rudolph D L, et al. 2015. An approach to improve direct runoff estimates and reduce uncertainty in the calculated groundwater component in water balances of large lakes. Journal of Hydrology, 531(12): 655–670

Yin X G, Nicholson S E. 1998. The water balance of Lake Victoria. Hydrological Sciences Journal-Journal Des Sciences Hydrologiques, 43(5): 789–811

Zhou Y K, Ma Z Y, Wang L C. 2002. Chaotic dynamics of the flood series in the Huaihe River Basin for the last 500 years. Journal of Hydrology, 258(1–4): 100–110

第 2 章　呼伦湖概况及流域水系特征研究

呼伦湖，也称达赉湖、呼伦池，"呼伦"是由蒙古语"哈溜"音转而来，意为"水獭"，因古代湖区内盛产水獭，生活在湖区的蒙古人便以动物名将其命名。关于呼伦湖的记载最早见之于两千多年前的《山海经》，称之为"大泽"；《旧唐书》称"俱轮泊"；《明史》称"阔滦海子"；《朔漠方略》称"呼伦诺尔"。

2.1　地理位置及其形态概况

呼伦湖为中国第五大湖，内蒙古第一大湖，位于内蒙古自治区满洲里市及新巴尔虎左旗、新巴尔虎右旗之间，地理坐标介于 116°58′~117°48′E，48°33′~49°20′N 之间（图 2-1）。呼伦湖是全球范围内寒冷干旱地区极为罕见的具有生物多样性和生态多功能的自然湖泊湿地生态系统，1990 年被划定为自治区级保护区，1992 年被批准为国家级自然保护区，2002 年 1 月被联合国列为国际重要湿地名录，2002 年 11 月被联合国教科文组织人与生物圈计划吸收为世界生物圈保护网络成员（Li et al., 2013；樊才睿等, 2015）。呼伦湖东边是兴安岭山脉，西边及南边是蒙古高原，湖面呈不规则斜长方形，轴为东北至西南方向，长度为 93km，最大宽度为 41km，周长约 480km。当湖泊水位最高时，最大水深可达 8m，蓄水量达 120 亿 m³。湖岸线弯曲系数为 1.88。

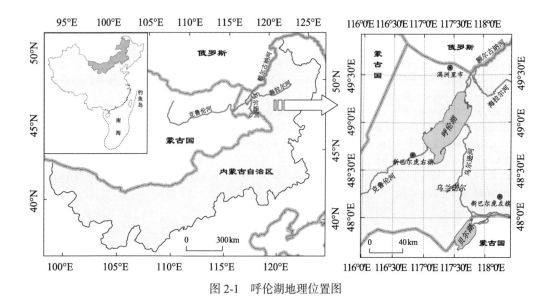

图 2-1　呼伦湖地理位置图

2.2 湖泊的形成与周边地貌概况

2.2.1 呼伦湖的形成

大约在古生代的下石炭纪（距今约三亿六千万年）以前，呼伦湖地区曾为海洋，在地质构造上属于蒙古地槽的一部分。在距今三亿多年前，才开始上升为陆地，从此再没有被海水淹没过。在距今约二亿二千五百万年前的中生代，呼伦贝尔一带气候温和，雨量充沛，河流广布，大地生长着苏铁、松柏、银杏等高大的裸子植物，为一派热带景象。约在中生代侏罗纪后期，距今一亿三千七百万年前，由燕山运动造成了呼伦贝尔盆地沉降带，这个盆地中的较低区域，可称为呼伦湖最早的雏形，位置大约在今乌尔逊河以东至辉河一带。到了新生代第三纪末期，随着地壳的持续挤压，在现今湖区一带产生了两条北北东向的大断层。西部一条大致在克鲁伦河—呼伦湖—达兰鄂罗木河—额尔古纳河一线，称西山断层；东部的一条大致在嵯岗—双山一线，称嵯岗断层。这使得今呼伦湖地区成为呼伦贝尔最低的地区，原始的呼伦湖从乌尔逊河以东至辉河之间移到现金呼伦湖的位置上。距今一百万年至一万五千年前，呼伦湖地区的气温由温热多雨转为冰川气候。距今约一万年前，冰川气候消失，逐渐转暖变干，现代呼伦湖形成。

2.2.2 周边地貌概况

呼伦湖处在呼伦贝尔盆地最低处，湖盆不深，四周起伏不大，底层多覆盖着第四纪沉积物。周边的地貌可划分为低山丘陵、湖滨平原和冲积平原、沙地沙岗、河谷漫滩及高平原几种类型。湖盆西北部为一条东北向西南的低山丘陵带，名为达赉诺尔低山，一般海拔为 600~800m，多为玄武岩构成。在湖的北端、南端和东面环湖一带，都有较广阔的湖滨平原。在乌尔逊河两岸，特别是其东面阿木古郎至双山子之间，有古乌尔逊河冲积形成的平原，在额尔古纳河以东，湖北端的滨州铁路两侧，有海拉尔河冲积形成的平原。在入湖河流克鲁伦河、乌尔逊河、达兰鄂罗木河的沿河都有宽阔的漫滩沼地，在宽阔的河漫滩上有许多废河道和沼泽湿地。在湖的东侧有两条沙丘带，一条在呼伦湖东岸，沿湖岸线呈南北向分布，为湖滨沙丘；另一条在乌尔逊河以东，阿木古郎、甘珠尔庙以北，沿沼泽湿地东缘大体呈南北向发展，此外，在满洲里市以南的山坡上，有若干的呈覆舟状的固定沙堆分布。这些湖滨平原和冲积平原与沼泽湿地、沙地沙岗等地貌类型相互穿插。在湖区东部有广阔的高平原分布，一直可延伸到大兴安岭边缘。具体分布见图 2-2。

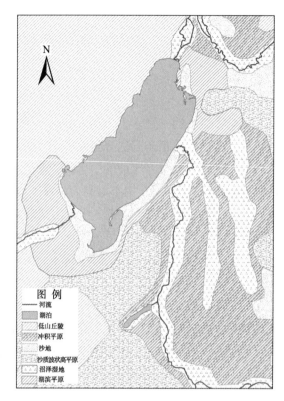

图 2-2　呼伦湖周边地貌分布图

2.3　区域气候特征

呼伦湖地区处在半干旱的高纬度地带，属中温带大陆性气候（樊才睿等，2016）。

冬季从 10 月上旬开始至翌年 5 月上旬，在极地大陆性气团所形成的西北冷空气和较强的蒙古高压控制下，是一年中最漫长、最寒冷、降水量最少的季节，寒潮天气过境时温度会骤然下降 10 度或以上，且多伴大风或暴风雪天气。

春季从 5 月上旬开始至 6 月下旬止，是夏季风开始代替冬季风的交替季节，气旋活动频繁，气候多变。光照充足、气温回升急剧、多大风、蒸发强烈。大风日数站全年的 40%~50%。

夏季从 6 月下旬开始至 8 月上旬止，为北方冷空气与南来的暖湿空气的交汇过程，降水集中，由于气旋活动和地形抬升作用，湖西岸在夏季极易形成雷雨和冰雹天气。

秋季从 8 月上旬开始至 10 月上旬止，是冬季风代替夏季风的季节，随着太阳高度变化辐射量的减少，多晴朗天气，降温急剧，常出现每旬递降 3℃ 的变化。

总之，呼伦湖地区的气候特点是：冬季严寒漫长，春季干旱多大风，夏季温凉短促，秋季降温急剧。

2.3.1 气温

选取呼伦贝尔草原三个主要城镇满洲里、新巴尔虎左旗和新巴尔虎右旗（1958~2007年）50 年的气温数据分析，呼伦湖地区多年平均气温为 0.16℃。三个气象站多年平均气温年际变化情况见图 2-3，气温年内变化情况见图 2-4。

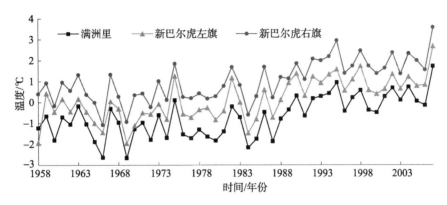

图 2-3 呼伦湖流域年平均气温年际变化情况

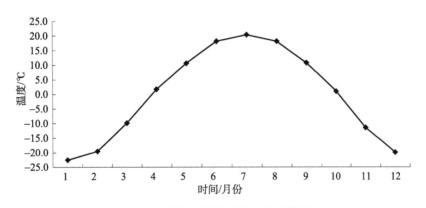

图 2-4 呼伦湖流域气温年内变化情况

从图 2-3 总体上看，三个气象站中新巴尔虎右旗多年平均气温最高，在-1~4℃波动；其次是新巴尔虎左旗，在-2~3℃波动；满洲里多年平均气温最低，在-3~2℃波动。满洲里、新巴尔虎左旗、新巴尔虎右旗气象站多年气温平均值分别为-0.71℃、0.14℃、1.04℃。三个气象站的多年平均气温整体趋势走向是逐渐上升的，反映了全球气温变暖这一特点。

由图 2-4 可知，呼伦贝尔地区多年平均气温月际间变化情况为每年 7 月气温最高，平均值为 20.87℃；每年 1 月气温最低，平均值为-22.86℃。1 月到 12 月的气温呈正态分布，以 7 月为中心轴，1 月到 7 月气温逐渐升高，7 月以后气温逐渐回落。从 10 月下旬到翌年的 4 月中旬为冬季，气温都在零度以下，体现了呼伦贝尔草原冬季漫长严寒；6 月到 8 月为夏季，气温清爽宜人，是呼伦贝尔草原一年中最为舒适的季节。

2.3.2 降水

选取呼伦湖流域三个主要城镇满洲里、新巴尔虎左旗和新巴尔虎右旗（1958~2007年）50年的降水数据分析，呼伦湖流域多年平均降水为264.3mm。三个气象站多年平均降水年际变化情况见图2-5，年内变化情况见图2-6。

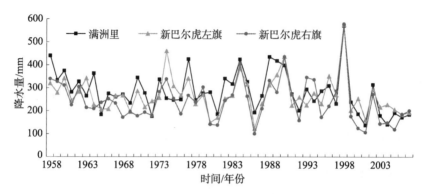

图2-5 呼伦湖流域降水量年际变化情况

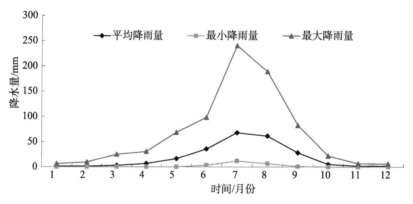

图2-6 呼伦湖流域降水量年内变化情况

从图2-5可以得出，三个气象站多年平均降水情况变化趋势相似，在1998年都达到历年来的降水量最高值约为578mm，降水量主要在100~500mm波动。满洲里、新巴尔虎左旗、新巴尔虎右旗气象站多年平均降水量分别为283.2mm、267.9mm、241.6mm。可以明显看出，从1998年降雨量高峰过后，降雨量连续偏低。

由图2-6可知，呼伦湖流域年内的降水量分布情况，主要集中在6~9月，为全年的80%~86%，在进入冬季后有少量降雪，最大降雨量出现在每年的7月。

2.3.3 蒸发

根据对呼伦湖周边水文站（1988~2007年）的蒸发资料分析，近20年平均蒸发量为1411mm，为降水量的6倍左右。蒸发量的年际、年内变化情况分别见图2-7、图2-8。

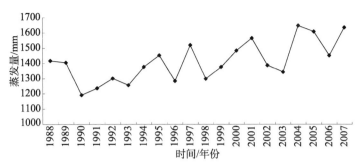

图 2-7　呼伦湖地区蒸发量年际变化情况

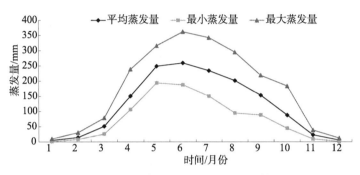

图 2-8　呼伦湖地区蒸发量年内变化情况

由图 2-7、图 2-8 可看出，近 20 年的蒸发量为增大趋势。最小蒸发量出现在 1990 年，为 1191mm；最大蒸发量出现在 2007 年，为 1635mm；平均增长速率达 26mm/a。一年中，以 12 月与 1 月蒸发量为最小时期，此时空气湿度大，太阳辐射小；在 5 月进入春季以后，天气回暖，空气湿度小、风速大，使蒸发迅速变的强烈；5 月、6 月、7 月为全年最大时期，平均每月蒸发量达 250mm。

2.3.4　风速

选取呼伦湖流域三个主要城镇满洲里、新巴尔虎左旗和新巴尔虎右旗（1958~2007 年）50 年的风速数据分析，呼伦湖地区多年平均风速为 3.75m/s。三个气象站近 50 年风速年际变化情况见图 2-9，多年平均风速年内变化情况见图 2-10。

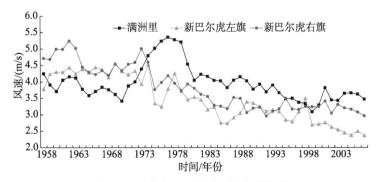

图 2-9　呼伦湖地区风速年际变化情况

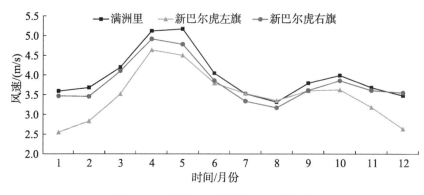

图 2-10 呼伦湖地区风速年内变化情况

由图 2-9 可知，三个气象站的多年来平均风速年际变化情况大体相似，20 世纪 60 年代和 70 年代风速较大。从 20 世纪 80 年代开始，风速逐年减弱。满洲里多年平均风速较大，约为 4.0m/s；其次是新巴尔虎右旗，平均风速约为 3.8m/s；新巴尔虎右旗平均风速小于上述两地区，约为 3.5m/s。呼伦湖流域风能资源丰富，对于交通不便、缺乏燃料的牧区是最好能源。

由图 2-10 可知，三个气象站多年平均风速年内变化趋势相似。呼伦湖流域大风天气主要集中在春季，每年 4 月风速最大平均值为 5.64m/s，进入夏季后风速慢慢减缓，秋天风速稍微有所增加。夏、秋、冬三季风速变化不大，基本保持在 3.5m/s。平均风速年内变化情况，风速由大到小依次是，满洲里、新巴尔虎右旗、新巴尔虎左旗。可见位于呼伦湖流域西部地区风速略高于东部地区。

2.3.5 积雪

选取呼伦湖流域三个主要城镇满洲里、新巴尔虎左旗和新巴尔虎右旗（1958~2007 年）50 年的积雪数据分析，呼伦湖流域多年平均积雪深为 2.9cm。三个气象站多年平均积雪年际变化情况见图 2-11，近 50 年平均年内变化情况见图 2-12。

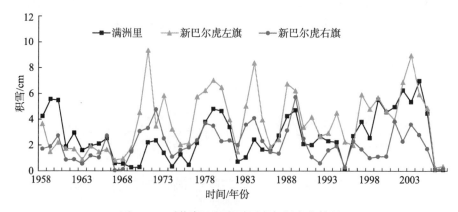

图 2-11 呼伦湖地区积雪厚度年际变化情况

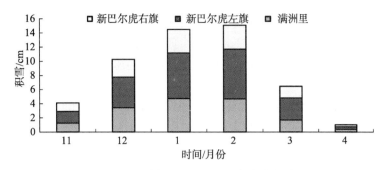

图 2-12 呼伦湖地区积雪厚度年内变化情况

三个气象站年际间积雪变化趋势没有表现出明显的相似性。从整体上分析，新巴尔虎左旗气象站的多年平均积雪值略高于其他两个气象站。积雪主要在 0~10cm 波动。

从呼伦贝尔地区冰冻期分析，新巴尔虎左旗在冰冻期积雪深度最深，平均约为 3.8cm，其次是满洲里，积雪深度约为 2.7cm，新巴尔虎右旗积雪深度最小，约为 2.06cm。由此可知，在呼伦湖流域西部东部草场积雪深度高于西部草场。

2.3.6 日照

选取呼伦湖流域三个主要城镇满洲里、新巴尔虎左旗和新巴尔虎右旗（1958~2007 年）50 年的日照数据分析，呼伦湖地区多年平均日照为 8.18h。该地区日照在年际、年内的变化情况分别见图 2-13、图 2-14。

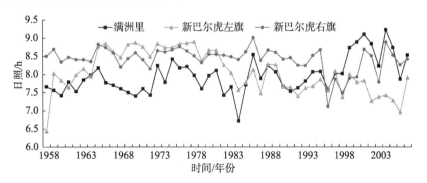

图 2-13 呼伦湖地区日照年际变化情况

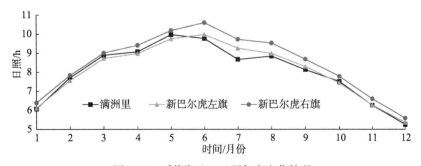

图 2-14 呼伦湖地区日照年内变化情况

从图 2-13 得出,呼伦湖流域近 50 年来日照时间在 7~9h 波动,波动范围不大。满洲里、新巴尔虎左旗、新巴尔虎右旗多年平均日照时间分别为 8.0h、8.1h、8.4h。可见呼伦湖流域日照时间比较均匀,各地平均日照时长均在 8h 左右,表明此地区太阳能资源丰富。

从图 2-14 得出,呼伦湖流域最长日照时间发生在 6 月,为 10h 左右;最短是 12 月,为 5h 左右。1 月到 6 月日照时长缓慢上升,6 月以后日照时间缓慢下降,上半年日照时长高于下半年。月际间新巴尔虎右旗日照时长,略高于满洲里和新巴尔虎左旗。

2.4 呼伦湖水系特征

2.4.1 呼伦湖水系概况

呼伦湖水系是额尔古纳水系的组成部分,包括哈拉哈河、贝尔湖、乌尔逊河、乌兰诺尔、克鲁伦河、新开河(达兰鄂罗木河)等主要支流,100km 以上的河流有三条,20~100km 的河流有 13 条,20km 以下的河流共 64 条,全流域河流总长 2374.9km。

(1)哈拉哈河,是贝尔湖的主要水源,也是呼伦湖主要水源之一,发源于兴安盟阿尔山市大兴安岭北侧五道沟东南山顶,中游段流经蒙古人民共和国,下游段为中蒙界河,由东向西至额布都格附近,河道分为两支,一支向西北流入乌尔逊河,称为沙尔勒金河,一支向西南流入贝尔湖。哈拉哈河流域面积 17232km^2,我国境内流域面积 8769km^2,河全长 233km。

(2)贝尔湖,位于呼伦贝尔的西南部边缘,是中蒙两国共有的湖泊。湖呈椭圆形状,长 40km,宽 20km,面积约 600km^2,大部分在蒙古境内,仅西北部的 40.26km^2 为我国所有。湖水为淡水,一般深度在 9m 左右,湖心最深处可达 50m。

(3)乌尔逊河,位于呼伦湖东南部,是呼伦湖主要补给水源之一,多年平均径流量为 6.11×10^{8}m^3(1961~2009 年统计)。乌尔逊河发源于贝尔湖,东流至乌尔逊河分场注入呼伦湖,它是呼伦湖与贝尔湖的连接通道,是两湖鱼类产卵的重要场所和回游通道。乌尔逊河流域面积 5981km^2,河长 223km,流域平均宽度 47km。流域为狭长形,形状系数为 0.21,河宽在丰水期为 60~70m,水深 2~3m,比降 1/3000~1/4000,枯水期河宽 30~50m,水深仅 1.0m 左右,河流弯曲系数 2.03。

(4)乌兰诺尔,又称乌兰泡,位于呼伦湖与贝尔湖之间,呼伦湖南 83km 处。补给水源为乌尔逊河,丰水期泡面长 15~17km,南北宽 205km,面积 75km^2 左右,枯水期成为沼泽。附近水生植物丰富,是鱼类最理想的产卵场所和鸟类栖息地。

(5)克鲁伦河,位于呼伦湖西南部,是呼伦湖主要的补给水源之一,多年平均径流 4.6×10^{8}m^3(1963~2009 年统计)。克鲁伦河发源于蒙古人民共和国肯特山东麓,自西向东流,于新巴尔虎右旗克尔伦苏木西北乌兰恩格尔进入我国,向东南流入呼伦湖。河全长 1264km,我国境内 206km,流域面积 9.9×10^{4}km^2,我国境内流域面积 5243km^2(产流区和 90%流域面积在蒙古国),流域平均宽度 73km,流域呈狭长形,河道蜿蜒曲折,河宽 40~90m,沿途多牛轭湖及沼泽。

（6）达兰鄂罗木河，位于呼伦湖的东北部，全长 25km，为连接呼伦湖与额尔古纳河的吞吐性河流，由呼伦湖的水位决定流向。在呼伦湖水大时顺达兰鄂罗木河流入额尔古纳河，在呼伦湖水小时，海拉尔河的河水顺达兰鄂罗木河可流入呼伦湖少许。因在1960年前后呼伦湖水位猛涨影响到扎赉诺尔矿区的生活生产，所以在附近进行了河流改道工程，于 1971 年竣工，新修的人工河道称为"新开河"，并在新开河两端加设了水闸，这使得呼伦湖第一次得到了人工控制。

图 2-15 为呼伦湖水系图，图中红色线条为国界线，红色点为呼伦湖周边三个水文站的位置，本文所用的水文数据均收集于该三站。

图 2-15 呼伦湖水系图

海拉尔河与额尔古纳河严格来讲虽不属于呼伦湖水系，但它们与呼伦湖水系有着千丝万缕的关系，这里稍作介绍。

海拉尔河，又称"开拉里河"，发源于牙克石市境内大兴安岭吉勒奇老山的西麓，由东向西流，沿途有多条河道汇入，流至牙克石市附近进入呼伦贝尔高原。当海拉尔河蜿蜒流至扎赉诺尔北部阿巴该图山附近时，汇达兰鄂罗木河突折向东北流去。从此处起，称为额尔古纳河。海拉尔河全长 708km，河宽 145m 左右，多年平均径流量 32.8 亿 m^3。海拉尔河的主要支流有库都河、免渡河、扎敦河、特尼河、莫尔格勒河、伊敏河、辉河等（陆胤昊等，2013；任娟慧等，2016）。

额尔古纳河为黑龙江的上源，在流到我国洛古村附近与俄罗斯的石勒喀河相汇后开始称黑龙江，黑龙江最终流入鄂霍次克海。额尔古纳河北岸为俄罗斯，南岸为我国，是两国的天然界线。额尔古纳河河道弯转曲折，两岸土质肥沃，水草丰美，全国闻名的三河马和三河牛就产于额尔古纳河的支流根河、得尔布尔河、哈乌尔河流域。额尔古纳河上游支流较少，中下游支流较多，100km 以上的支流有 19 条，20~100km 以内的支流有 216 条之多。

在呼伦湖周围分布着季节性湖河，季节性湖泊小型的多分布在呼伦湖西岸一带，大型的则分布在湖东岸和西南岸。这些湖泊随呼伦湖水位的涨落发生变化，受降水量大小的影响，依丰水期和枯水期的周期变化而存在与消失，其中较大的有新达赉湖、乌兰布冷泡。

新达赉湖又称新开湖，是在 1962 年呼伦湖水位高涨时，在湖东岸双山子一带决口，湖水东泄形成的一个面积达 147km^2 的湖泊，位于呼伦湖东岸新巴尔虎左旗境内，距呼伦湖 5km。新开湖水位、水质、渔业资源等均受呼伦湖的制约和影响，颇像子母湖。新开湖底多生水草，湖水温凉，水质肥沃，是鱼类栖息、产卵的理想水域。在 20 世纪 60 年代末水面逐渐缩小，80 年代初干枯。1984 年呼伦湖水位上涨又重新注入新开湖，随后十几年时大时小，到 2005 年彻底干枯后至今未有水注入。

乌兰布冷泡，也称阿楞多尔莫湖，位于湖西岸乌兰布冷，面积 6.6km^2，平均水深 3m，北有清泉注入，南与呼伦湖相连。

呼伦湖周围的季节性河流主要有呼伦沟、水泉沟、老四号沟、西山沟、大沙圈小河等，其中呼伦沟最长约 10km，位于湖东岸，自原呼伦牧场顺已干枯的阿尔公河流入呼伦湖。

2.4.2 主要补给河流水文特征

呼伦湖水的补给除降水以外，主要来自克鲁伦河和乌尔逊河，而新开河由于水闸控制的原因，近年来流入呼伦湖的水量很小，也无具体水文数据。根据克鲁伦河与乌尔逊河的水文站记录，分析了两条河的径流情况，其中径流量年际变化情况见图 2-16，年内径流变化情况见图 2-17。

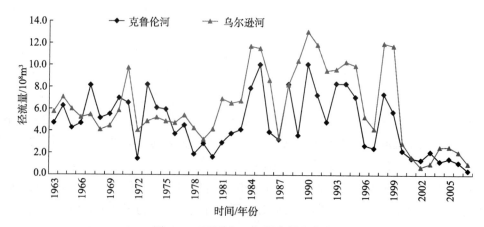

图 2-16　两河近 45 年径流量变化图

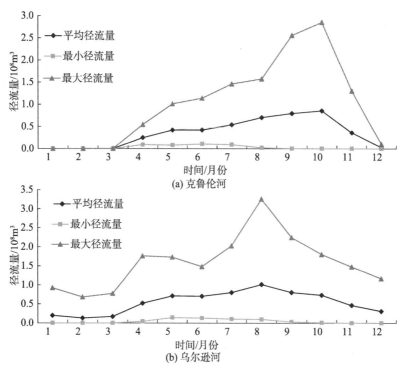

图 2-17 两河月径流量变化图

由图 2-16 可知，乌尔逊河与克鲁伦河的丰水、枯水年变化趋势基本一样。1963~1980 年期间两条河的径流量基本相当，约 $5 \times 10^8 m^3$；1981~1999 年期间乌尔逊河的径流量要明显大于克鲁伦河，乌尔逊河约 $9 \times 10^8 m^3$，克鲁伦河约 $6 \times 10^8 m^3$；从 2000 年至今，两条河的水量出现了有记载历史以来的最小值，连续近 10 年为枯水年，两条河的平均径流量不足 $2 \times 10^8 m^3$，到 2008 年乌尔逊河已全线断流。

从图 2-17 的年内变化来看，两条河的月径流变化特征有明显不同，克鲁伦的峰值出现在每年的 10 月，而乌尔逊河的峰值则出现在 8 月，这与两河的产流条件有关。乌尔逊河在 4 月会出现径流量急剧增长的过程，这是大兴安岭的融雪所致。克鲁伦河从每年的 12 月到翌年 3 月基本无径流量，而乌尔逊河这段时期则有少许。这是由于在冬季克鲁伦河流域全面封冻，到春天气候转暖后才逐渐有流量产生；而乌尔逊河此时的水源则来之于贝尔湖，湖冰河冰并未冻彻，冰层下仍有部分水流。

2.5 基于 DEM 的呼伦湖流域特征研究

湖泊是内陆水体的重要组成部分，具有多种利用价值和功能，其水来之于流域，湖泊及其流域是人类主要的生境所在，流域作为自然-社会-经济复合系统，为大气圈、岩石圈、陆地水圈、生物圈和人文圈相互作用的联结点，是各种人类活动和自然过程对环境影响的汇集地和综合反映地（李恒鹏等，2004）。但随着社会经济的发展，湖泊萎缩和流域生态退化等问题也随之出现。上述问题的存在使得加强流域内的资源、生态、环境的相关研究成为必然,以维持流域的持续发展。而目前对湖泊和流域的研究也大多将二者割裂,忽视了湖泊–流域的生态系统完整性(刘永等,2007),在对湖泊进行研究时淡化了流域的问题,使许多治理措施都成为治标不治本的案例,而流域的管理也采取的是一种分散化、以行政辖区为基础的管理模式(杨桂山等,2004),使得流域的研究增加了一定的难度,对于一些跨国界的湖泊流域所面临的问题更为复杂。

呼伦湖地处内蒙古北方边疆,其流域跨越蒙古国与我国。相关研究甚少,且主要集中在湖区内部,关于流域的情况仅有零星的文字描述。许多问题处于未知状态,这不利于呼伦湖的管理、保护及湖泊资源可持续利用。仅关于呼伦湖流域的面积大小不同作者有不同的记载,数据相差甚远,尚无定论,其中韩玉梅等(2008)记载为 11.7 万 km^2,秦伯强等(1994)为 15.3 万 km^2,严登华等(2001)、李翀等(2001)为 33469 km^2,王荔弘(2006)为 37214km^2;且未说明是国内部分还是全部。

研究使用 SRTM DEM 数据对呼伦湖流域进行分析研究,充分利用了空间信息技术的大范围、高时效等特点,尤其对跨国界的流域研究有很好的作用,弥补了因国界阻隔、地区偏远无法到达所引起的数据收集困难等问题。

2.5.1 DEM 数字高程模型

1. DEM 介绍

1958 年,美国麻省理工学院摄影测量实验室 Miller 教授对计算机与摄影测量技术相结合在计算机辅助设计方面的应用进行了试验,在成功解决道路工程计算机辅助设计问题的同时,首次提出了数字地形表达的概念:数字地面模型(digital terrain model,DTM)。之后的几十年里,数字地面模型在测绘、遥感、土木工程、军事、地学分析等众多领域得到了深入的研究和广泛的应用。

实际应用过程中,由于地面属性包含的范围很大,如土壤类型、岩层深度、土地利用等,因此"Terrain"一词的含义较为广泛,不同的专业背景对其有不同的理解。当所表示的地面特征为地面高程值(Elevation)时,这时的 DTM 也被称为数字高程模型,即 DEM。在严格意义上来说,DEM 仅仅是 DTM 的一个子集,但是由于地面高程是地形属性中最为重要,也是最为常用的特征,因而在很多情况下,DEM 与 DTM 经常被混用,均用来表示数字高程模型(李志林和朱庆,2000;汤国安等,2005)。

DEM 是利用一个任意坐标场中大量已知的 X、Y、Z 的坐标点对地面连续的一个统计表示,它将区域空间切分为规则的网格单元,每一个网格单元对应一个高程值。从数学的角度,可以用一个二维函数系列取值的有序集合来概括表示数字高程模型的基本内容:

$$K = f(u_p, v_q) \quad (p = 1,2,3,\cdots,m; q = 1,2,3,\cdots,n) \quad (2\text{-}1)$$

式中,K 表示地面点上高程值(m),u_p、v_q 表示地面点的二维坐标可以采用任意一种地图投影的平面坐标;m、n 为二维坐标方向上地面点的个数。

2. DEM 的获取途径

到目前为止,得到 DEM 数据的方法有很多,可以直接在野外通过全站仪或者是

GPS、激光测距仪等进行测量，测量后生成；也可以间接的通过航空影像或者遥感图像以及已有地形图得到。具体采用何种数据源和相应的生成方法，一方面取决于这些数据的可获取性，另外一方面也取决于对 DEM 分辨率、精度、数据量大小的要求和技术条件等。常见的数据来源主要有以下几种：

1）地形图

地形图是生成 DEM 的主要数据源。对许多发展中国家来说，这种数据源可能由于地形图覆盖范围不够或高程数据的质量较低和等高线信息不足而比较欠缺，但对大多数发达国家和某些发展中国家比如中国来说，其国土的大部分地区都有着包含等高线的高质量地形图，这些地形图无疑为地形建模提供了丰富、廉价的数据源。从既有地形图上采集 DEM 涉及两个问题，一是地图符号的数字化，再就是这些数字化数据往往不满足现势性要求。因此，对于经济发达地区，由于土地开发利用使得地形地貌变化剧烈而且迅速，地形图往往也不宜作为 DEM 的数据源；但对于其他经济落后地区如山区，因地形变化小，有地图无疑是物美价廉的数据源。基本地形图系列的比例尺和包含内容在不同国家可能有所不同，例如，在英国，覆盖全国的基本地形图比例尺为 1:1 万，而在中国，这一比例尺从 1:100 万到 1:1 万。

2）野外实际测量

用全球定位系统、全站仪或经纬仪配合袖珍计算机在野外进行实际观测获取地面点数据，经适当变换处理后建成数字高程模型，一般用于小范围详细比例尺（如比例尺大于 1:2000）的数字地形测图。以地面测量的方法直接获取的数据能够达到很高的精度，常常用于有限范围内各种大比例尺高精度的地形建模，如土木工程中的道路、桥梁、隧道、房屋建筑等。然而，由于这种数据获取方法的工作量很大效率低下，费力费时，加之费用高昂，并不适合于大规模的数据采集任务，比如在采集覆盖一个地区、一个流域、一个国家的数据时，就不可能采用这种方法。

3）摄影测量技术

航空摄影测量一直是地形图测绘和更新最有效也是最主要的手段，其获取的影像是高精度、大范围内最有价值的数据源，利用该数据源，可以快速获取或更新大面积的 DEM 数据，从而满足对数据现势性的要求。航天遥感也是获取 DEM 数据的一种有效方式，从实际应用来看，由一些卫星扫描系统如 SPOT 卫星上的立体扫描仪、EOS-Terra 卫星上的 ASTER 传感器所获取的遥感影像均可以作为生产 DEM 的数据来源除此之外，近年来出现的高分辨率遥感图像（如空间分辨率达到 1m 的 IKONOS 图像）、干涉雷达和激光扫描仪等新型传感器数据进一步提高了航天遥感在 DEM 数据获取上的能力，目前被认为是快速获取高精度、高分辨 DEM 最优质的数据源。

实际工作中，对 DEM 的采集方法可以从性能、成本、时间、精度等方面进行评价，表 2-1 是 DEM 数据采集方法和各自特性的比较一览表，应当指出，各种采集方法都有各自的优点和缺点，这些不同的方法在数据的可获取性、数据的质量、获取的难易程度、相应的费用等等很多方面均有较大的不同，因此选择 DEM 采集的方法要从目的需求、精度要求、设备条件、经费条件等方面考虑选择合适的采集方法。

表 2-1 DEM 数据获取方法及其特征比较

采集方法	DEM 精度	获取时间	费用成本	更新程度	应用范围
地面测量	非常高	很慢	很高	很困难	小范围区域，特别的工程项目
摄影测量	比较高	比较快	较高	周期性	大的工程项目、国家范围内的数据收集
立体遥感	比较低	很快	低	很容易	国家范围内乃至全球范围内的数据收集
GPS	比较高	很快	比较高	容易	小范围，特别的项目
地形图手扶跟踪数字化	比较低	比较慢	低	周期性	国家范围以及军事上的数据采集，中小比例尺地形图的获取
地形图屏幕数字化	比较低	非常快	比较低		
激光扫描干涉雷达	非常高	很快	非常高	容易	高分辨率，各种范围

3. 本研究 DEM 的来源

研究使用的 DEM 为 SRTM（shuttle radar topography mission）数据，为干涉雷达技术任务。它由美国航空航天局（NASA）、美国国家图像测绘局（NIMA）以及德国与意大利航天机构共同合作完成，在 2000 年 2 月 22 日，通过装载于"奋进号"（Endeavour）航天飞机的干涉成像雷达近 10 天的全球性作业，获取地球表面从北纬 60°至南纬 56°间陆地地表 80%面积（图 2-18）、数据量高达 12TB 的三维雷达数据，然后通过对接收到的雷达信号进行处理，生成了 30m 分辨率的高精度数字高程模型（郭华东等，2000；VanZyl et al.，2001；Rabus et al.，2003）。SRTM 是世界上第一套高分辨率的数字高程模型，公开发布的数据分辨率为 3 弧秒（经度和纬度的 1/1200），长度相当于 90 米，可免费下载使用，这个数据集的公布具有重要的意义，很多研究人员已经成功地将 SRTM 应用于相关领域的研究（Kaab，2005；David et al.，2003；Gorokhovich and Voustianiouk，2006；Miliaresis and Paraschou，2005；Walker et al.，2007；Ehsani，2008；Sun et al.，2008）。

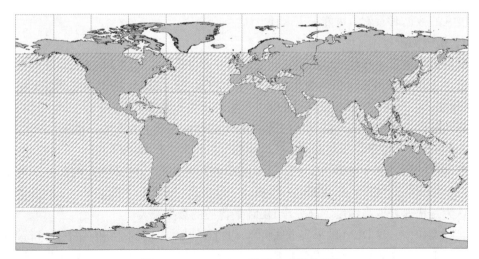

图 2-18 SRTM DEM 数据全球覆盖范围

首先根据 Google Earth 的卫星地图大致估计呼伦湖全流域的坐标范围，介于 107°00′~123°00′E，45°30′~50°30′N。然后登陆美国地质勘探局数据库网站，网址为

http://seamless.usgs.gov，输入所需经纬度范围后获取数据，下载后数据为栅格图像，椭球体系统为 WGS_1984，下载原始数据见图 2-19。因呼伦湖流域东西跨度大，为减少因变形而产生的面积计算误差，图件采用阿尔伯斯双标准纬线多圆锥投影（Albers_Equal_Area_Conic）系统，双标准纬线选取 40°N 与 50°N，中央经线选取 115°E。

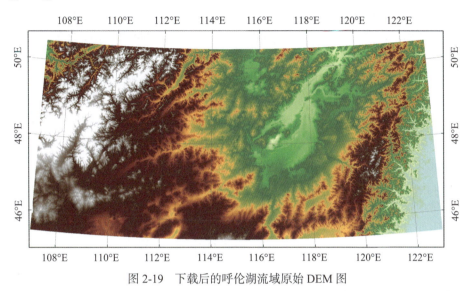

图 2-19　下载后的呼伦湖流域原始 DEM 图

2.5.2　SWAT 模型与数字河网提取

1. SWAT 模型介绍

SWAT（Soil and Water Assessment Tool）是由美国农业部（USDA）的农业研究中心（ARS，Agricultural Research Service）在 1994 年开发的分布式水文模型，模型开发的最初目的是为了预测在大流域复杂多变的土壤类型、土地利用方式和管理措施条件下，土地管理对水分、泥沙和化学物质的长期影响（Arnold et al.，1993，1995）。

SWAT 模型具有较强的物理基础，它能够充分利用 GIS 和 RS 提供的空间信息，模拟复杂大流域中多种不同的水文物理过程。流域的水分运动、泥沙输送、作物生长和营养成分循环等物理过程均直接反映在模型中。

将 SWAT 模型与现有 GIS 系统集成是 SWAT 研究的一个重要内容，现已经开发出的有与 Arc view 集成的 AV SWAT（Luzio et al.，2002），与 Arc Info 集成的 Arc SWAT（Olivera et al.，2006），以及嵌入了 SWAT 模型的流域模拟系统 AGWA（DiLuzio et al.，2002）与 BASINS（Burns et al.，2004）。至今为止，SWAT 模型已经在成为了流域模拟的一种重要工具。

2. 数字河网流域提取理论

1）水流方向计算

要从栅格 DEM 上提取流域信息，首先必须确定各个栅格单元的水流方向，这是利用 DEM 进行数字河网提取的前提，判断流向的方法也比较多，目前应用广泛的为单流向法，单流向法就是假定一个网格中的水流只从一个方向流出网格。其中，D8 算法是较早提出并得到广泛应用的一种单流向算法（Jenson and Dorningue, 1988），该方法假设单个网格中的水流只有八种可能的流向，即流入与之相邻的八个网格中。它用最陡坡度法来确定水流的方向，如在 3×3 的窗口上，计算中心网格与各相邻网格间的距离权落差，即相邻网格与网格中心点的高程差除以与网格中心点之间的距离，然后取距离权落差最大的网格作为中心网格的流出网格，而该方向即为中心网格的流向。这种方法对自然状态的水流方向进行了极大的概括，认为网格的产流是点源（即网格中心点），河道则用一维的线来描述，也删掉了水流方向的无穷多种可能性。D8 算法成熟稳定、计算简单、效率较高并且对洼地和平坦区域具有较强的处理能力，因而应用最为广泛，美国环境系统研究所（ESRI）研制的 Arc GIS 软件中集成的地表水文模拟专用模块，就是以 D8 法为基础的。

2）数字河网与流域边界的确定

河网生成需要先对 DEM 数据进行填洼处理。洼地是高程小于相邻周边的点，它们的存在会阻碍自然水流朝流域出口的流动。因此对每一个格网点进行查找，找出凹陷点并使其高程等于周围点的最小高程值，生成新的无洼地 DEM。然后按最陡坡度原则确定水流路径，并计算每一个网格单元上的上游集水面积，其集水面积的量纲以网格数目（投影后可使用面积单位作为输入值）的多少表示，从而产生包含每个网格单元上坡面汇水面积的新矩阵，把它定义为最小河道集水面积阈值。当网格的上游集水面积超过此阈值时，这些网格点就定义为河道（Tarboton and Ames, 2001; McNamara et al., 2006）。

流域边界确定与子流域划分相对比较简单，在确定流域出口断面位置后，就以流域干流上的每个支流为单元划分子流域，即一旦河网定下来，子流域也就确定了，通过沿流向前进的方法确定每个网格汇入哪个支流，即属于哪个子流域，从而将整个流域划分为若干片子流域。

图 2-20 表示了基于 DEM 提取河网的主要步骤的简单示意图，图 2-20(a)表示的是原始 DEM 数据，图 2-20(b)表示的是利用原始 DEM 通过 D8 算法计算得到的每个格网的流向数据；在此基础之上，就可以进一步计算得到每个格网的汇水面积矩阵，如图 2-20(c)所示，若将最小河道集水面积阈值定义为 5 个网格，即可最终提取图 2-20(c)中灰色区域表示的河网网格。

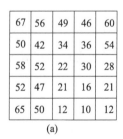
(a)

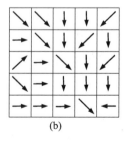
(b)

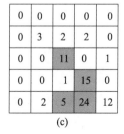
(c)

图 2-20 DEM 提取河网的主要步骤

2.5.3 呼伦湖流域研究

1. 流域分布情况

使用基于 Arc GIS 9.2 的 Arc SWAT 模型对呼伦湖流域 DEM 进行了计算，经多次试调，最小河道集水面积阈值定义为 $300km^2$（约 5 万个网格点左右）时，计算的数字河网和实际河网最为相符，最终流域提取结果与数字河网见图 2-21 与图 2-22。

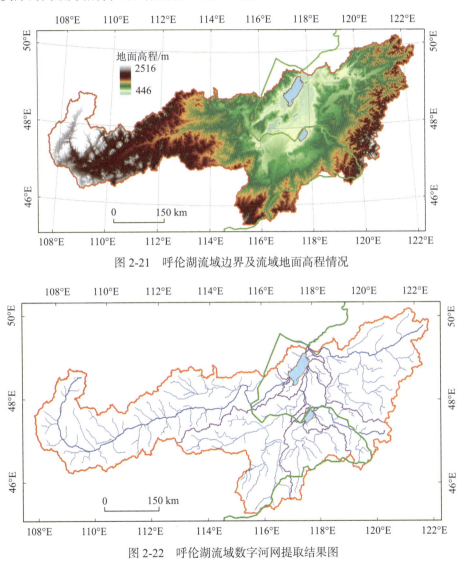

图 2-21 呼伦湖流域边界及流域地面高程情况

图 2-22 呼伦湖流域数字河网提取结果图

由图 2-23 可以看出（图中绿色线条代表我国与蒙古及俄罗斯的国界线），呼伦湖流域范围分布广，东西跨度大，约 16 个经度带。最高海拔位于蒙古国肯特山脉可达 2516m，最低洼处位于呼伦湖湖区，约为 545m，图中所示的最低海拔为 446m 是由于扎赉诺尔矿区的巨大的露天矿坑坑底。

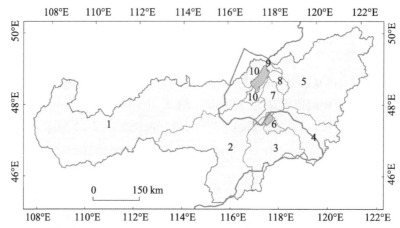

1. 克鲁伦河流域; 2. 乌兰泡流域; 3. 未知河流域; 4. 哈拉哈河流域; 5. 海拉尔河流域;
6. 贝尔湖周边流域; 7. 乌尔逊河流域; 8. 新开湖流域; 9. 新开河流域; 10. 呼伦湖周边流域

图 2-23 呼伦湖水系子流域划分图

图 2-23 为呼伦湖水系各子流域划分图,可详细划分为 10 个子流域,流域 2、流域 3 内汇水河道为季节性河流,其中流域 3 由于地处蒙古国境内,也无相关文献记载,故河流名未知。流域 6、流域 10 为贝尔湖、呼伦湖周边流域,这两块区域降水被土壤吸收或通过地表径流直接排入湖内,不流入其他河道。流域 8 为其他流域所包围的一块洼地,不与河流连通,在丰水年时呼伦湖水位高湖水会溢流入这块洼地,形成的水域被称为新开湖,在枯水年时干枯,所以严格来讲流域 8 即新开湖流域不属于呼伦湖流域。流域 5、流域 9 即海拉尔河流域与新开河流域,会因新开河水的流向不同而归属不同,当呼伦湖水大时新开河流向额尔古纳河,流域 5、流域 9 应归属于额尔古纳河水系;当呼伦湖水位低时海拉尔河通过新开河流向呼伦湖,流域 5、流域 9 可以归属于呼伦湖内陆水系。由于海拉尔河河水流向呼伦湖时的量非常小,绝大部分都流入额尔古纳河,近年来在人工闸的控制下,流入湖中的量更是微乎其微,所以许多研究者都不将海拉尔河流域计为呼伦湖水系部分。表 2-2 为各子流域面积统计表。

表 2-2 呼伦湖各子流域面积统计表

流域名称	面积/km²	所占比例/%	国内部分/km²	国外部分/km²
克鲁伦河	99786.31	49.39	5243.38	94542.93
乌尔逊河	5980.7	2.96	5836.37	144.33
哈拉哈河	17232.18	8.53	8769.1	8463.08
呼伦湖周边	6639.31	3.29	6639.31	0
贝尔湖周边	2208.98	1.09	425.41	1783.57
无名	19879.47	9.84	2307.65	17571.82
乌兰泡	50296.51	24.90	9568.87	40727.64
总计	**202023.46**	**100**	**38790.09**	**163233.37**
新开河	95.03	/	95.03	0
海拉尔河	54260.28	/	54260.28	0
新开湖	2548.21	/	2548.21	0

由表 2-2 得知在不计算海拉尔河与新开河流域的情况下，呼伦湖全流域面积为 20.2 万 km^2，我国部分为 3.9 万 km^2，所占比例为 19.3%；而蒙古国部分为 16.3 万 km^2，所占比例达 80.7%。其中来水量大、面积大的克鲁伦河流域几乎 95% 的汇水面积位于蒙古国。如将海拉尔河与新开河流域计算在内的话，全流域面积为 25.6 万 km^2，我国部分将增加到 9.3 万 km^2，而蒙古国部分仍为 16.3 万 km^2。

2. 流域地形分析

1）地表坡度

地表坡度记为 S 或者 $\tan\beta$，或角度 β，假如某个点的平面坐标为 (i, j)，那么其相邻的八个点中任何一个点的平面坐标可表示成 $(i+m, j+n)$，($m=-1, 0, 1$ $n=-1, 0, 1$)。注意 m 和 n 不能同时取零，由此，从点 (i, j) 到其周围任一相邻点的地表坡度为：

$$S_{(i,j)\to(i+m,j+n)} = \tan\beta_{(i,j)\to(i+m,j+n)} = \frac{z(i,j) - z(i+m, j+n)}{\sqrt{m^2+n^2} \cdot \Delta l} \quad (2-2)$$

重力是坡面流的最主要的驱动力，那么当式（2-2）计算的 S 值大于 0，坡面流将从点 (i, j) 流向点 $(i+m, j+n)$；如果 S 值小于 0，坡面流将从点 $(i+m, j+n)$ 流向点 (i, j)。第三种情况，如果 S 值等于 0，那么在点 (i, j) 和点 $(i+m, j+n)$ 之间将会没有任何水量交换。

地表坡度是地形中重要的参数，它直接影响到流域的产汇流效果，相同土壤和降雨强度的情况下，产流系数会随着坡度的增加而增加（程琴娟等，2007；Fang et al.，2008；Shakya and Chander，1998）。所以在分析呼伦湖流域地形情况时应分析坡度分布，以确定呼伦湖流域产汇流条件好的补给水源地分布情况。

在确定呼伦湖流域范围后，应用 Arc GIS 的 Spatial Analyst 模块对全流域的 DEM 做坡度分析，地图分类参考国际地理学会地貌调查和野外制图专业委员会制定的方法，它将坡度分为 7 级：0°~2° 平原至微倾斜坡，2°~5° 缓倾斜坡，5°~15° 斜坡，15°~25° 陡坡，25°~35° 急坡，35°~55° 急陡坡，>55° 垂直坡。根据呼伦湖流域地形情况，平原与微倾斜坡较多，为显示更为直观，本文将 0°~2° 又分为三级，无 >55° 垂直坡，最终共 8 级，流域坡度分布见图 2-24，整个流域不同坡度所占比例统计见图 2-25。

由图 2-24 和图 2-25 可得，坡度为 0°~2° 的区域主要分布在呼伦湖南岸和东岸、克鲁伦河的下游以及贝尔湖周边，为平坦的草原，降雨主要被植被截留和土壤吸收，产汇流条件差，面积占全流域的 60% 左右，不计入海拉尔河与新开河流域的比例高于计入。2°~5° 的缓倾斜坡分布较广，集中的区域主要为呼伦湖西岸的低山丘陵地带，不计入海拉尔河与新开河流域所占的比例与计入基本相同。5°~15° 的斜坡主要分布在海拔较高的各子流域上游，不计入海拉尔河与新开河流域所占的比例要低于计入，这说明海拉尔河流域上游的以 5°~15° 的斜坡居多。15°~25° 的陡坡和 25°~35° 的急坡整体所占比例较小，主要集中在克鲁伦河、哈拉哈河及海拉尔河的上游地区。地形决定了这些区域具有良好的产汇流条件，在春季还有融雪水产生，这也解释了这三条河流较其他河流有丰富的径流量的原因。各子流域中不同坡度所占比例的统计情况见表 2-3。

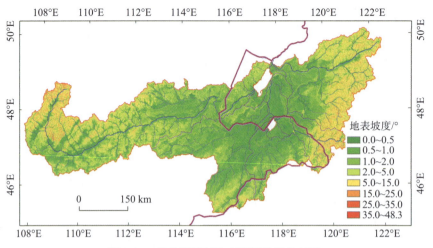

图 2-24 呼伦湖流域地表不同坡度分布图

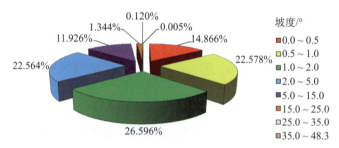

(a) 不计入海拉尔河与新开河流域

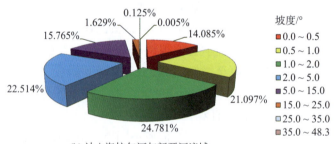

(b) 计入海拉尔河与新开河流域

图 2-25 整个流域不同坡度所占比例统计图

表 2-3 呼伦湖各子流域不同坡度所占比例统计表

坡度	0°~0.5°	0.5°~1°	1°~2°	2°~5°	5°~15°	15°~25°	25°~35°	35°~48.3°
克鲁伦河	10.43	17.33	25.18	28.36	16.58	1.94	0.18	0.01
乌尔逊河	35.29	39.43	22.04	3.16	0.08	/	/	/
哈拉哈河	12.44	17.22	17.73	19.26	28.47	4.53	0.34	0.01
呼伦湖周边	14.36	22.03	29.91	27.84	5.78	0.09	0.0003	/
贝尔湖周边	32.20	41.79	24.67	1.35	0.002	/	/	/
无名	21.82	31.42	30.15	13.79	2.76	0.05	/	/
乌兰泡	17.88	28.07	31.12	18.95	3.95	0.04	0.0001	/

续表

坡度	0°~0.5°	0.5°~1°	1°~2°	2°~5°	5°~15°	15°~25°	25°~35°	35°~48.3°
新开河	21.89	29.24	28.01	15.43	5.17	0.25	/	/
海拉尔河	11.12	15.49	17.92	22.34	30.27	2.71	0.15	0.003
新开湖	31.02	33.88	28.53	6.14	0.43	0.0004	/	/

由表 2-3 中数据可知，各子流域中的坡度分布是与上面分析结果是一致的。呼伦湖周边流域的坡度较大原因是由于湖区西岸的低山丘陵地形所致，每当有降雨时除被植被截留和土壤吸收后以洪水形式直接排入湖区。新开河流域 5°~25°的坡度出现的原因还与扎赉诺尔的矿坑有关，原始地形较为平坦并无 10°以上的高坡。

2）地表坡向

地表坡向为地表坡面法线在水平面上投影的方向，在坡度较大的地区坡向会对地表植被、温度和降水略有影响。如太阳辐射在南坡为最多，其次为东南坡和西南坡，再次为东坡与西坡及东北坡和西北坡，最少为北坡，因太阳辐射的辐射多少使的向光坡和背光坡之间的温度和植被往往存在差异，南坡或西南坡最暖和，北坡或东北坡最寒冷；坡向对降水也有影响，来之不同方向的暖湿气流会在迎面坡向较背面坡向更多的形成降雨。

应用 Arc GIS 的 Spatial Analyst 模块对全流域的 DEM 做坡向分析，按方向共分为 9 类，即平坦无坡向、北、东北、东、东南、南、西南、西、西北，流域坡向分布见图 2-26，不同坡向所占比例统计见图 2-27。

根据上图可知，在贝尔湖周边与乌尔逊河周边有平坦地势分布，无明显坡向，其他区域的坡向分布与河网走向大致垂直。从所占比例来看，整个流域的各坡向所占比例较为均匀，都在 12%左右，以东向坡和东北向坡为最多，所占比例分别为 13.45%和 12.85%。

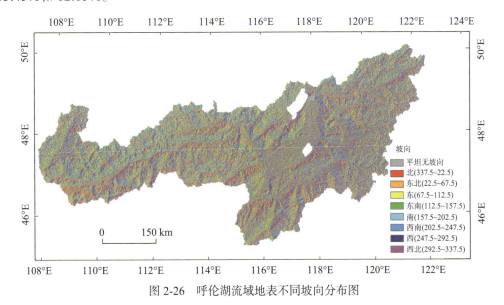

图 2-26 呼伦湖流域地表不同坡向分布图

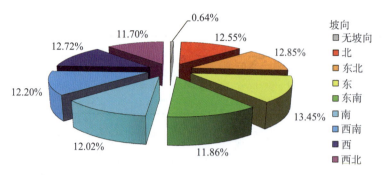

图 2-27 不同坡向所占比例统计图

2.6 结论与讨论

通过对 DEM 数据的数字河网和流域边界的分析得知，呼伦湖流域范围分布广，东西跨度大，约 16 个经度带，1090km，最高海拔位于蒙古国肯特山脉可达 2516m。按流域的定义严格划分，整个流域共包括七个子流域，分别为克鲁伦河流域、乌兰泡流域、未知河流域、哈拉哈河流域、贝尔湖周边流域、乌尔逊河流域、呼伦湖周边流域，全流域面积为 20.2 万 km^2，我国部分为 3.9 万 km^2，所占比例为 19.3%；蒙古国部分为 16.3 万 km^2，所占比例达 80.7%。

应用 Arc GIS 的 Spatial Analyst 模块对全流域的 DEM 做地形分析后得知，坡度为 0°~2°的区域主约占全流域的 60%左右，为平坦草原。产汇流条件好的 15°~25°的陡坡和 25°~35°的急坡所占比例较小，主要分布在蒙古国，为克鲁伦河、哈拉哈河的上游地区，地形决定了这些区域具有良好的产汇流条件，克鲁伦河在我国境内的下游区无支流汇入。这说明了呼伦湖的补给水源主要来自于蒙古国，蒙古国流入我国的水量多少在很大程度上决定了呼伦湖的扩张与萎缩的命运。

呼伦湖为典型的跨国界流域，我国应加强与蒙古国联系与交流，重视国际协商和流域综合管理，使上游河流水资源科学合理配置，严禁河道随意截流，以保证下游入湖的水量来防止呼伦湖的持续萎缩。重视国家间的学术交流和基础数据共享，为流域综合管理提供科学依据。

参 考 文 献

程琴娟, 蔡强国, 廖义善. 2007. 土壤表面特性与坡度对产流产沙的影响. 水土保持学报, 21(2): 9-15
樊才睿, 李畅游, 贾克力, 等. 2015. 不同放牧制度下呼伦湖流域草原植被冠层截留研究. 生态学报, 35(14): 1-238
樊才睿, 李畅游, 孙标, 等. 2016. 不同放牧制度草场产流产沙过程模拟试验. 水土保持学报, 31(1): 47-53
郭华东, 王长林. 2000. 全天候全天时三维航天遥感技术介绍——航天飞机雷达地形测图计划. 遥感信息, (1): 47-48
韩玉梅, 蒋涛, 肖迪芳. 2008. 达赉湖水量平衡对生态环境影响分析[J]. 黑龙江水利科技, 36(2): 125-126
李恒鹏, 陈雯, 刘晓玫. 2004. 流域综合管理方法与技术. 湖泊科学, 16(1): 85-90
刘永, 郭怀成, 黄凯, 等. 2007. 湖泊-流域生态系统管理的内容与方法. 生态学报, 27(12): 5352-5360
陆胤昊, 叶柏生, 李翀. 2013. 冻土退化对海拉尔河流域水文过程的影响. 水科学进展, 24(3): 319-325
李志林, 朱庆. 2000. 数字高程模型. 武汉: 武汉大学出版社

李翀,马巍,叶柏生,等. 2001. 呼伦湖水面蒸发及水量平衡话计. 水文, 26(5): 41-44
秦伯强,王苏民. 1994. 呼伦湖的近期扩张及其与全球气候变化的关系. 海洋与湖沼, 25(3): 280-287
任娟慧,李卫平,任波,等. 2016. SWAT模型在海拉尔河流域径流模拟中的应用研究. 水文, 36(2): 51-55
汤国安,刘学军,闾国年. 2005. 数字高程模型及地学分析的原理与方法. 北京:科学出版社
王荔弘. 2006. 呼伦湖水环境及水质状况浅析. 呼伦贝尔学院学报, 14(6): 5-7
严登华,何岩,邓伟,等. 2001. 呼伦湖流域生态水文过程对水环境系统的影响. 水土保持通报, 21(5): 1-5
杨桂山,于秀波,李恒鹏,等. 2004. 流域综合管理导论. 北京:科学出版社
Amir H E, Friedrich Q. 2008. Application of Self Organizing Map and SRTM data to characterize yardangs in the Lut desert, Iran. Remote Sensing of Environment, 112(7): 3284-3294
Arnold J G, Allen R, Bernhardt G. 1993. A comprehensive surface groundwater flow model. Journal of Hydrology, 142: 47-68
Arnold J G, Williams J R, Maidment D A. 1995. A continuous time water and sediment routing model for large basins. Journal of Hydraulic Engineering, 121(2): 171-183
Burns I S, Scott S N, Levick L R, et al. 2004. Automated Geospatial Watershed Assessment (AGWA)-A GIS-based hydrologic modeling tool: documentation and user manual, Version 1.4
David W C, Eric J F, Cheng T H A. 2003. Computational-grid based system for continental drainage network extraction using SRTM digital elevation models. Proceedings of the International Conference on Parallel Processing Workshops
DiLuzio M, Srinivasan R, Arnold J G. 2002. Integration of watershed tools and SWAT model into BASINS. Journal of American Water Resources Association, 38(4): 1127-1141
Fang H Y, Cai Q G, Chen H. 2008. Effect of rainfall regime and slope on runoff in a gullied loess region on the loess plateau in China. Environmental Management, 42: 402-411
Gorokhovich Y, Voustianiouk A. 2006. Accuracy assessment of the processed SRTM-based elevation data by CGIAR using field data from USA and Thailand and its relation to the terrain characteristics. Remote Sensing of Environment, 104(4): 409-415
Jenson S K, Domingue J O. 1988. Extracting topographic structure from digital elevation data for geographical information system analysis. Photogrammetric Engineering and Remote Sensing, 54(11): 1593-1600
Kaab A. 2005. Combination of SRTM3 and repeat ASTER data for deriving alpine glacier flow velocities in the Bhutan Himalaya. Remote Sensing of Environment, 94: 463-474
Li C Y, Sun B, Jia K L, et al. 2013. Multi-band remote sensing based retrieval model and 3D analysis of water depth in Hulun Lake, China. Mathematical and Computer Modelling, 58(8): 765-775
Luzio M D, Srinivasan R, Arnold J G, et al. 2002. ArcView Interface For SWAT2000 User's Guide. Texas Water Resources Institute, College Station, Texas TWRI Report TR-193
McNamara J P, Ziegler A D, Wood S H, et al. 2006. Channel head locations with respect to geomorphologic thresholds derived from a digital elevation model: A case study in northern Thailand. Forest Ecology and Management, 224(1): 147-156
Miliaresis G C, Paraschou C V E. 2005. Vertical accuracy of the SRTM DTED level 1 of Crete. International Journal of Applied Earth Observation and Geoinformation, 7(1): 49-59
Olivera F, Valenzuela M, Srinivasan R, et al. 2006. ArcGIS-SWAT: A geodata model and GIS interface for SWAT. Journal of the American Water Resources Association, 42(3): 807-807
Rabus B, Eineder M, Roth A, et al. 2003. The shuttle radar topography mission-a new class of digital elevation models acquired by spaceborne radar. ISPRS Journal of Photogrammetry and Remote Sensing, 57(4): 241-262
Shakya N M, Chander S. 1998. Modelling of hillslope runoff Processes. Environmental Geology, 35(2): 115-123
Sun G, Ranson K J, Kimes D S, et al. 2008. Forest vertical structure from GLAS: An evaluation using LVIS and SRTM data. Remote Sensing of Environment, 112(1): 107-117
Tarboton D G, Ames D P. 2001. Advances in the mapping of flow networks from digital elevation data. World Water and Environmental Resources Congress, Florida
van Zyl J J. 2001. The Shuttle Radar Topography Mission (SRTM): a breakthrough in remote sensing of topography. Acta Astronautica, 48: 559-565
Walker W S, Kellndorfer J M, Pierce L E. 2007. Quality assessment of SRTM C- and X-band interferometric data: Implications for the retrieval of vegetation canopy height. Remote Sensing of Environment, 106(4): 428-448

第 3 章　基于小波理论的流域水文序列随机分析

3.1　呼伦湖流域水文序列复杂性分析

复杂性（complexity）成为当今科学研究的时代特征，这是因为以简单性为核心的经典科学难以揭示复杂系统的本质、规律和控制机制。目前复杂性研究已形成一个综合的、多学科的、边缘性的学科——复杂性科学，即以还原论、经验论及"纯科学"为基础，吸收系统论、理论性和人文精神而发展的研究复杂系统和复杂性的一门新学科（苗东升，2001；李锐锋，2002；郑国基，1996；方锦清，2002；郝柏林，1999）。关于复杂性的定义有数十种之多，但正是其复杂性，目前还没有一个普遍认可的定义。我们可以从几种具体表现形式来理解复杂性：

（1）随机性。这是源于不确定性的复杂性。关于随机性与复杂性的关系，有两种观点：一是认为"复杂性"相当于随机性，随机性越多，复杂性越大，完全随机性的信息，则相当于最大复杂性；二是认为"复杂性"不等于随机性，而是胜于随机性的，人们对事物复杂性的有效认识。

（2）非线性。复杂性和非线性紧密相关（李锐锋，2002）：其一，在非线性作用下，系统各要素相互交叉、缠绕、渗透、融合，具有相干协同性，正是这种相干协同性，才使系统形成一个有机联系、不可分割的统一整体；其二，由于各要素间存在着非独立的相干性，所以才会出现关联放大，产生协同有序的整体效应，整体性质和功能不等于各要素性质和功能的机械叠加，突现了各独立要素所不曾有的系统新质；其三，系统各要素间具有非对称、不均匀、不平衡性，事物的发展不在遵循严格的决定论。因此认为，非线性系统必是复杂的，复杂系统必是非线性的。非线性是复杂性之根源，或者说复杂性和非线性具有因果关系。

（3）分形。20 世纪 70 年代 Mandelbrot（1983）基于整体与局部的自相似性提出了分形（fractal）概念，分形体具有无特征尺度、非光滑性，这意味着具有某种自相似性，因而可以描述复杂的自然现象（肯尼思·法尔科内，1991）。

（4）混沌。人们在非线性动力系统的研究中发现了混沌现象（林振山，1993；Abarbanel et al.，1996），混沌是一种貌似随机的复杂性状态。说它貌似随机，即指它的产生不是随机性（stochastic）所为，而是确定性体系所为。复杂性研究的关键问题之一是复杂性理论和方法的研究。如大家所知，这方面的成果颇丰，如信息熵理论、非线性理论（人工神经网络）、分形理论、混沌理论、耗散理论等。

水文系统是一个复杂的巨系统，其复杂性是天文圈、大气圈、生物圈、人类圈和岩石圈共同作用的结果。水文系统的复杂性反映在表征水文变化的各水文要素的变化中，这使得对水文变化的复杂性,成为当前的研究热点(冯国章,1998;康艳,2013)。

水文过程或水文时间序列通常包括以下组分:确定性部分(趋势性、周期性和突变值),随机性部分(噪声)。本节将小波分析和复杂性理论结合,探讨水文序列的复杂性研究。

3.1.1 小波分析的基本理论

1. 连续小波变换

连续小波变换具有叠加性(线性性)、平移不变性、伸缩共变性(尺度转换性)、自相似性与冗余性。

令 $L^2(R)$ 表示定义在实轴上、可测得平方可积函数空间,若函数 $f(t) \in L^2(R)$ 满足:

$$\int_{t=-\infty}^{\infty} \left| f(t)^2 \right| dt < \infty \tag{3-1}$$

那么,这样的函数可用来表示能量有限的连续时间信号或模拟信号。对于信号 $f(t) \in L^2(R)$,连续小波变换(continue wavelet transform,CWT)定义为(崔锦泰,1995;刘贵忠,1995;秦前清,1994;杨福生,2003):

$$W_f(a,b) = |a|^{-1/2} \int_{t=-\infty}^{\infty} f(t) \overline{\varphi}\left(\frac{t-b}{a}\right) dt = \langle f(t), \varphi_{a,b}(t) \rangle \tag{3-2}$$

式中,$W_f(a,b)$ 称为小波变换系数;$\varphi(t)$ 称为基本小波或母小波(mother wavelet);$\langle,\rangle$ 表示内积;a 是尺度伸缩因子,b 是时间平移因子;$\varphi_{a,b}(t)$ 是由 $\varphi(t)$ 伸缩和平移而成的一组函数:

$$\varphi_{a,b}(t) = |a|^{-1/2} \varphi\left(\frac{t-b}{a}\right), \ a,b \in R, \ a \neq 0 \tag{3-3}$$

称 $\varphi_{a,b}(t)$ 为分析小波或连续小波。

2. 离散小波变换

连续小波变换是将一维信号 $f(t)$ 等距映射到二维尺度-时间。a-b 平面,其自由度明显增加,从而使得小波变换系数含有很多冗余信息,因此连续小波变换系数具有相关性,满足重建核方程。这对去噪、数据恢复、特征提取等式有益,但对于数据压缩和数值计算,就不利了。为了减少小波变换系数冗余度,可将尺度和位移参数进行离散化处理再进行小波变换,称为离散小波变换(discrete wavelet transform,DWT)。

一般将连续小波函数中的位移 b 和尺度 a 这样离散化:$a=a_0^j, b=kb_0a_0^j, a_0>0$ 且 $a_0 \neq 1$,$b_0 \in R$。则连续小波变成离散小波:

$$\varphi_{j,k}(t) = a_0^{-j/2} \varphi(a_0^{-j} t - kb_0) \quad j,k \in Z \tag{3-4}$$

式中,Z 为整数。那么信号 $f(t)$ 的离散小波变换为:

$$d_{j,k} = a_0^{-j/2} \int_{-\infty}^{\infty} f(t) \overline{\varphi}(a_0^{-j} t - kb_0) dt = \langle f(t), \varphi_{j,k}(t) \rangle \tag{3-5}$$

式中,对不同的频率成分 a_0^{-j},在时域上的取样步长为 $b_0 a_0^j$,是可调的:高频者(对应小的 j 值)采样步长小,低频者(对应大的 j 值)采样步长大。也就是说,离散小波变换同样能实现窗口的大小固定、形状可变的时频局部化功能。

3. 小波消噪理论

对水文现象观测得到的水文序列,由于受众多因素影响,含有系统噪声和测量噪声。系统噪声是系统在每个时间步骤中受到小的随机干扰时在过程中的反馈,它直接影响了系统在时间上的演化。测量噪声是由测量引起的误差。噪声的存在淹没了水文序列的真实变化特性。由具有噪声的水文序列进行分析计算和推估模型参数,不能真实反映水文系统的本质。对研究的水文序列进行消噪处理,能提高数据的可靠性和数据分析成果的精度。

传统有维纳滤波、卡尔曼滤波等消噪技术,但它们只能较好地适用于线性系统,且严格地依赖于状态空间函数的建立。事实上水文系统是非线性的且难于建立合适的状态空间模型。因此它们在水文上的应用具有极大的限制。Fourier 分析法无须对系统建模,但它仅适合于平稳水文序列的消噪,像暴雨、洪水、径流这样的水文序列常为非平稳随机过程,因而 Fourier 消噪范围也是十分有限的。近二十年发展起来的小波分析是一种多尺度分析方法,能将高频成分和低频成分有效分离,消噪效果比 Fourier 分析法更强(康玲,2003;刘国华,2004)。

实际工程中,有用信号通常表现为低频信号或是一些较平稳的信号,而噪声则通常表现为高频信号,小波分析可将高频成分和低频成分有效分离出来。基于此,根据不同信号在小波变换后表现出的不同特性,对小波分解序列进行处理,将处理后的序列加以重构,就可实现信噪分离。

令水文时间序列:

$$x(t) = f(t) + e(t) \tag{3-6}$$

式中,$x(t)$ 为含噪信号,$f(t)$ 为有用信号,$e(t)$ 为白噪声信号。白噪声 $e(t)$ 在时域中是均匀密集的且没有衰减性,因而能量是无限的。对 $e(t)$ 进行正交小波变换,其小波变换系数也是白噪声,即 $e(t)$ 的小波变换系数在时域上的分布是均匀密集的。对含噪信号作小波分解,噪声主要表现在各分辨尺度对应的高频成分中,且对高频小波系数的影响是一样的。

小波消噪的步骤一般为(Donoho,1995;DeVore and Lucier,1992):

1)一维信号的小波分解

选择合适的小波函数并确定小波分解的层次 N,然后对信号进行 N 层小波分解。

2)小波分解高频系数的阈值量化

对 1~N 层的每一层高频系数 $d_j(t)$($j=1,2,\cdots,N$),选择一个阈值 T 进行阈值量化处理,得到去噪后的高频成分。为了满足消噪所提出的光滑性和相似性的两个基本要求,选用 Stein(史坦)无偏风险估计的软阈值方法进行消噪处理。

(1)Stein(史坦)无偏风险阈值方法。将某一层小波系数的平方由小到大排列,得到一个向量 $W=[w_1, w_2, \Lambda, w_n]$,其中 $w_1 \leq w_2 \leq \Lambda \leq w_n$。由此计算风险向量 $R=[r_1, r_2, \Lambda, r_n]$,其中:

$$r_i = \frac{n - 2i + (n-i)w_i + \sum_{k=1}^{i} w_k}{n} \tag{3-7}$$

以 R 中最小元素 r_b 作为风险值，有 r_b 的下标 b 找到对应的 w_b，则阈值 T 为：

$$T = \delta\sqrt{w_b} \tag{3-8}$$

式中，δ 为噪声强度。

（2）软阈值处理。用硬阈值处理的信号比用软阈值处理后的信号更为粗糙，因为在硬阈值方法中，信号在 T 处是不连续的，会给重构信号带来一定振荡。因此选用软阈值处理方式。

把信号的绝对值与阈值进行比较，小于或等于阈值的点变为 0，大于阈值的点变为该点的值与阈值的差值。数学公式表述为：

$$\hat{d}_j(t) = \begin{cases} \mathrm{sgn}(d_j(t))(|d_j(t)|-T) & |d_j(t)| > T \\ 0 & |d_j(t)| \leq T \end{cases} \tag{3-9}$$

3）小波信号重构

根据小波分解的第 N 层的低频系数和经过量化处理后的第 1 层到第 N 层的高频系数，进行信号的小波重构，得到真实的信号，即消噪信号。

3.1.2 基于离散小波变换的水文序列分维估计

20 世纪 70 年代 B. Mandelbrot（Mandelbrot，1983）基于整体与局部的自相似性提出的分形理论，可以描述复杂自然现象。分形描述的主要参量是分形维数，即分维。分维值越大，系统越复杂，分维值越小，系统越简单。

大量研究表明，水文系统具有统计自相似性即分形（丁晶和王文圣，2004；李长兴，1995）。所谓分形，是指在一定标度尺度范围内，其相应的测度不随尺度的改变而变化，即整体中的每一个元素或局部都在一定程度上反映与体现着系统的特性与信息。也就是通过从大到小不同尺度的变换，在越来越小的尺度上观察到越来越丰富的细节。这正是多分辨分析思想。小波分析具有时频多分辨率功能，能将复杂的水文序列分解成尺度不同的过程。通过不同尺度分辨，既可观察识别复杂现象的细微变化，又可窥见其概貌。因此，小波分析与分形理论能有机结合起来。

1. 水文序列统计自相似性

设随机水文过程 $X(t)$，对任意 $a>0$，有

$$X(at) = \&\& a^H X(t) \tag{3-10}$$

则 $X(t)$ 具有统计自相似性。式中，H 成为自相似指数（或称 Hurst 系数），&& 表示依概率分布相等，a 为尺度。

自相似性过程的均值、自相关函数和功率谱满足自相似性，因此，由公式（3-10）中的自相似指数 H 可获取任意尺度 a 下的统计特征。对于统计自相似性过程 $X(t)$，其谱

密度函数 S 与角频率 w 具有如下关系

$$S(\omega) \propto \frac{1}{|\omega|^{\alpha}} \quad (3\text{-}11)$$

式中，α 为频谱指数且 $-1 < \alpha < 3$。当 $1 < \alpha < 3$ 时，$\alpha = 2H+1$，则 $X(t)$ 为分数布朗运动；当 $-1 < \alpha < 1$ 时，$\alpha = 2H-1$，则 $X(t)$ 为分数高斯噪声。实际应用中，w 取正数才有意义。

2. 基于小波分析的 α 估计式

对水文序列 $\{X(t), t=1,2,\cdots,N\}$ 进行二进制离散小波变换，变换系数为 $d_{j,k}$。由频谱法推导关于 α 的估计方程，要求满足基小波函数具有 $R(\geqslant \alpha/2)$ 阶消失矩。小波变换系数 $d_{j,k}$ 在 $2^{-j}\omega_0$（ω_0 为基小波函数的参考频率）处的能量谱为

$$S(2^{-j}\omega_0) = \frac{1}{N_j}\sum_{k=1}^{N_j}\left|d_{j,k}^{2}\right| \quad (3\text{-}12)$$

根据统计自相似过程的频谱特性有

$$S(2^{-j}\omega_0) \propto (2^{-j}\omega_0)^{-\alpha} \quad (3\text{-}13)$$

将式（3-13）代入式（3-12）两边取对数得

$$\log_2\left(\frac{1}{N_j}\sum_{k=1}^{N_j}\left|d_{j,k}\right|^2\right) = j\alpha + c_0 \quad (3\text{-}14)$$

式中，c_0 为一常数。

3. 基于小波分析的分维 D 估计步骤

（1）计算小波变换系数 $d_{j,k}$。连续小波变换要对精度内所有的尺度和位移都做计算，计算量相当大，并且存在信息冗余，所以对给定的随机水文序列 $X(t)$ 做离散变换，选取具有多分辨分析特性的正交小波 Daubechies 小波（DbN）。正交小波变换的结果每次都是在不同尺度小波基上的展开系数，本质就是离散的。采用 Mallat 快速小波变换算法计算，得到 $d_{j,k}$ 为 $a_j(j=1,2,\cdots,M; M$ 为最大分解次数) 尺度下的离散小波变换系数。Mallat 算法是 Mallat 在 1989~1990 年基于多分辨分析的基础上提出的，适合于正交小波和双正交小波对信号的快速分解和重构，它包括 Mallat 分解算法和重构算法两部分。

（2）计算尺度水平 j 下小波变换系数的能谱的对数

$$y_j = \log_2\left(\frac{1}{N_j}\sum_{k=1}^{N_j}\left|d_{j,k}\right|^2\right) \quad j=1,2,\cdots,M \quad (3\text{-}15)$$

（3）建立回归方程，由最小二乘法估计回归系数，得到频谱指数 α

$$\hat{\alpha} = \frac{12\sum_{j=1}^{M}jy_j - 6(M+1)\sum_{j=1}^{M}y_j}{M(M-1)} \quad (3\text{-}16)$$

（4）计算水文序列的分维值 D。

$$D = \begin{cases} \dfrac{2}{3} - \dfrac{\alpha}{2} & -1 < \alpha < 1 \\[2mm] \dfrac{5}{2} - \dfrac{\alpha}{2} & 1 < \alpha < 3 \end{cases} \quad (3\text{-}17)$$

4. 水文序列分维估计

1）水文序列年径流总量分维估计

选取呼伦湖流域克鲁伦河（阿拉坦额莫勒站）和乌尔逊河（坤都冷站）两条河流45年（1963~2007年）年径流总量序列作为基本分析资料，选取具有正交性的DbN小波。由于Mallat算法属于抽取算法，分解后小波变换系数逐级减半，故分解级数M不会很大，这里运用DbN小波对年径流量水文序列进行六级分解，以Db5为例，小波分解系数图见图3-1。S为两条河流年径流总量原始序列；cd1、cd2、cd3、cd4、cd5、cd6为六个细节系数；ca6是尺度为六的近似系数。一般来说，小波消失矩R大于$\alpha/2$即可。这里统计了克鲁伦河和乌尔逊河年径流量水文序列不同消失矩的DbN小波对应的分维值D见表3-1、表3-2；不同DbN小波得出的回归直线方程见图3-2、图3-3。

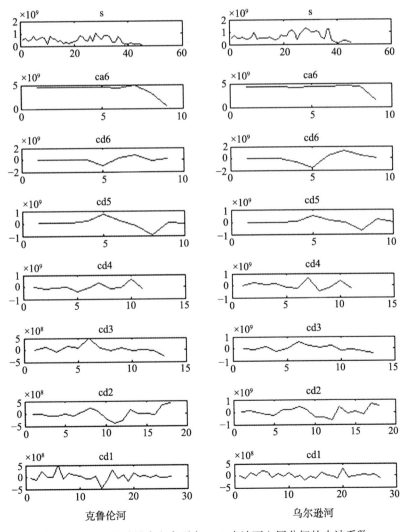

克鲁伦河　　　　　　　　　　　乌尔逊河

图3-1　年径流总量水文序列在Db5小波下六层分解的小波系数

表 3-1　克鲁伦河年径流量不同消失矩的 DbN 小波提取的分维值

小波	Db2	Db3	Db4	Db5	Db6	Db7	Db8
消失矩	2	3	4	5	6	7	8
R^2	0.0802	0.657	0.668	0.876	0.576	0.551	0.680
α	1.119	0.634	0.685	0.628	0.445	0.417	0.358
D	1.381	1.183	1.158	1.186	1.277	1.292	1.321

表 3-2　乌尔逊河年径流量不同消失矩的 DbN 小波提取的分维值

小波	Db2	Db3	Db4	Db5	Db6	Db7	Db8
消失矩	2	3	4	5	6	7	8
R^2	0.782	0.684	0.481	0.816	0.872	0.629	0.667
α	1.25	0.757	0.97	0.961	0.776	0.614	0.473
D	1.875	1.121	1.105	1.019	1.112	0.886	1.027

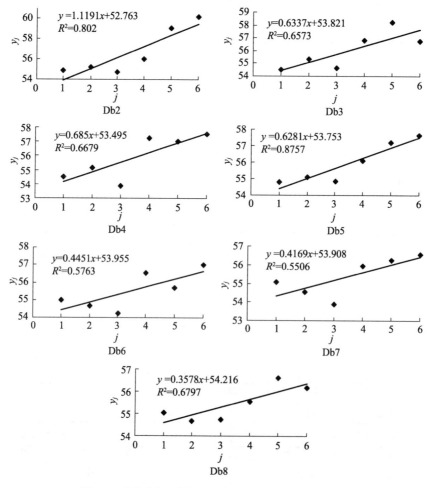

图 3-2　克鲁伦河不同 DbN 小波求取的回归直线方程

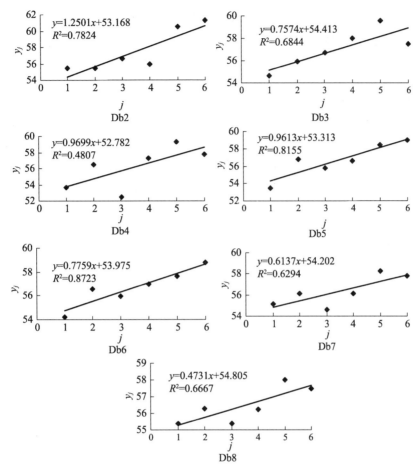

图 3-3 乌尔逊河不同 DbN 小波求取的回归直线方程

由表 3-1 可知，对克鲁伦河年径流总量 Db3、Db4、Db5 小波计算的分维值趋于稳定，分别为 1.183、1.158、1.186。由图 3-2 可得出 Db5 小波的回归直线方程的拟合精度最高，$R^2=0.876$。因此，克鲁伦河年径流总量的分维值选择 Db5 小波计算出的分维值 1.186。

由表 3-2 可知，对乌尔逊河年径流总量 Db4、Db5 小波计算的分维值趋于稳定，分别为 1.015、1.019。由图 3-3 可得出 Db5 小波的回归直线方程的拟合精度最高，$R^2=0.816$。因此，乌尔逊河年径流总量的分维值选择 Db5 小波计算出的分维值 1.019。

通过选取具有不同消失矩的 DbN 小波系计算频谱指数 α 和分维值 D，Db5 小波求取的回归直线方程拟合精度最高，计算的分维值稳定可靠，因此克鲁伦河和乌尔逊年径流总量的分维值均是选取 Db5 小波计算的结果。两条水文序列选取同一小波进行计算，同时增加了两条河流对比性的准确度。由此也可得出，Db5 小波能较好地运用到呼伦湖流域克鲁伦河和乌尔逊河年径流总量的小波计算中。

分维从多分辨分析思想角度出发，刻画水文变量变化特征的定量指标，水文过程变化越剧烈，分维值越大；过程变化越单调，分维值越小（张河，1997）。从克鲁伦河和乌尔逊河分维值的计算结果可以得出，克鲁伦河不同消失矩的 DbN 小波对应的年径流量分维值普遍大于乌尔逊河，尤其运用 Db5 计算的分维值结果是：克鲁伦河年径流量（1.186）＞乌尔逊河年径流量（1.019）。因此，克鲁伦河年际间水文过程变化比乌尔逊河要强烈。

2）降噪后水文序列年径流总量分维估计

由于水文序列存在噪声，噪声的存在淹没了水文序列的真实变化特性。对呼伦湖流域克鲁伦河（阿拉坦额莫勒站）和乌尔逊河（坤都冷站）两条河流 45 年（1963~2007年）年径流总量序列进行消噪处理，能提高数据的可靠性和数据分析成果的精度。通过对不同小波不同分解级数进行多次调试，采用对称性较好的 sym7 小波分别对水文序列进行 3 级 Mallat 处理，然后使用史坦无偏估计软阈值法进行消噪处理，降噪后既能保持原信号的特征，又适当的去除噪声，使水文序列表现出明显的规律性（图 3-4）。对降噪后的水文序列求出不同消失矩的 DbN 小波对应的分维值 D 见表 3-3、表 3-4；不同 DbN 小波得出的回归直线方程见图 3-5、图 3-6。

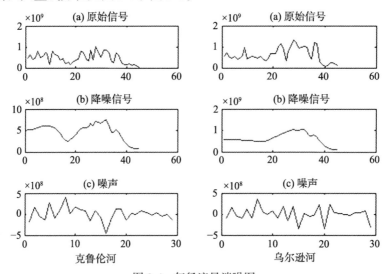

图 3-4　年径流量消噪图

表 3-3　降噪后克鲁伦河年径流量不同消失矩的 **DbN** 小波提取的分维值

小波	Db2	Db3	Db4	Db5	Db6	Db7	Db8
消失矩	2	3	4	5	6	7	8
R^2	0.989	0.828	0.893	0.961	0.901	0.924	0.907
α	2.222	1.878	1.890	1.773	1.541	1.504	1.491
D	1.389	1.561	1.555	1.614	1.729	1.748	1.754

表 3-4　降噪后乌尔逊河年径流量不同消失矩的 **DbN** 小波提取的分维值

小波	Db2	Db3	Db4	Db5	Db6	Db7	Db8
消失矩	2	3	4	5	6	7	8
R^2	0.969	0.817	0.878	0.973	0.958	0.952	0.946
α	2.663	2.622	2.400	2.315	2.144	2.030	2.025
D	1.165	1.189	1.301	1.343	1.428	1.485	1.487

第 3 章 基于小波理论的流域水文序列随机分析

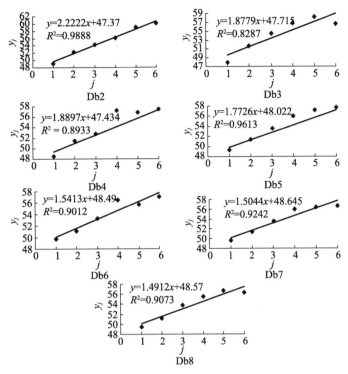

图 3-5 克鲁伦河水文序列降噪后不同 DbN 小波求取的回归直线方程

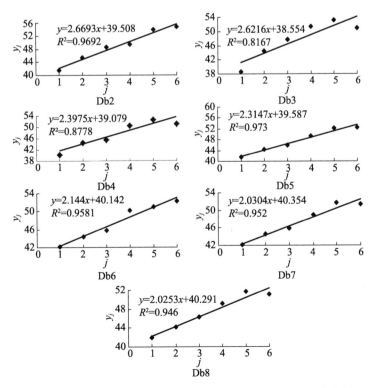

图 3-6 乌尔逊河水文序列降噪后不同 DbN 小波求取的回归直线方程

由表 3-3、表 3-4 可以得出，消噪后的年径流量水文序列不同 DbN 小波求取的回归直线方程拟合精度都很高，消噪后 R^2 明显大于消噪前，并且非常稳定。这表现出去除噪声干扰的水文序列更加光滑平稳，表现出更真实的特性。克鲁伦河和乌尔逊河年径流量去除噪声后计算的分维值比原分维值大，表明原始水文序列受到噪声的干扰致使分维值计算结果偏小，表现出的复杂性也偏小；消噪后的结果表现出真实的复杂性，这种复杂度大于消噪前的复杂度。

降噪后克鲁伦河年径流量不同消失矩的 DbN 小波对应的分维值均大于乌尔逊河，这与降噪前两条河流分维值比较的结果一致，并且使这一特点变得更加明显。原因是，不同尺度对应的 y_j 变化程度比降噪前大，小波系数变大。消噪后的水文序列，细微的波动被忽略，取而代之的是被整体水文序列趋势所同化。在同样的尺度上，干扰计算的因素被抹去了，使本不规则的序列呈现出明显的规律性。对水文序列消噪后验证了克鲁伦河年径流量分维值大于乌尔逊河，说明从分形角度克鲁伦河年径流量水文序列变化过程比乌尔逊河年径流量水文序列变化过程复杂度强烈。

总之，根据水文序列统计自相似性，从小波分析的时频多分辨分析思想出发，经过降噪前后对克鲁伦河和乌尔逊河年径流量水文序列分维值的计算得出，在不同年际间克鲁伦河年径流量水文变化过程比乌尔逊河复杂度强烈。

水文序列变化情况主要与气候因素、上游来水情况、地形条件等因素有关。首先从气候因素分析，克鲁伦河—阿拉坦额莫勒水文站，靠近新巴尔虎右旗；乌尔逊河—坤都冷水文站，靠近新巴尔虎左旗。新巴尔虎右旗和新巴尔虎左旗两个气象站的气温、降水、蒸发和日照情况分析见图 2-7、图 2-13，这些因素在 50 年尺度上年际间变化趋势相似，无明显差别。

从历年积雪情况分析，50 年间新巴尔虎左旗平均积雪深 3.81mm，大于右旗 2.06mm。每年春季到来，大量积雪融入乌尔逊河，所以乌尔逊河在每年 4 月、5 月就迎来第一次洪流高峰。而克鲁伦河都是在每年 8 月雨季来临，通过地表径流补给，径流量达到高峰。

从历年风速分析，在 50 年尺度上，新巴尔虎右旗平均风速为 3.81m/s 大于左旗 3.48m/s。由此可见，新巴尔虎右旗风力风速较新巴尔虎左旗复杂，风速是致使水动力情况受到干扰的一个重要因素。因此，克鲁伦河年径流量水文序列较乌尔逊河复杂，原因是风速对克鲁伦河的水文条件产生的影响较乌尔逊河大。克鲁伦河大部分位于蒙古国，受西伯利亚冷空气影响，风速对河流的水文变化情况产生重大影响。

除了受气象因素影响，两条河流所处的地理条件对其水动力影响至关重要。克鲁伦河两岸经常出现半荒漠的小山和丘陵围绕，乌尔逊河两岸地形平坦。两条河流所处的地形情况不同，导致河流的水文变化情况也存在差异。

5. 水文序列月径流总量分维估计

1）水文序列月径流总量分维估计

选取呼伦湖流域克鲁伦河（阿拉坦额莫勒站）和乌尔逊河（坤都冷站）两条河流 45 年（1963~2007 年）540 个月月径流总量序列作为基本分析资料。选取具有正交性的 DbN

小波,运用 DbN 小波对水文序列进行六级分解,以 Db4 为例,小波分解系数见图 3-7。S 为两条河流年径流总量原始序列;cd1、cd2、cd3、cd4、cd5、cd6 为六个细节系数;ca6 是尺度为六的近似系数。克鲁伦河和乌尔逊河不同消失矩的 DbN 小波对应的分维值 D 见表 3-5、表 3-6。

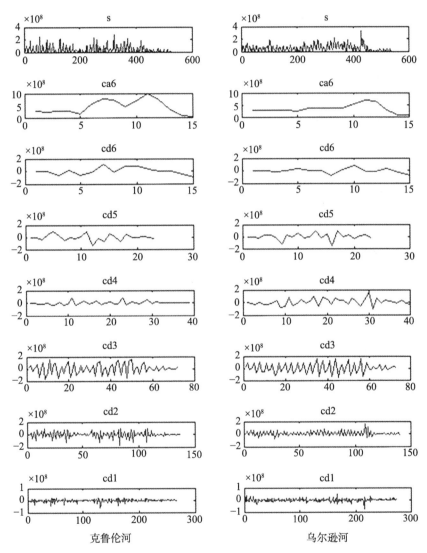

图 3-7 月径流总量水文序列在 Db4 小波下六层分解的小波系数

表 3-5 克鲁伦河月径流量不同消失矩的 DbN 小波提取的分维值

小波	Db2	Db3	Db4	Db5	Db6	Db7	Db8
消失矩	2	3	4	5	6	7	8
R^2	0.465	0.252	0.343	0.211	0.244	0.260	0.349
α	0.701	0.443	0.432	0.372	0.442	0.421	0.526
D	1.150	1.278	1.284	1.314	1.279	1.289	1.237

表 3-6 乌尔逊河月径流量不同消失矩的 DbN 小波提取的分维值

小波	Db2	Db3	Db4	Db5	Db6	Db7	Db8
消失矩	2	3	4	5	6	7	8
R^2	0.709	0.716	0.683	0.737	0.646	0.740	0.722
α	0.951	0.980	0.968	0.101	0.928	0.942	1.010
D	1.027	1.010	1.016	1.950	1.036	0.558	1.995

由表 3-5 可知，对克鲁伦河月径流量 Db3、Db4、Db5、Db6、Db7 小波计算的分维值趋于稳定，分别为 1.278、1.284、1.314、1.279、1.290。由 R^2 可知 DbN 小波的回归直线方程的拟合精度均不高，由 Db4 小波对应的 R^2=0.343，高于其他 R^2。因此，克鲁伦河月径流量的分维值选择 Db4 小波计算出的分维值为 1.284。

由表 3-6 可知，对乌尔逊河月径流量 Db2、Db3、Db4、Db6 小波计算的分维值趋于稳定，分别为 1.025、1.010、1.016、1.036。为了准确与克鲁伦河月径流量分维值进行比较，因此，乌尔逊河年径流总量的分维值选择 Db4 小波计算出的分维值 1.016。

从整体上看，除了 Db5 和 Db8 小波乌尔逊月径流量的分维值大于克鲁伦河，其他 DbN 小波计算的分维值均是克鲁伦河月径流量大于乌尔逊河，符合运用 Db4 小波计算得出：克鲁伦河月径流量分维值（1.284）＞乌尔逊河月径流量分维值（1.016）。因此，克鲁伦河月径流量水文过程变化比乌尔逊河月径流量水文变化过程要强烈。由此也可得出，Db4 小波比较适合两条河流月径流量的计算。

2）降噪后水文序列月径流总量分维估计

对呼伦湖流域克鲁伦河（阿拉坦额莫勒站）和乌尔逊河（坤都冷站）两条河流 45 年（1963~2007 年）540 个月月径流总量序列进行消噪处理，能提高数据的可靠性和数据分析成果的精度。采用对称性较好的 sym6 小波分别对水文序列进行 3 级 Mallat 处理，然后使用史坦无偏估计软阈值法进行消噪处理，降噪后既能保持原信号的特征，又适当的去除噪声，使水文序列表现出明显的规律性，见图 3-8、图 3-9。对降噪后的水文序列求出不同消失矩的 DbN 小波对应的分维值 D 见表 3-7、表 3-8。

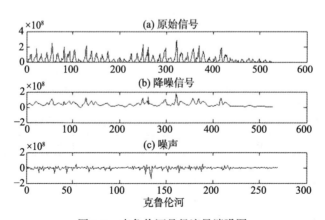

图 3-8 克鲁伦河月径流量消噪图

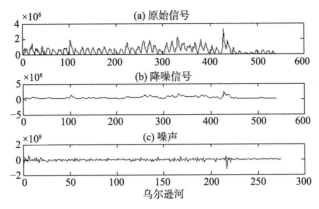

图 3-9 乌尔逊河月径流量消噪图

表 3-7 降噪后克鲁伦河月径流量不同消失矩的 DbN 小波提取的分维值

小波	Db2	Db3	Db4	Db5	Db6	Db7	Db8
消失矩	2	3	4	5	6	7	8
R^2	0.805	0.776	0.845	0.778	0.783	0.805	0.849
α	1.443	1.250	1.343	1.434	1.353	1.276	1.462
D	1.779	1.875	1.828	1.783	1.824	1.862	1.769

表 3-8 降噪后乌尔逊河月径流量不同消失矩的 DbN 小波提取的分维值

小波	Db2	Db3	Db4	Db5	Db6	Db7	Db8
消失矩	2	3	4	5	6	7	8
R^2	0.874	0.926	0.929	0.946	0.895	0.962	0.941
α	1.668	1.772	1.705	1.890	1.710	1.726	1.848
D	0.874	0.926	0.929	0.946	0.895	0.962	0.941

由表 3-7、表 3-8 可以得出,消噪后的月径流量水文序列不同 DbN 小波求取的回归直线方程拟合精度都很高,消噪后 R^2 明显大于消噪前,并且非常稳定。这表现出去除噪声干扰的水文序列更加光滑平稳,表现出更真实的特性。克鲁伦河和乌尔逊河月径流量去除噪声后计算的分维值比原分维值大,表明原始水文序列受到噪声的干扰致使分维值计算结果偏小,表现出的复杂性也偏小;消噪后的结果表现出真实的复杂性,这种复杂度大于消噪前的复杂度。

消噪后月径流量水文序列,不同消失矩的 DbN 小波得出的分维值比消噪前分维值大,这与年径流量消噪前后的分维值比较结果一致。降噪后克鲁伦河月径流量不同消失矩的 DbN 小波对应的分维值均大于乌尔逊河,这与降噪前分维值计算的结果一致,同样使这一特点变得更加明显。对水文序列消噪后验证了克鲁伦河月径流量分维值大于乌尔逊河,说明从分形角度,克鲁伦河月径流量水文序列变化过程比乌尔逊河月径流量水文序列变化过程复杂度强烈。

首先从气候因素分析,克鲁伦河—阿拉坦额莫勒水文站和乌尔逊河—坤都冷水文站,两个水文站分别靠近新巴尔虎右旗和新巴尔虎左旗,这些因素在年内间尺度上变化趋势相似，无明显差别。

从年内间风速分析，除了夏季 7 月、8 月，其他月份均是右旗风速大于左旗。由此可见，新巴尔虎右旗风力风速较新巴尔虎左旗复杂。风速是致使水动力情况收到干扰的一个重要因素，因此，年内间克鲁伦河月径流量受到风速干扰大于乌尔逊河，故克鲁伦河月径流量水文序列复杂度大于乌尔逊河。克鲁伦河发源于蒙古国，受西伯利亚季风影响较大，因此月际间的风速变化对河流的水文变化情况产生重大影响。

总之，克鲁伦河年径流量和月径流量通过不同 DbN 小波计算的分维值均大于乌尔逊河，并且消噪前后计算结果一致。由此得出，克鲁伦河的水文序列在年际间和月际间的水文变化过程较乌尔逊河水文序列变化过程复杂。

从克鲁伦河年径流量和月径流量消噪前后对比可得出，降噪前克鲁伦河月径流量通过不同 DbN 小波计算的分维值，大部分大于其年径流量不同 DbN 小波计算的分维值；克鲁伦河年径流量和月径流量水文序列降噪后验证了这一结果，并且使这一结果更加明显。表明克鲁伦河水文序列月际间变化复杂程度大于年际间变化复杂程度。

从乌尔逊河月径流量和年径流量消噪前后对比可得出，降噪前乌尔逊河月径流量和年径流量，通过不同 DbN 小波计算的分维值，没有表现出明显规律。但去除噪声后，乌尔逊河月径流量通过不同 DbN 小波计算的分维值，均大于年径流量。由此可知，乌尔逊河水文序列月际间变化复杂程度大于年际间变化复杂程度。由此可推知，这一规律适合呼伦湖流域的水文序列。

3.1.3 基于小波分析的水文序列信息量系数计算

1. 小波变换

选取具有正交性的 DbN 小波函数，利用 Mallat 金字塔算法对水文序列进行逐级分解，得到不同尺度水平 j（$j=1,2,\cdots,M$）下的离散小波变换系数 $d_{j,k}$。

2. 能量概率分布

利用小波变换系数 $d_{j,k}$ 可求得水文序列 $X(t)$ 在各种尺度水平 j 下的能量 E_j

$$E_j = \sum_k d_{j,k}^2 \quad j=1,2,\cdots,M \qquad (3\text{-}18)$$

则水文序列 $X(t)$ 的总能量为

$$E = \sum_{j=1}^{M} E_j \qquad (3\text{-}19)$$

水文序列 $X(t)$ 的各个尺度上的能量概率分布为 P_j

$$P_j = \frac{E_j}{E} \quad j=1,2,\cdots,M \qquad (3\text{-}20)$$

尺度 a_j 下的小波变化系数 $d_{j,k}$ 对应频带 ΔF 为

$$a_0^{-(j+1)} F_s \leqslant \Delta F \leqslant a_0^{-j} F_s \qquad (3\text{-}21)$$

3. 信息量系数

对时间序列 $X=\{x_1, x_2, \Lambda, x_n\}$，由 $|x_j|^2/\|X\|^2$ 定义了序列 X 的能量概率分布。将能量概率分布的 Shanon 熵定义为信息量系数（information cost function，ICF），即

$$\text{ICF} = -\sum_{j=1}^{M} P_j \lg P_j \tag{3-22}$$

4. 水文序列信息量系数计算

1）水文序列年径流总量信息量系数计算

选取呼伦湖流域克鲁伦河（阿拉坦额莫勒站）和乌尔逊河（坤都冷站）两条河流 45 年（1963~2007 年）年径流总量序列作为基本分析资料。选取具有正交性的 DbN 小波，经过反复实验发现对年径流量水文序列进行五级分解，得到的 ICF 结果稳定。用 sym7 小波分别对水文序列进行 3 级 Mallat 处理，然后使用史坦无偏估计软阈值法进行消噪处理，实现对原信号降噪。降噪前后克鲁伦河和乌尔逊河年径流量水文序列不同消失矩的 DbN 小波对应的 ICF 见表 3-9、表 3-10。

表 3-9　克鲁伦河和乌尔逊河年径流量不同消失矩的 DbN 小波提取的信息量系数

小波	Db2	Db3	Db4	Db5	Db6	Db7	Db8
消失矩	2	3	4	5	6	7	8
克鲁伦河 ICF	0.625	0.643	0.661	0.645	0.652	0.659	0.646
乌尔逊河 ICF	0.539	0.619	0.596	0.646	0.655	0.611	0.633

表 3-10　降噪后克鲁伦河和乌尔逊河年径流量不同消失矩的 DbN 小波提取的信息量系数

小波	Db2	Db3	Db4	Db5	Db6	Db7	Db8
消失矩	2	3	4	5	6	7	8
克鲁伦河 ICF	0.434	0.618	0.663	0.612	0.626	0.672	0.623
乌尔逊河 ICF	0.230	0.531	0.440	0.319	0.640	0.330	0.370

信息量系数从能量角度出发，反映水文过程变化的复杂程度。水文序列越复杂，其信息量系数越大；反之，能量分布集中于某一频带，时间序列有序性越强，复杂性越弱，其信息量系数越小（孙卫国，2000；康磊，2016）。由表 3-9 得出，对于年径流量不同 DbN 小波计算的 ICF，除了 Db5 和 Db6 小波计算的 ICF 值，其他均是克鲁伦河大于乌尔逊河。由表 3-10 得出，降噪后把前面得出的结果进一步放大了，克鲁伦河年径流量不同 DbN 小波计算的 ICF 均大于乌尔逊河。从能量角度分析，克鲁伦河年径流量水文变化过程复杂度大于乌尔逊河。这与 3.1.2 节计算分维值得出的结论一致。

2）水文序列月径流总量信息量系数计算

选取呼伦湖流域克鲁伦河（阿拉坦额莫勒站）和乌尔逊河（坤都冷站）两条河流 45 年（1963~2007 年）540 个月月径流总量序列作为基本分析资料。选取具有正交性的 DbN 小波，运用 DbN 小波对水文序列进行五级分解，用 sym6 小波分别对水文序列进行 3 级

Mallat 处理，然后使用史坦无偏估计软阈值法进行消噪处理，实现对原信号降噪。降噪前后克鲁伦河和乌尔逊河年径流量水文序列不同消失矩的 DbN 小波对应的 ICF 见表 3-11、表 3-12。

表 3-11 克鲁伦河和乌尔逊河月径流量不同消失矩的 DbN 小波提取的信息量系数

小波	Db2	Db3	Db4	Db5	Db6	Db7	Db8
消失矩	2	3	4	5	6	7	8
克鲁伦河 ICF	0.615	0.572	0.649	0.515	0.573	0.595	0.592
乌尔逊河 ICF	0.587	0.629	0.616	0.551	0.573	0.589	0.583

表 3-12 降噪后克鲁伦河和乌尔逊河月径流量不同消失矩的 DbN 小波提取的信息量系数

小波	Db2	Db3	Db4	Db5	Db6	Db7	Db8
消失矩	2	3	4	5	6	7	8
克鲁伦河 ICF	0.688	0.667	0.670	0.688	0.672	0.678	0.693
乌尔逊河 ICF	0.434	0.618	0.663	0.612	0.626	0.672	0.623

通过表 3-11 和表 3-12，综合降噪前后克鲁伦河和乌尔逊河月径流量不同 DbN 小波计算的 ICF，克鲁伦河月径流量 ICF 值大于乌尔逊河。从能量角度分析，克鲁伦河月径流量水文变化过程复杂度大于乌尔逊河。这与 3.1.2 节计算分维值得出的结论一致。

3.2 小波分析在水文系统多时间尺度分析中的应用

3.2.1 水文系统多时间尺度分析的小波分析法

所谓多时间尺度（multiple time scales），指系统变化并不存在真正意义上的周期性，而是时而以这种周期变化，时而以另一种周期变化，并且同一时段中又包含各种时间尺度的周期变化，即系统变化在时域中存在多层次时间尺度结构和局部化特征。多时间尺度研究，将为系统提供不同时间尺度下的演变规律和发展趋势，从而为系统中、长期预测提供背景分析依据。

对水文系统的多时间尺度分析的传统方法有滑动平均、滤波、Fourier 分析（Lempel and Ziv，1976；王秀杰和费守明，2007；董长虹，2005）等，但它们具有自身的缺陷：①在时域和频域上不具有局部化性质；②对突变点的诊断缺乏数学上的严谨性。20 世纪 80 年代初发展起来的小波分析在时域和频域上同时具有良好的局部化功能，可以对时间序列进行局部化分析，剖析其内部精细结构。因此，小波分析十分有利于研究水文系统的时间尺度变化特征。

多时间尺度小波分析的关键在于绘制小波变换系数图，不同尺度下的小波变换系数序列和小波方差图。通过这三种图形的变化识别径流量多时间尺度的变化特征和周期性。

1. 小波变换系数图

对于给定的小波函数 $\varphi(t)$，水文时间序列 $f(t) \in L^2(R)$ 的连续小波变换为

$$W_f(a,b) = |a|^{-\frac{1}{2}} \int_{-\infty}^{\infty} f(t)\overline{\varphi}\left(\frac{t-b}{a}\right) dt \tag{3-23}$$

式中，a 为尺度因子，反映小波的周期长度；b 为时间因子，反映时间上的平移；$W_f(a,b)$ 称为小波变换系数。它随参数 a 和 b 变化，可以做出以 b 为横坐标，a 为纵坐标的关于 $W_f(a,b)$ 的二维等直线图，称为小波变换系数图。

通过小波变换系数图可得到关于时间序列变换的小波变化特征。在尺度 a 相同情况下，小波变换系数随时间的变化过程反映了系统在该尺度下的变化特征：正的小波变换系数对应于偏多期，负的小波变换系数对应于偏少期，小波变换系数为零对应着突变点；小波变换系数绝对值越大，表明该时间尺度变化越显著。通过小波变换的系数分析，可识别水文系统多时间尺度的演变特征和突变特征。

2. 小波方差

将时间域上的关于 a 的所有小波变换系数的平方进行积分，即为小波方差

$$Var(a) = \int_{-\infty}^{\infty} |W_f(a,b)|^2 db \tag{3-24}$$

小波方差随尺度 a 的变化过程称小波方差图。它反映了波动的能量随尺度的分布。通过小波的方差图，可以确定一个水文序列中存在的主要时间尺度，即主周期。

3.2.2 年径流量多时间尺度变化特征

1. 克鲁伦河（阿拉坦额莫勒站）年径流量多时间尺度变化特征

收集呼伦湖流域克鲁伦河（阿拉坦额莫勒站）45 年（1963~2007 年）年径流总量序列作为基本分析资料。首先，对水文序列进行标准化处理见图 3-10，利用复 Morlet 小波变换算法研究其多时间尺度演变特性。通过 Matlab7.0 编程，计算不同尺度下小波变换系数，得出阿拉坦额莫勒站年径流量小波变换模和实部，图 3-11 绘制了年径流量标准化序列小波变换模和实部的视频分布。

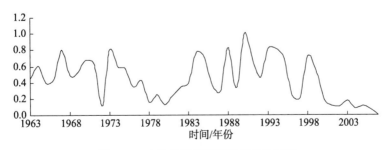

图 3-10 克鲁伦河年径流量标准化过程

图 3-11(a)给出了克鲁伦河年径流量标准化序列 Morlet 小波变换系数的模时频分布，可以看出它们的年际尺度（小于 10 年）和年代尺度（大于 10 年）特征十分明显。不同时段各时间尺度的强弱分布，其中 1~7 年时间尺度较强，主要发生在 1967~1976 年和 1993~2003 年，振荡中心分别为 1972 年左右和 1997 年左右；7~12 年时间尺度也较强，

主要发生在 1968~1994 年，振荡中心在 1981 年左右；20~32 年时间尺度最强，主要发生在 1963~2007 年，振荡中心在 1980 年左右。

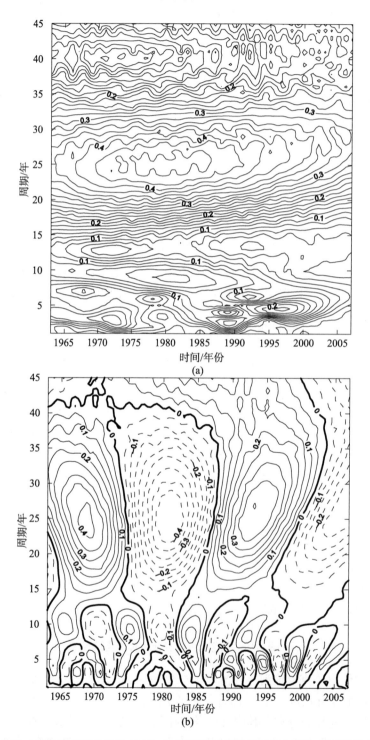

图 3-11　克鲁伦河年径流量 Morlet 小波变换系数的模(a)和实部(b)的时频分布

图 3-11(b)给出了克鲁伦河年径流量标准化序列 Morlet 小波变换系数的实部时频分布。图中清晰地显示了年径流量时间尺度变化、突变点分布及位相结构。其中 1~7 年尺度表现十分明显，其中心时间尺度为 5 年左右，正负相位交替出现。图 3-12(a)给出了 5 年尺度的小波变换实部变化过程，表现出年际周期年径流量丰枯期和突变点变化情况。

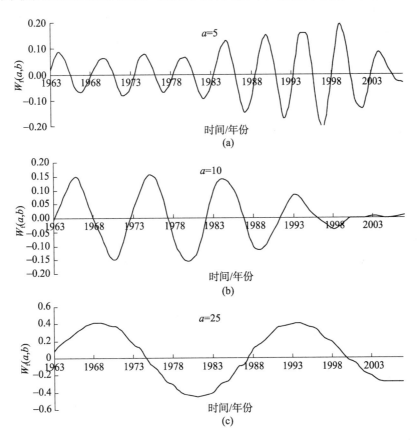

图 3-12　克鲁伦河年径流量各时间尺度 Morlet 小波变换实部变化过程

7~12 年时间尺度也较为突出，其尺度中心为 10 年左右。图 3-12(b)给出了 10 年时间尺度的小波变换系数变化过程，可以发现，1963~1968 年、1973~1978 年、1983~1987 年、1992~1996 年年各时段为正位相，表示径流量偏多；而 1968~1973 年、1978~1983 年、1987~1992 年、1996~2000 年各时段为负位相，表示径流量偏少。突变点发生在 1968 年、1973 年、1977 年、1982 年、1986 年、1996 年、2001 年，也就是在这些年发生丰水期向枯水期或者枯水期向丰水期的转变。

20~32 年时间尺度最突出，中心时间尺度为 25 年左右。图 3-12(c)给出 25 年时间尺度的小波变换系数变化过程，可以得出 1963~1975 年、1987~2000 年各时段为正位相，表示径流量偏多期；而 1975~1987 年、2000 年以后为负位相，表示径流量偏少期；突变点发生在 1975 年、1987 年和 2000 年，这些年发生丰水期向枯水期或枯水期向丰水期的过度。由此可知，克鲁伦河在 2000 年进入枯水期，以 25 年为一个周期轮回，每 12 年左右发生一次丰枯期变化,在 2012 年缓慢向偏丰期转化。

图 3-13 给出了克鲁伦河年径流量时间序列的小波方差图。从图中可知,克鲁伦河年径流量时间序列存在 11 年和 24 年左右的主周期。这与前面得出的水文序列以 10 年和 25 年左右程周期变化的结论相近,因此可以确定克鲁伦河年径流量的主周期为 10 年和 25 年左右。从小波方差图,还可以看出克鲁伦河年径流量 36 年左右周期表现较明显,但由于水文序列较短,在小波变换的模和实部的二维等直线图中没有明显表现出来。

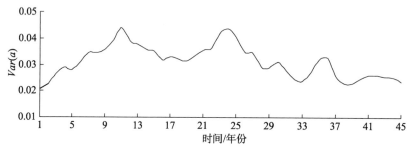

图 3-13　克鲁伦河年径流量序列小波方差图

2. 乌尔逊河(坤都冷站)年径流量多时间尺度变化特征

收集呼伦湖流域乌尔逊河(坤都冷站)45 年(1963~2007 年)年径流总量序列作为基本分析资料,方法同克鲁伦河。水文序列标准化处理过程见图 3-14,年径流量标准化序列小波变换模和实部的时频分布图见图 3-15,小波方差图见图 3-16。

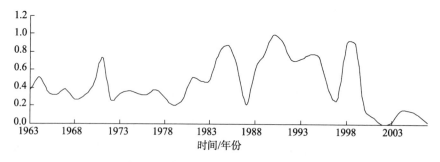

图 3-14　乌尔逊河年径流量标准化过程

图 3-15(a)给出了乌尔逊河年径流量标准化序列 Morlet 小波变换系数的模时频分布。可以得出不同时段各时间尺度的强弱分布,其中 1~10 年时间尺度信号较强,主要发生在 1981~2007 年,振荡中心在 1994 年左右;18~32 年时间尺度信号最强,主要发生在 1963~2007 年,振荡中心在 1990 年左右。

图 3-15(b)给出了乌尔逊河年径流量标准化序列 Morlet 小波变换系数的实部时频分布。图中清晰地显示了年径流量时间尺度变化、突变点分布及位相结构。其中 1~10 年尺度表现十分明显,其中心时间尺度为 8 年左右,正负相位交替出现。图 3-16(a)给出了

8年尺度的小波变换实部变化过程，表现出年际周期年径流量丰枯期和突变点变化情况。

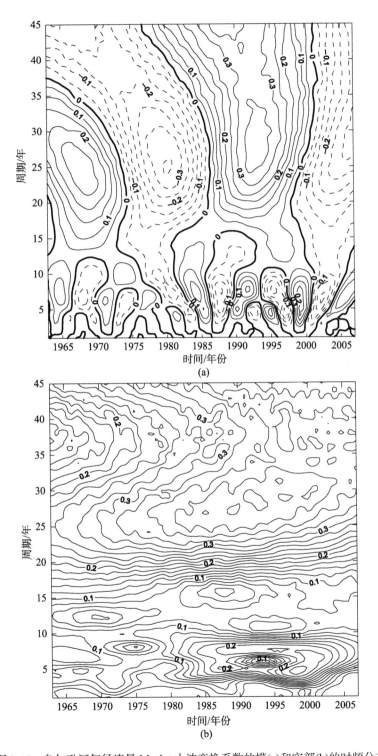

图 3-15 乌尔逊河年径流量 Morlet 小波变换系数的模(a)和实部(b)的时频分布

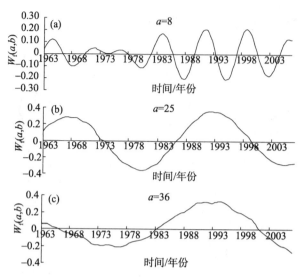

图 3-16 乌尔逊河年径流量各时间尺度 Morlet 小波变换实部变化过程

18~32 年时间尺度最突出，中心时间尺度为 25 年左右。图 3-16(b)给出 25 年时间尺度的小波变换系数变化过程，可以得出 1963~1973 年、1986~2000 年各时段为正位相，表示径流量偏多期；这与克鲁伦河以 25 年为周期的丰水期相似。而 1973~1986 年、2000 年至今为负位相，表示径流量偏少期；这与克鲁伦河以 25 年为周期的枯水期相似。突变点发生在 1974 年、1986 年和 1999 年，这些年发生丰枯水期的转变，同样与克鲁伦河丰枯水期转变的时间接近。由此可知，乌尔逊河年径流量以 25 年为周期水文变化情况与克鲁伦河相似，在 2012 年左右缓慢向偏丰期转变。

由图 3-17 乌尔逊河年径流量小波方差图，可以得出乌尔逊河水文序列以 25 年和 36 年为主周期变化。克鲁伦河小波方差图可以得出，在 36 年尺度同样表现出明显的周期性。图 3-16(c)给出 36 年时间尺度的乌尔逊河小波变换系数变化过程，可以得出 1983~2001 年时段为正位相，表示径流量偏多期；1966~1983 年时段为负相位，表示径流量偏少期；突变点发生在 1966 年、1983 年、2001 年，表明乌尔逊河在这些年发生丰枯水期的交替。乌尔逊河以 36 年为周期变换，以 17 年或 18 年为丰枯交替周期，乌尔逊河在 2001 年进入枯水期，那么之后 18 年左右乌尔逊河仍将处于枯水期，在 2018 年有可能缓慢进入丰水期。

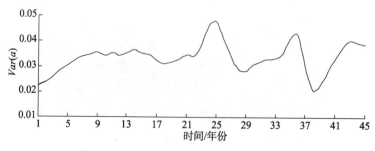

图 3-17 乌尔逊河年径流量序列小波方差图

3.2.3 月径流量多时间尺度变化特征

1. 克鲁伦河（阿拉坦额莫勒站）月径流量多时间尺度变化特征

收集呼伦湖流域克鲁伦河（阿拉坦额莫勒站）45 年（1963 年 1 月~2007 年 12 月）月径流量水文序列作为基本分析资料，方法同 3.2.2 小节。月径流量标准化序列小波变换模和实部的时频分布见图 3-18。

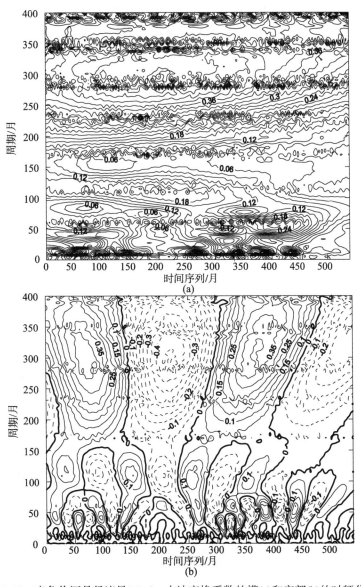

图 3-18　克鲁伦河月径流量 Morlet 小波变换系数的模(a)和实部(b)的时频分布

图 3-18 中清晰地显示了月径流量各种时间尺度变化、强弱和突变点的分布情况。从图中可以看出，不同月际尺度（1~12 个月）、年际尺度（13~120 个月）和年代际尺度

（120个月以上）的周期变化在时间域上的分布情况清楚地展现出来。图3-18(a)月径流量小波变换系数模的二维等直线图，在0~50、50~150、200~400尺度上均表现出明显的周期性。

从图3-18(b)小波变换系数实部绘出的二维等直线图可以得出，克鲁伦河月径流量在0~50个月尺度上，中心时间尺度为45个月左右；50~150个月尺度上，中心时间尺度为120个月左右；200~400个月尺度上，中心时间尺度为320个月左右。克鲁伦河月径流量变化特征与年径流量变化特征相似，丰水期与枯水期交替出现。在200~400大尺度上周期性表现最为突出，表明克鲁伦河月径流量以320个月为主周期。

图3-19(a)~图3-19(e)分别给出了一些特定时间尺度月径流量序列（a=16个月、64个月、128个月、256个月、320个月）的小波变换实部随时间的变化过程。

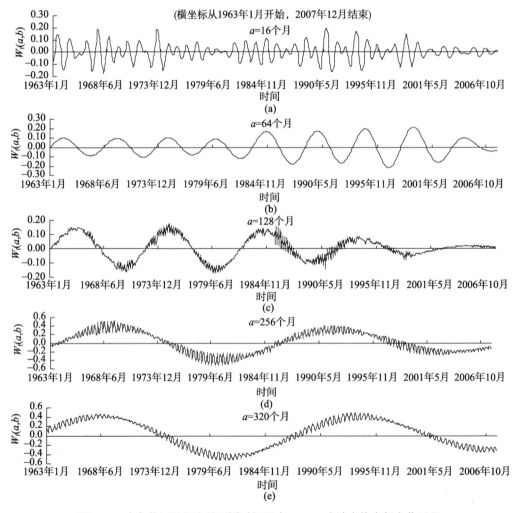

图3-19 克鲁伦河月径流量不同时间尺度Morlet小波变换实部变化过程

当a=16个月时间尺度时间尺度上看，由于时间尺度较小，月径流量丰枯变化和突变点出现比较频繁。当 a=64 个月时，月径流丰枯突变点有 18 个，丰枯剧烈程度区域平缓。整体上分为两个平缓区，从 1963~1982 年分布均匀，丰枯剧烈程度较小；从 1982~2007 年分布均匀，丰枯剧烈程度较大。

当 a=128 个月时，月径流丰枯突变点发生在 1968 年（偏丰→偏枯），1972 年（偏枯→偏丰），1977 年（偏丰→偏枯），1982 年（偏枯→偏丰），1987 年（偏丰→偏枯），1991 年（偏枯→偏丰），1997 年（偏丰→偏枯）。从而可以得知，克鲁伦河月径流量约以 5 年发生一次丰枯变化。

当 a=256 个月时，月径流丰枯突变点发生在 1975 年（偏丰→偏枯），1986 年（偏枯→偏丰），1999 年（偏丰→偏枯）。

当 a=320 个月时，月径流丰枯突变点发生在 1974 年（偏丰→偏枯），1988 年（偏枯→偏丰），2001 年（偏丰→偏枯），平均为 12 年左右，发生一次丰枯水期变化。从这种趋势可以预估，2013 年左右，将为偏枯期向偏丰期转变。这个预测结果，与克鲁伦河年径流量预测结果相似。

从克鲁伦河月径流量多尺度分析可知，月径流量多尺度时间变化特征与年径流量变化特征相似。表明克鲁伦河水文变化过程以 25 年为主周期，12 年左右发生一次丰枯水期交替。

2. 乌尔逊河（坤都冷站）月径流量多时间尺度变化特征

收集呼伦湖流域乌尔逊河（坤都冷站）45 年（1963 年 1 月~2007 年 12 月）月径流量水文序列作为基本分析资料，方法同 3.2.2 小节。月径流量标准化序列小波变换模和实部的时频分布见图 3-20。

图 3-20(a)月径流量小波变换系数模的二维等直线图，在 50~150、200~400 尺度上均表现出明显的周期性。

从图 3-20(b)小波变换系数实部绘出的二维等直线图可以得出，克鲁伦河月径流量在 50~150 尺度上，中心时间尺度为 100 个月左右；在 200~400 个月尺度上，中心时间尺度为 320 个月左右。乌尔逊河月径流量变化特征与年径流量变化特征相似，丰枯水期交替出现。在 200~400 大尺度上周期性表现最为突出，表明乌尔逊河月径流量以 320 个月为主周期。

图 3-21(a)~图 3-21(e)分别给出了一些特定时间尺度月径流量序列（a=16 个月、64 个月、128 个月、256 个月、320 个月）的小波变换实部随时间的变化过程。

当 a=16 个月时间尺度时间尺度上看，由于时间尺度较小，月径流量丰枯变化和突变点出现比较频繁。当 a=64 个月时，月径流丰枯突变点有 17 个，丰枯剧烈程度区域平缓。整体上分为两个平缓区，从 1963~1982 年分布均匀，丰枯剧烈程度较小；从 1982~2007 年分布均匀，丰枯剧烈程度较大。

当 a=128 个月时，月径流丰枯突变点发生在 1967 年（偏丰→偏枯），1971 年（偏枯→偏丰), 1976年(偏丰→偏枯), 1981年(偏枯→偏丰), 1986年(偏丰→偏枯), 1991年(偏枯→偏丰), 2001年(偏丰→偏枯), 2006年(偏枯→偏丰)。

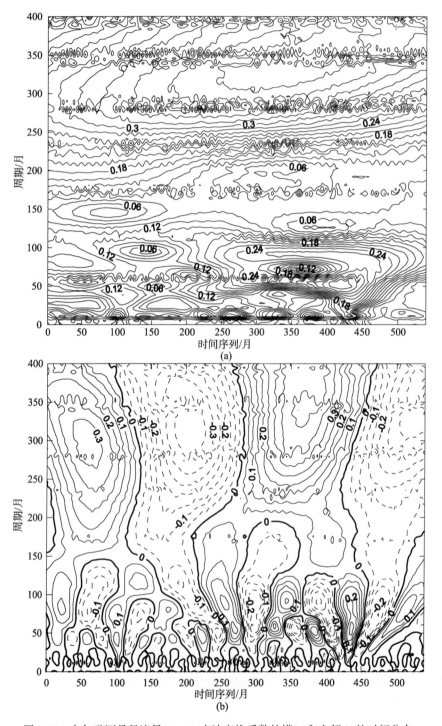

图 3-20　乌尔逊河月径流量 Morlet 小波变换系数的模(a)和实部(b)的时频分布

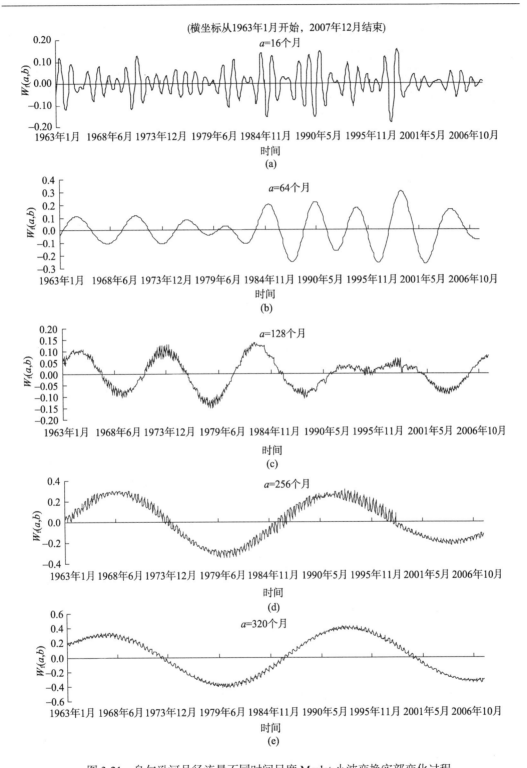

图 3-21 乌尔逊河月径流量不同时间尺度 Morlet 小波变换实部变化过程

当 $a=256$ 个月时，月径流丰枯突变点发生在 1974 年（偏丰→偏枯），1986 年（偏枯→偏丰），1998 年（偏丰→偏枯）。在 256 个月为尺度的周期上，突变点发生的时间及变化趋势与克鲁伦河月径流量相似。

当 $a=320$ 个月时，月径流丰枯突变点发生在 1973 年（偏丰→偏枯），1986 年（偏枯→偏丰），2000 年（偏丰→偏枯）。平均为 13 年左右，发生一次丰枯水期变化。在该尺度上，乌尔逊河周期性变化趋势与克鲁伦河相似。这个预测结果，与乌尔逊年径流量预测结果相近。

总之，克鲁伦河与乌尔逊河月径流量水文变化特征相似，均在 320 个月表现出明显的周期性，平均 160 个月左右发生一次丰枯交替变化，且两条河流发生丰枯交替时间相近。克鲁伦河的年、月径流量水文序列同样表现出相同的特征。均在 25 年左右表现出明显的周期性，且以 12 年左右发生一次丰枯交替。乌尔逊河年、月径流水文序列变化特征相似，且符合克鲁伦河水文序列变化规律。由此可知，呼伦湖流域存在 25 年左右的周期变化，平均 12 年左右发生一次丰水期和枯水期的交替。

3.3 结论与讨论

通过小波理论对呼伦湖流域克鲁伦河（阿拉坦额莫勒站）和乌尔逊河（坤都冷站）两条河流 45 年的年径流量、月径流量的分析，在不同年、月际间克鲁伦河年径流量水文变化过程比乌尔逊河复杂强烈，克鲁伦河和乌尔逊河水文序列月际间变化复杂程度均大于其年际间变化复杂程度。

去除噪声的水文序列，比原始序列更光滑平稳，可以更真实地表现出水文序列的本质规律和发展趋势。去除噪声的水文序列，计算出的分维值和信息量系数，有的比原序列计算出的值大，有些比原序列得出的值小，结果的大小主要与水文序列数值、选择计算的方法原理和小波函数有关。所以，去除噪声的水文序列得出的值不是一定要比原始序列得出的值小。但是，可以肯定的是，去除噪声的水文序列验证了原始水文序列得出的结果。

克鲁伦河和乌尔逊河的年、月径流量序列多尺度分析可知，两条河流水文变化情况相似，均在 25 年左右表现出明显周期性，12 年左右发生一次丰枯水期的变化。因为克鲁伦河和乌尔逊河是呼伦贝尔草原最主要的两条河流，从两条河流的水文情况可分析出呼伦湖流域水文情况的变化规律。呼伦湖流域在 1963~1975 年、1987~2000 年为丰水期；而在 1975~1987 年、2000 年至今为枯水期；突变点发生在 1975 年、1987 年和 2000 年，这些年发生丰枯水期的转变。呼伦湖流域从 2000 年进入枯水期，预计在 2012 年左右缓慢进入丰水期。呼伦湖湖水面积近年来急剧萎缩，和 2000 年以后连续 10 年的枯水期有直接原因。

应用小波分析的方法，时间尺度不同，径流所处的丰枯阶段不同。在大尺度下的枯水段包含更多的小尺度下的丰、枯水阶段；在同样尺度下的丰水段包含更多的小尺度下的丰、枯水段。因此径流丰枯变化趋势与时间尺度密切相关，离开时间尺度而谈变化趋势就失去了意义。

参 考 文 献

崔锦泰. 1995. 小波分析导论. 程正兴译. 西安：西安交通大学出版社
丁晶，王文圣. 2004. 水文相似和尺度化分析. 水电能源科学, 22(1)：1-3
董长虹. 2005. Matlab 小波分析工具箱原理与应用. 北京：国防工业出版社
方锦清. 2002. 令人关注的复杂性科学和复杂性研究. 自然杂志, 24(1)：7-15
冯国章，宋松柏. 1998. 水文系统复杂性的统计测度. 水利学报，(11)：76-81
郝柏林. 1999. 复杂性的刻画与复杂性科学. 科学, 51(3)：3-8
康玲，万蕆. 2003. 基于小波分析的水文流量关系曲线求解方法. 华中科技大学学报(自然科学版), 31(10)：30-31
康磊，刘世荣，刘宪钊. 2016. 岷江上游水文气象因子多尺度周期性分析. 生态学报, 36(5)：1253-1262
康艳，蔡焕杰，宋松柏. 2013. 水文系统复杂性模型研究及应用. 水力发电学报, 32(1)：5-10
肯尼思·法尔科内. 1991. 分形几何—数学基础及其应用. 曾文曲，刘世耀译. 沈阳：东北大学出版社
李长兴. 1995. 论流域水文尺度化和相似性. 水利学报, (1)：40-46
李锐锋. 2002. 复杂性是系统内在的基本属性. 系统辩证学学报, 10(4)：6-9
林振山. 1993. 长期预测的相空间理论和模式. 北京：气象出版社
刘贵忠，邸双亮. 1995. 小波分析及应用. 西安：西安电子科技大学出版社
刘国华，钱境林. 2004. 小波软阈值技术和人工神经网络在洪水预报中的研究. 水力发电学报, 23(4)：5-10
苗东升. 2001. 复杂性研究的现状与展望. 系统辩证学学报, 9(4)：3-7
秦前清，杨宗凯. 1994. 实用小波分析. 西安：西安电子科技大学出版社
孙卫国，程炳岩. 2000. 河南省近 50 年来旱涝变化的多时间尺度分析. 南京气象学院学报, 23(1)：251-255
王秀杰，费守明. 2007. 小波分析在水文径流模拟中的应用. 水电能源科学, 25(7)：1-4
杨福生. 2003. 小波变换的工程分析与应用. 北京：科学出版社
张河，张庆. 1997. 调频高斯小波变换及其程序. 信号处理, 13(3)：221-226
郑国基. 1996. 复杂性研究. 系统辩证学学报, 4(4)：13-16
Abarbanel H DI, Lall U, Moon Y, et al. 1996. Nonlinear dynamics and the Great Salt Lake：A predictable indicator of regional climate. Energy, 21(7)：655-665
DeVore R A, Lucier B J. 1992. Fast wavelet techniques for near-optimal image processing. Proc IEEE Military Communication Conference Record, IEEE Communication Society, 3：1129-1135
Donoho D L. 1995. De-noising by soft-thresholding. IEEE Transactions on Information Theory, 41(3)：613-627
Lempel A, Ziv J. 1976. On the complexity of finite sequences. IEEE Transactions on Information Theory, 22(1)：75-81
Mandelbrot B B. 1983. The fractal geometry of nature. W. H. Freeman and Company, 244-255

第4章 基于混沌理论的流域水文序列预测分析

4.1 基于混沌理论的水文时间序列预测研究

混沌理论（chaos theory）产生于 20 世纪 60 年代，它与相对论、量子力学共同被列为 20 世纪最伟大的发现和科学传世之作。混沌理论认为客观事物的运动，除周期、准周期、定常的运动之外，还存在着一种由确定性系统产生的、对初始条件有着敏感依赖性、永不重复性、永不恢复性的非周期运动，即混沌运动。混沌理论是确定性和内在随机性的统一体，揭示了系统运动中有序与无序间相互转化的辩证关系。目前，有许多学者将混沌理论引入水文科学领域，水文系统是一个非常复杂的非线性动力系统，它的混沌运动是肯定的和普遍的。

在水科学领域，混沌理论主要应用在水文时间序列性质的判定和非线性预测模型上（赵永龙等，1998；Sivakumar，2004；李红霞等，2007b）。混沌理论为非线性动力系统的研究开创了一条崭新的途径，也为研究复杂多变的水文现象提供了一种可能产生突破的新方法。

4.1.1 相空间重构

通常情况下，某一系统在某一时刻的状态称为相，表示某一系统所有可能状态的向量所构成的几何空间称为相空间，系统中每一个可能的状态都有一个与之相对应的相空间的点。非线性动力学系统中往往包含多个变量，但通常情况下只能观测到其中某一分量的离散样本序列，如 x 表示系统中某一分量，则 $X_1,X_2,\cdots,X_n,\cdots$ 为其观测到的离散样本序列。由于系统中某一分量的演化都是由系统中其他与之相互作用的分量所决定的，而这些相关分量的信息就隐含在任意分量的发展演化过程中，因此，只需研究非线性动力学系统中任意单变量的时间序列，并将在某些固定延迟时间点上的观测值作为新维来处理，并将其扩展到三维甚至是更高维的空间中，以便重构出一个等价的相空间，可在这个相空间中还原原有的动力学系统，来研究系统整体的混沌特性。这就是延迟坐标状态的相空间重构法。

20 世纪 80 年代，美国物理学家 Packard 等（1980）提出了用原始系统中某一单一变量的延迟坐标来重构相空间的方法。此后，荷兰数学家 Takens 对其进行了严格的数学解释，他证明了只要合理选取延迟时间和嵌入维数，即如果延迟坐标的维数 $m \geq 2D+1$，D 是动力系统的维数，那么在这个嵌入维的相空间里就可以把有规律的吸引子轨迹恢复出来。也就是说，在重构的 R^m 空间中的轨迹上，原动力系统保持微分同胚，重构的相空间与原动力学系统微分同胚（Takens，1981）。换句话说，延迟时间重构的相空间，保持了原有系统的几何结构,并与原有系统具有等同的动力特性(陈引锋,2005)。

依据 Takens 定理,可以在拓扑等价意义下恢复吸引子的动力学特性。对于时间序列:$X_1, X_2, \cdots, X_n$,如果能够恰当的选取延迟时间 τ 和嵌入维数 m,那么就可以重构相空间:

$$Y_1 = [x_1, x_{1+\tau}, x_{1+2\tau}, \cdots, x_{1+(m-1)\tau}]^T$$
$$Y_2 = [x_2, x_{2+\tau}, x_{2+2\tau}, \cdots, x_{2+(m-1)\tau}]^T$$
$$\cdots\cdots$$
$$Y_M = [x_M, x_{M+\tau}, x_{M+2\tau}, \cdots, x_{M+(m-1)\tau}]^T$$

(4-1)

式中,$M=N-(m-1)\tau$ 为向量序列的长度。

相空间重构过程中,延迟时间 τ 和嵌入维数 m 对重构的相空间质量有非常大的影响,因此恰当的选取延迟时间 τ 和嵌入维数 m 具有十分重要的意义。目前对于延迟时间 τ 和嵌入维数 m 的选取,学术上有两大观点:一种观点认为二者互不相关,可以独立选取;另一种观点则认为二者相关,它们的选取相互依赖(Kugiumtzis,1996)。这两种方法在混沌理论的研究中普遍存在,目前为止,还没有充分的论据来证明究竟谁对谁错,因此,研究者可以根据自己的需要和研究状况进行研究方法的选择。

1. 延迟时间的选取

延迟时间 τ 是表示时间序列中各数据相互之间的关系的参数。虽然混沌理论中对延迟时间 τ 的选择未作限制,但实际观测序列中,存在噪声干扰和估计误差,因此,延迟时间 τ 的选取不宜过大亦不宜过小,如果 τ 的选取过大,则会导致某一时刻的动力学性态与其后一时刻的动力学性态变化剧烈,会使相空间中的两点完全没有关系,失去系统的内在联系,产生不相关误差;如果 τ 的选取过小,相空间的相邻点在数值上很接近,相互之间不独立,相空间轨迹会向同一位置挤压,信息不易显露,产生冗余误差。这两种情况都会导致一种结果,就是系统信息的严重丢失,影响相空间重构的质量(刘秉正和彭建华,2004)。

延迟时间 τ 的选取方法有自相关系数法、复相关系数法、真实矢量场法、互信息量法、重构展开法等。但是由于自相关系数法能够保证相空间中各坐标分量的相关性较小,符合重构相空间的要求,且其具有计算简单、理论成熟、对数据量的要求不高等优点,为研究者所广泛使用。使用的即为自相关系数法。

自相关系数法主要提取样本时间序列的线性相关性,自相关系数的计算公式为:

$$r_\tau = \sum_{i=\tau+1}^{N}(x_i - \bar{x})(x_{i-\tau} - \bar{x}) \Big/ \sum_{i=1}^{N}(x_i - \bar{x})^2$$

(4-2)

式中,r_τ 为延迟时间 τ 时的自相关系数值,$X_1, X_2, \cdots, X_n$ 为样本时间序列,$\bar{x}$ 为时间序列均值。

通常情况下,当自相关函数随滞时衰减明显时,延迟时间 τ 选取自相关函数第一次通过零点时所对应的滞时;当滞时很大,自相关函数才趋于零时,延迟时间 τ 选取自相关函数第一次小于 $1/e=0.368$ 时所对应的滞时(丁晶等,2003a)。

2. 嵌入维数的选取

同延迟时间 τ 的选取一样，嵌入维数 m 的选取亦不宜过大或过小，流程见图 4-1。若 m 选取的太大，在实际应用中，就会减少可用数据的长度，并随着嵌入维数 m 的增大而大大增加关联维数、Lyapunov 指数等几何不变量的计算工作量，同时，对噪声和舍入误差的影响也会大大增加；若嵌入维数 m 选取的太小，嵌入空间无法容纳动力系统的吸引子，致使吸引子可能折叠，甚至有某些地方产生自相交，因而无法展现系统的动力特性。因此，在实际工作中，通常是逐渐增加 m 值，来计算关联维数、Lyapunov 指数等几何不变量，直到这些不变量停止变化为止。

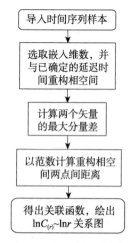

图 4-1 嵌入维数流程图

目前，嵌入维数 m 的较常用的选取方法有饱和关联维数法、伪最邻近点法、奇异值分解法、真实矢量场法、简单轨道扩张法和累积局部变形法等众多方法。其中，饱和关联维数法是最常用的确定嵌入维数 m 的方法，简称 G-P 算法。这种方法既可以选取出重构相空间的嵌入维数，又可以进一步求得关联维数。

应用 G-P 算法时，必须先确定延迟时间 τ，研究采用自相关系数法确定延迟时间。

在相空间点对中，距离小于 r 的向量被称为关联向量，距离小于 r 的数目在所有点对 $[M(M-1)/2$ 中配对]中所占的比例 $C_{(r)}$，被称为关联积分。通过点绘 $\ln C_{(r)} \sim \ln r$ 关系图，即可求出关联维数 D，关联维数 D 随嵌入维数 m 的变化而变化。

首先计算关联积分，其表达式如下：

$$C_{(r)} = \frac{2}{M(M-1)} \sum_{1 \leq i < j \leq M} H\left(r - \|Y_i - Y_j\|\right) \quad (4\text{-}3)$$

式中，Y_i，Y_j 为重构状态空间中的相点；M 为重建后的相空间中的数据点的数目，即 $M=N-(m-1)\tau$；m 为相空间的嵌入维数；r 为以 Y_i 为中心的 m 嵌入空间中的球体的半径；H 为 Heaviside 函数，它是一个单位阶跃函数，即：$x \leq 0$ 时，$H(x)=0$，$x>0$ 时，$H(x)=1$；$\|Y_i-Y_j\|$ 为欧氏距离。

实际应用中，为计算方便，相点之间的距离不采用欧式距离，而是定义为两个矢量的最大分量差：

$$r_{ij} = |y_i - y_j| = \max_{1 \leq k \leq m} \left| x_{i-(k-1)\tau} - x_{j-(k-1)\tau} \right| \quad (4\text{-}4)$$

然后给定一个数 r，r 的取值必须介于 r_{ij} 中的最大值和最小值之间，否则，会出现系统中的所有信号都会被掩埋在太大的 r 之中，或者因 r 太小，使系统中一切偶然噪声凸显出来。因此，必须适当的调整 r 的取值范围。为计算方便，通常 r 的取值往往会按一定的增幅变化。

适当调整 r 的值，算出一组关于 $\ln C_{(r)} \sim \ln r$ 的值，便可以计算出关联维数 $D_{(m)}$：

$$D_{(m)} = \lim_{r \to 0} \frac{\ln C_{(r)}}{\ln r} \quad (4\text{-}5)$$

当 m 足够大时，$D_{(m)}$ 不再随 m 发生变化，得到饱和关联维数 D：

$$D = \lim_{x \to \infty} D_{(m)} \quad (4\text{-}6)$$

实际应用中，首先确定延迟时间 τ 的值，然后使嵌入维数 m 从 2 开始，每次增加 1，并且对每一个嵌入维数 m 都绘出一条 $\ln C_{(r)} \sim \ln r$ 曲线，不断增加嵌入维数，重复上述过程，得到不同嵌入维数下的关联积分 $C_{(r)}$ 和关联维数 $D_{(m)}$，同时，点绘出关联维数 $D_{(m)}$ 随嵌入维数 m 变化的关系曲线，一般随嵌入维数 m 的增大，关联维数 $D_{(m)}$ 的变化逐渐减小，最终趋于平稳。此时所对应的关联维数 $D_{(m)}$ 即为饱和关联维数 D，所对应的最小嵌入维数 $D_{\min}$ 为相空间重构的最小维数，即嵌入维数 m（丁晶等，2003b）。如果关联维数 $D_{(m)}$ 随嵌入维数 m 的增长而增加，并不收敛于一个稳定的值，则表明所研究的时间序列为一个随机系统，而不是一个混沌系统。因此，饱和关联维数 D 的存在与否直接决定了时间序列的性质（胡安焱等，2008；李亚娇，2007）。

4.1.2 水文系统的混沌特性判别

如果想在水文时间序列的分析中使用混沌理论，必须首先对所要研究的水文时间序列进行混沌特性判别。水文系统是一个非常复杂的非线性系统，具有产生混沌的基本条件——对初始条件的敏感性和内在的随机性；同时，水文系统还是一个远离平衡态的开放系统，遵循着有序–无序、稳定–不稳定、平衡–非平衡的变化规律（冯国璋和李佩成，1997）。所以，为了更好地对水文系统进行分析，需进行水文时间序列的混沌特性识别。

识别水文时间序列混沌特性的方法有很多，概括地讲，可以从定性和定量两个方面来进行识别。定性的分析方法主要有相图法、Poincare 映像法、功率谱法、主分量分析法等，它是从构成吸引子的不稳定周期数目、种类等方面进行探讨的，由于观察吸引子比较困难，所以一般不采用该法。定量分析法主要有饱和关联维数法、Lyapunov 指数法、Kolmogorov 熵法等，它主要使用的是动力系统在整个吸引子或无穷长的轨道上平均后得到的特征量（吕金虎等，2002）。研究主要采用饱和关联维数法和最大 Lyapunov 指数法来进行水文系统的混沌特性识别。

1. 饱和关联维数法

1983 年，Grassberger 和 Procaccia 根据 Takens 的嵌入定理和相空间重构的思想，提出了从时间序列之间计算关联维数的算法，简称 G-P 算法。混沌系统存在分形维数为非整数的奇怪吸引子（吕金虎等，2002）。它可以作为混沌系统的一个判别依据。而关联维数 $D_{(m)}$ 可以对吸引子的几何特征、基于吸引子的轨道随时间的演化情况进行数量上的描述，因此，如果关联维数 $D_{(m)}$ 达到饱和关联维数 D，则说明系统存在奇怪吸引子，系统具有混沌特性，否则，则认为系统是随机的。

2. 最大 Lyapunov 指数法

Lyapunov 指数是定量刻画相空间中相体积收缩过程的物理量。Lyapunov 指数法是根据相轨道有无扩散运动的特征来识别系统的混沌特性的。而混沌系统的基本特点是运动对初始值的极度敏感性,两个靠得很近的初始值的轨迹往往会随时间呈指数关系分离,而 Lyapunov 指数能够定量的描述这一现象。Lyapunov 指数小于零,说明相空间中的相体积在该方向是收缩的,该方向的运动是稳定的;Lyapunov 指数大于零,说明相空间中的相体积在该方向不断膨胀和折叠,导致吸引子中本来邻近的轨迹线越加的不相关(梁世清等,2008)。因此,判断非线性复杂动力系统是否具有混沌特性,必须满足:①至少存在一个正的 Lyapunov 指数;②至少有一个 Lyapunov 指数等于零;③Lyapunov 指数之和为负(王东生,1995)。Lyapunov 指数从整体上反映了复杂非线性动力系统的混沌水平,表征了系统的混沌特性。

其中,最大 Lyapunov 指数是指靠得很近的点对在轨道方向上指数发散率的平均。在实际应用中,常把最大 Lyapunov 指数是否大于零作为系统是否具有混沌特性的依据。若最大 Lyapunov 指数大于零,则认为系统一定具有混沌特性。

目前,最大 Lyapunov 指数法的计算方法都是建立在相空间重构的基础上的。常用的方法有 Wolf 法、Rosenstein 小数据量法、P 范数法等,其中,Wolf 法是直接基于相轨线、相面积、相体积等的演化来估计 Lyapunov 指数的,在混沌分析中被广泛应用(Wolf and Swift,1985)。但是,由于其对噪声和数据量的要求较高,所以,只能较可靠的估计最大 Lyapunov 指数(Bordignon and Lisi,2000)。本研究所使用的即为 Wolf 法,见图 4-2。

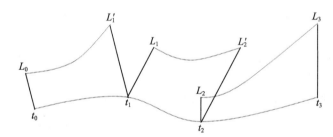

图 4-2 经典 Wolf 算法示意图

对于混沌时间序列 $X_1, X_2, \cdots, X_N$,选取恰当的延迟时间 τ 和嵌入维数 m,进行相空间重构:

$$Y(t_i) = \left[x(t_i), x(t_{i+\tau}), x(t_{i+2\tau}), \cdots, x(t_{i+(m-1)\tau}) \right]^T \quad i = 1, 2, \cdots \quad (4\text{-}7)$$

取初始点 $Y(t_0)$,并设其与最邻近点 $Y_0(t_0)$ 的距离为 L_0,追踪这两点之间的时间演化,直到 t_1 时刻,其两点间距离超过某一规定值 $\varepsilon > 0$,$L'_0 = |Y(t_1) - Y_0(t_1)| > \varepsilon$,则保留 $Y(t_1)$,并在 $Y(t_1)$ 邻近另外找一点 $Y_1(t_1)$,使其 $L_1 = |Y(t_1) - Y_1(t_1)| < \varepsilon$,并且与之的夹角要尽可能的小,重复上述过程,直至 $Y(t)$ 到达时间序列的终点 N,这时追踪演化过程总的迭代次数为 M,则最大 Lyapunov 指数为:

$$\lambda_1 = \frac{1}{t_M - t_0} \sum_{i=0}^{M} \log_2 \frac{L'_i}{L_i} \quad (4\text{-}8)$$

考虑到 Lyapunov 指数要求较小的向量演化长度和较小的演化角度,现有的最大

Lyapunov 指数的经典 Wolf 算法对演化向量长度的构建通常采用以下两种形式中的任意一种：

$$L_3 = L_2 \sin\theta \quad \text{或} \quad L_3 = L_2\theta \qquad (4\text{-}9)$$

实际上，对于最大 Lyapunov 指数的计算结果而言，两种形式的计算结果是完全一样的。鉴于经典 Wolf 算法中演化向量构建的单一性和对算法结果稳定性的不利影响，考虑了当相空间的嵌入维数大于等于最小嵌入维数 m 时，Lyapunov 指数开始趋于稳定的特点，提出了以新向量长度及新旧向量演化角度间的权重值作为优化变量，以最小嵌入维数 m 及其以后一定长度内的 Lyapunov 指数的平稳性为优化目标的改进最大 Lyapunov 指数算法，示意图见图 4-3，计算流程见图 4-4。

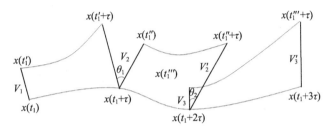

图 4-3 改进的最大 Lyapunov 指数法示意图

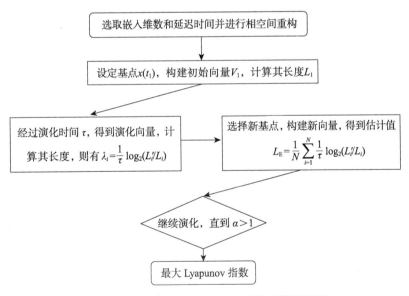

图 4-4 改进的最大 Lyapunov 指数计算流程图

在改进的最大 Lyapunov 指数算法中，演化向量的长度按如下方法进行构建：

$$L_3 = \alpha L_2 / \cos\theta + (1-\alpha)L_2 \qquad (4\text{-}10)$$

$$\text{或} \quad L_3 = \alpha L_2 / \sin\theta + (1-\alpha)L_2 \cos\theta \qquad (4\text{-}11)$$

$L_3=\alpha L_2/\cos\theta+(1-\alpha)L_2$ 在新旧向量选择过程中，追求最小向量长度和最小向量转换夹角的最佳组合。当新旧向量的演化角度都较大且十分接近 90° 时，$L_3=\alpha L_2/\cos\theta+(1-\alpha)L_2$

式中的第一项将会变得很大,夹角的影响被夸大,此时,$L_3=\alpha L_2/\sin\theta+(1-\alpha)L_2\cos\theta$ 新向量长度的构建方式将更为合理。

改进最大 Lyapunov 指数算法的计算步骤如下:

(1)设定权重 α 的搜索范围(0~1)和搜索步长;

(2)由已选取的嵌入维数 m 和延迟时间 τ 来重构相空间;

(3)以初始点 $x(t_1)$ 为基点,在其余点中选取与 $x(t_1)$ 最近的点 $x(t_1')$,二者构成初始向量,记为 V_1,长度为 L_1;

(4)令初始向量沿系统的运动轨道向前演化的时间为 τ,得到演化向量 V_1',其相应的端点为 $x(t_1+\tau)$ 和 $x(t_1'+\tau)$,计算 V_1' 的长度,记为 L_1',则有 $\lambda_1=(1/\tau)\log_2(L_1'/L_1)$;

(5)以 $x(t_1+\tau)$ 为新的基点,选取新的向量代替 V_1,并记为 V_2,其长度为 L_2,考虑到 V_2 应具有较小的长度,并与 V_1' 保持较小的夹角:

$$\theta=\arccos\left\{\frac{[x(t_1'+\tau)-x(t_1+\tau)][x(t_1''+\tau)-x(t_1+\tau)]^{\mathrm{T}}}{\|x(t_1'+\tau)-x(t_1+\tau)\|\times\|x(t_1''+\tau)-x(t_1+\tau)\|}\right\} \quad (4\text{-}12)$$

因此以 α 为权重,令

$L_3=\alpha L_2/\cos\theta+(1-\alpha)L_2$ 或 $L_3=\alpha L_2/\sin\theta+(1-\alpha)L_2\cos\theta$,并限制夹角 θ 为锐角,选取使得 L_3 最小的新基点形成新的向量;

(6)以 V_2 为新的初始向量,重复(4)得 $\lambda_2=(1/\tau)\log_2(L_1'/L_1)$;

(7)上述过程一直进行到 $x(t_1)$ 的终点,取 $\lambda_i(i=1,2,\cdots)$ 的平均值作为 Lyapunov 指数的估计值,即 $L_{\mathrm{E}}=\frac{1}{N}\sum_{i=1}^{N}\frac{1}{\tau}\log_2(L_i'/L_i)$,$L_{\mathrm{E}}$ 表示单位时间内信息量的变化;

(8)增加嵌入维数 m 至 m_0+5,重复(4)~(6);

(9)重复(3)~(8),直到 $\alpha>1$。比较不同权重条件下,$[m=m_0,m_0+5]$ 范围内最大 Lyapunov 指数的稳定性,这里采用均方差作为衡量数据平稳性的指标,取最小均方差对应的 Lyapunov 指数平稳值 $[m=m_0,m_0+5]$ 的平均作为时间序列的最大 Lyapunov 指数的计算结果。

另外,最大 Lyapunov 指数还表征了样本时间序列所代表的系统对未来行为进行预测的有限限度,计算最大 Lyapunov 指数的倒数,所得结果即为系统可预报的尺度。

3. Kolmogorov 熵法

熵是系统混乱程度的一个度量指标。Kolmogorov 熵则是系统运动混乱或无序程度的一种度量,它描述了混沌系统的轨道随时间演化的信息的产生率。一般来说,$K=0$,表征有序系统;$K=\infty$,表征随机系统;$0<K<\infty$,表征混沌系统,且系统的混沌程度随 K 值的增大而增大。1983 年,Grassberger 提出了从时间序列计算 Kolmogorov 熵的公式(Grassberger and Procaccia,1983)。其公式如下:

$$K_2=\frac{1}{\tau}\ln\frac{C_m^2(r)}{C_{m+1}^2(r)} \quad (4\text{-}13)$$

式中,τ 为延迟时间,$C_m(r)$ 表示嵌入维数为 m 时的关联积分 $C_m(r)$ 值,$C_{m+1}(r)$ 表示嵌入

维数为 $m+1$ 时的关联积分 $C(r)$ 值。随 m 的增大，K_2 趋于平稳，可将此相对稳定值作为 K 的估计值。此刻可做短期预测，即该系统的平均可预报时间尺度为 $1/K$。

4.1.3 呼伦湖流域月降雨径流时间序列的相空间重构及混沌特性识别

1. 基本资料

乌尔逊河（坤都冷站）月降雨、月径流的实测资料为从 1961 年 1 月~2007 年 12 月共 47 年计 564 个数据，其时序图如图 4-5 和图 4-6 所示。

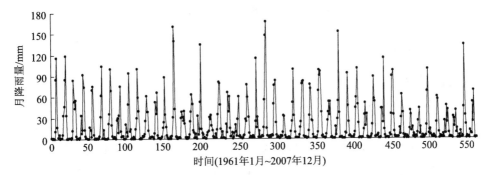

图 4-5 乌尔逊河月降雨时间序列图

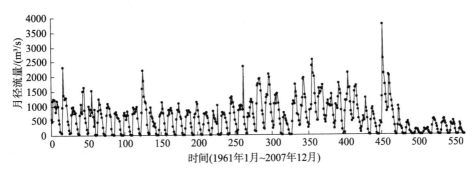

图 4-6 乌尔逊河月径流时间序列图

克鲁伦河（阿拉坦额莫勒站）月降雨、月径流的实测资料为 1963 年 1 月~2007 年 12 月共 45 年计 540 个数据。其时序图如图 4-7 和图 4-8 所示。

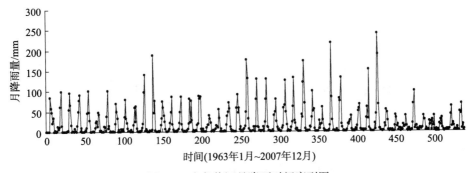

图 4-7 克鲁伦河月降雨时间序列图

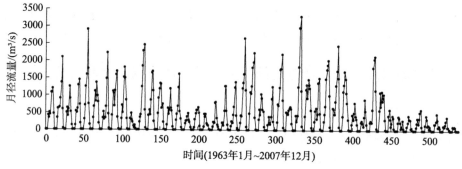

图 4-8 克鲁伦河月径流时间序列图

2. 相空间重构

1）自相关系数法确定延迟时间

采用自相关系数法确定延迟时间，且延迟时间 τ 取自相关函数第一次通过零点时所对应的滞时。对乌尔逊河（坤都冷站）月降雨、月径流和克鲁伦河（阿拉坦额莫勒站）月降雨、月径流时间序列进行自相关分析，得到自相关系数随延迟时间的变化关系图，如图4-9、图4-10所示。由自相关函数图可以看出，乌尔逊河和克鲁伦河的月降雨、月径流都呈现以年为周期的变化规律，自相关系数随着滞时的增大呈周期变化。由自相关函数法确定出的乌尔逊河和克鲁伦河月降雨、月径流的延迟时间见表4-1。

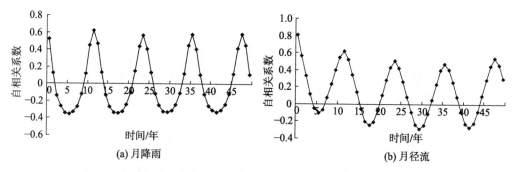

图 4-9 乌尔逊河月降雨和月径流自相关系数图

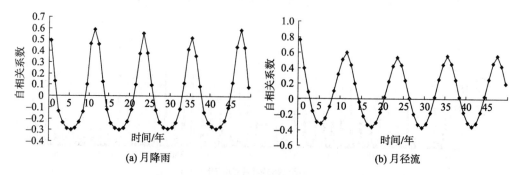

图 4-10 克鲁伦河月降雨和月径流自相关系数

表 4-1　乌尔逊河和克鲁伦河月降雨、月径流的延迟时间

资料系列	资料长度/月	延迟时间 τ	自相关系数 r_τ
坤都冷站月降雨	564	2	0.1260
坤都冷站月径流	564	4	0.1176
阿拉坦额莫勒站月降雨	540	2	0.1326
阿拉坦额莫勒站月径流	540	3	0.0852

2）G-P 算法确定嵌入维数

首先根据自相关函数法确定出延迟时间 τ，然后使用饱和关联维数法确定嵌入维数 m。乌尔逊河月降雨、月径流及克鲁伦河月降雨、月径流的 $\ln C_{(r)}$~$\ln r$ 关系图如图 4-11~图 4-14 所示：在 $\ln C_{(r)}$~$\ln r$ 关系图中，都存在直线相关的部分，即存在无标度区。此时，对此直线相关部分进行线性回归分析，求取每条曲线中所包含的直线部分的斜率，并且各个嵌入维数所对应的关联维数就是所求取的直线部分的斜率。绘制其相应的关联维数 $D_{(m)}$ 随嵌入维数 m 的变化关系曲线如图 4-15、图 4-16 所示。

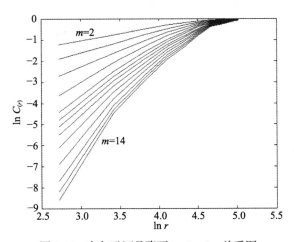

图 4-11　乌尔逊河月降雨 $\ln C_{(r)}$~$\ln r$ 关系图

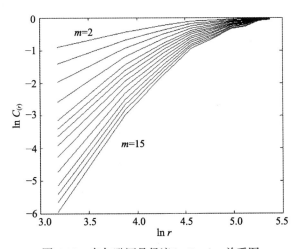

图 4-12　乌尔逊河月径流 $\ln C_{(r)}$~$\ln r$ 关系图

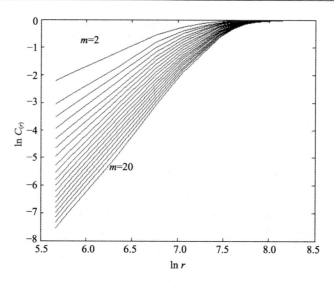

图 4-13 克鲁伦河月降雨 $\ln C_{(r)} \sim \ln r$ 关系图

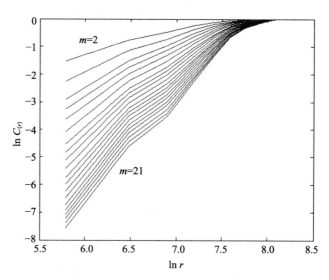

图 4-14 克鲁伦河月径流 $\ln C_{(r)} \sim \ln r$ 关系图

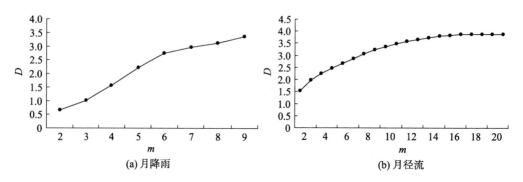

图 4-15 乌尔逊河月降雨、月径流 $D \sim m$ 关系图

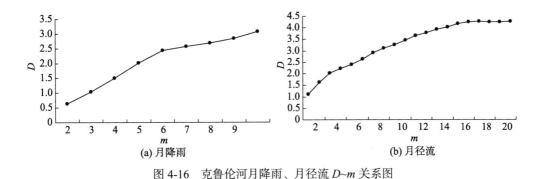

图 4-16 克鲁伦河月降雨、月径流 D~m 关系图

随着嵌入维数的增大，乌尔逊河月降雨、月径流及克鲁伦河月降雨、月径流的关联维数都逐渐出现饱和状态，即收敛，其嵌入维数 m 和关联维数 $D_{(m)}$ 的关系见表 4-2。

表 4-2　嵌入维数 m 与 $D(m)$ 关联维数的关系

资料系列	延迟时间 τ	嵌入维数 m	关联维数 $D_{(m)}$
坤都冷站月降雨	2	8	收敛
坤都冷站月径流	4	15	收敛
阿拉坦额莫勒站月降雨	2	8	收敛
阿拉坦额莫勒站月径流	3	17	收敛

3. 混沌识别

1）饱和关联维数法

如果在一定的误差范围内，关联维数 $D(m)$ 不再随着嵌入维数 m 的增大而增加，或者增加明显变缓，此时所得到的关联维数 $D(m)$ 即为饱和关联维数 D，同时表明，所研究的系统为一个混沌时间序列系统；如果关联维数 $D(m)$ 随着嵌入维数 m 的增大而增加，并不收敛于一个稳定的值，则表明所研究的系统是一个随机时间序列系统。

由图 4-15、图 4-16 可看出，乌尔逊河月降雨当 $m=8$ 时，关联维数 $D(m)=3.1119$，达到饱和；乌尔逊河月降雨当 $m=15$ 时，关联维数 $D(m)=3.7954$，达到饱和；克鲁伦河月降雨当 $m=8$ 时，关联维数 $D(m)=2.6839$，达到饱和；克鲁伦河月径流当 $m=17$ 时，关联维数 $D(m)=4.2568$，达到饱和。关联维数 $D(m)$ 不再随着嵌入维数 m 的增大而增加，此时的关联维数 $D(m)$ 即为饱和关联维数 D，同时表明乌尔逊河和克鲁伦河的月降雨、月径流时间序列都具有混沌特性，则可以选择此时乌尔逊河月降雨对应的嵌入维数 $m=8$、乌尔逊河月径流对应的嵌入维数 $m=15$、克鲁伦河月降雨对应的嵌入维数 $m=8$、克鲁伦河月径流对应的嵌入维数 $m=17$ 作为各自的相空间最佳嵌入维数，饱和关联维数见表 4-3。

表 4-3　乌尔逊河和克鲁伦河月降雨、月径流的饱和关联维数

资料系列	延迟时间 τ	嵌入维数 m	饱和关联维数 D
坤都冷站月降雨	2	8	3.1119
坤都冷站月径流	4	15	3.7954
阿拉坦额莫勒站月降雨	2	8	2.6839
阿拉坦额莫勒站月径流	3	17	4.2568

2）最大 Lyapunov 指数法

使用 Wolf 法求解最大 Lyapunov 指数来验证乌尔逊河和克鲁伦河的月降雨、月径流时间序列的混沌特性。最终求得乌尔逊河月降雨时间序列的最大 Lyapunov 指数为 0.0782，乌尔逊河月径流时间序列的最大 Lyapunov 指数为 0.0179，克鲁伦河月降雨时间序列的最大 Lyapunov 指数为 0.0962，克鲁伦河月径流时间序列的最大 Lyapunov 指数为 0.0305，均大于 0，表明乌尔逊河和克鲁伦河的月降雨、月径流时间序列都具有混沌特性。绘制的 Lyapunov~m 关系图见图 4-17、图 4-18，最大 Lyapunov 指数见表 4-4。

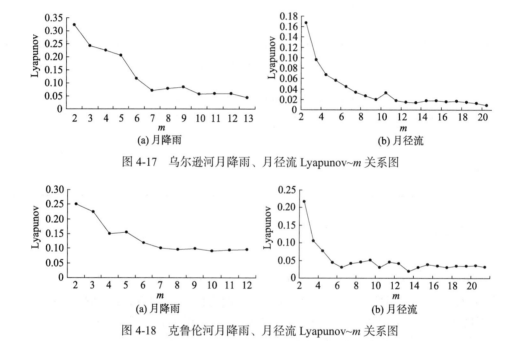

图 4-17　乌尔逊河月降雨、月径流 Lyapunov~m 关系图

图 4-18　克鲁伦河月降雨、月径流 Lyapunov~m 关系图

表 4-4　乌尔逊河和克鲁伦河月降雨、月径流的最大 Lyapunov 指数

	延迟时间 τ	嵌入维数 m	最大 Lyapunov 指数
坤都冷站月降雨	2	8	0.0782
坤都冷站月径流	4	15	0.0179
阿拉坦额莫勒站月降雨	2	8	0.0962
阿拉坦额莫勒站月径流	3	17	0.0305

4.2　基于最小二乘支持向量机的混沌时间序列预测研究

混沌理论（chaos theory）是确定性和内在随机性的统一体，揭示了系统运动中有序与无序间相互转化的辩证关系。目前，在水科学领域，混沌理论主要应用在水文时间序列性质的判定和非线性预测模型上。为了在高维空间中恢复混沌吸引子，Takens 提出了嵌入定理和相空间重构的理论，研究者们在嵌入定理和相空间重构的基础上提出了诸多具有混沌特性的水文时间序列预测模型。其中，支持向量机

(support vector machines,SVM)预测模型是建立在统计学理论的 VC 维(Vapnik-Chervonenkis Dimension)和结构风险最小化原则上的,它通过求解凸二次优化问题,其所得到极值解为全局最优解,能非常有效的解决过学习、小样本、非线性、高维数等实际问题,具有良好的优化推广性能。但是,由于求解 SVM 的对偶问题相当于求解一个线性约束的二次规划问题,它需要计算和存储核函数矩阵,其大小与训练样本数的平方有关,随着样本数据的增大,求解二次规划问题就变得越来越复杂,因此,人们在 SVM 的基础上提出了最小二乘支持向量机(least squares support vector machine,LS-SVM)预测模型,它是在 SVM 的基础上采用二次损失函数的一种改进算法,利用等式约束取代 SVM 的不等式约束,降低了计算过程的复杂度,极大地提高了训练速率,在非线性预测方面和模式识别领域的应用日渐广泛。

4.2.1 基于支持向量机的混沌时间序列预测研究

1. 支持向量机的基本原理

支持向量机(support vector machines,SVM)于 20 世纪 90 年代由 Vapnik 提出,它是数据挖掘中的一项新技术,是借助最优化方法解决机器学习问题的一个新工具。支持向量机是建立在统计学理论的 VC(VC dimension)维和结构风险最小化原则(structural risk minimization,SRM)上的,它通过求解凸二次优化问题,得到的极值解是全局最优解,能有效地解决过学习、小样本、非线性、高维数等实际问题,具有良好的优化推广性能(Vapnik,1995;Cristianini and Taylor,2004;邓乃扬和田英杰,2005)。支持向量机的基本思想是:通过定义合适的核函数来实现从输入空间变换到高维特征空间的一个非线性变换,然后,在这个高维特征空间中求取最优线性分类面,使分类平面与最邻近点(支持向量)之间的距离最大,最后将支持向量机问题转化为一个二次规划问题,进而求解。

支持向量机的机理为:假定两类训练样本集(x_i, x_j),$x_i \in R^n$,$y_i \in \{-1,1\}$,$i=1,2,3,\cdots,N$。式中,N 为训练样本总数,n 为样本空间的位数,y 为样本的类别标志。如图4-19所示,同心圆和菱形代表两类样本,H 代表把两类样本正确的分开的分类线,即最优分类线,H_1,H_2 代表通过各类样本中离分类线最近的点且平行于分类线的直线,换句话说,分类线不但能将两类样本正确的分开,使它的训练错误率为 0,而且还能够使 H_1 和 H_2 之间的间隔最大,H_1 和 H_2 之间的距离称为分类间隔(margin)。分类方程为 $w \cdot x+b=0 (x \in H, w \in H, b \in R)$,对其归一化,使对线性可分类样本集$(x_i, y_i)$,$x_i \in R^n$,$y_i \in \{-1,1\}$,满足:

$$y_i[(w \cdot x_i)+b]-1 \geqslant 0, \quad i=1,2,3,\cdots,N \tag{4-14}$$

这样分类间隔 margin=$2/\|w\|$,因此,使分类间隔最大就等价于最小化$\|w\|$,则满足式(4-14)并且使$\|w\|$最小的分类面就是最优分类面。这两类样本中离分类面最近的点且平行于最优分类面 H 的超平面 H_1,H_2 上的训练样本就是支持向量。推广到高维空间最优分类线就成为最优分类面,示意图见图 4-19。

概括地讲,支持向量机的机理为:寻找一个满足分类要求的分割平面,并使训练集中的点距离该分割平面尽可能的远，即寻找一个分割平面，使其两侧的空白区域最大，也就是使分类间隔最大（王永生等，2009）。使分类间隔最大，实际上就是对推广能力的控制，这是支持向量机的核心思想之一。根据统计学理论，一个规范超平面构成的指数函数集为：

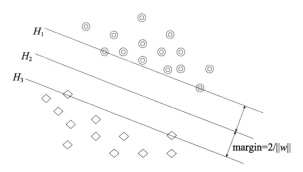

图 4-19　数据集的最优分类面

$$h(x) = \text{sgn}[(w \cdot x) + b] \quad (4\text{-}15)$$

其 VC 维 h 满足：

$$h \leq \min([R^2 A^2], n) + 1 \quad (4\text{-}16)$$

式中，$\text{sgn}[\cdot]$ 为符号函数；n 为向量空间的维数；R 为覆盖样本向量的超球半径，$\|w\| \leq A$。

因此，可以通过最小化 $\|w\|$ 减少 VC 维，从而实现结构风险最小化原则（SRM）中的函数复杂性的选择；固定经验风险，最小化期望风险就转化为最小化 $\|w\|$，这是支持向量机方法的出发点（杨志民和刘广利，2007）。

根据上面的分析，在线性可分的条件下，最优分类面的构建就转化为下面的二次规划问题：

$$\begin{cases} \min \Phi(w) = \dfrac{1}{2}(w \cdot w) \\ \text{s.t. } y_i[(w \cdot x_i) + b] \geq 1 \quad i = 1, 2, \cdots, l \end{cases} \quad (4\text{-}17)$$

式（4-17）的最优解为下面的 Lagrange 函数的鞍点：

$$L(w, b, \alpha) = \dfrac{1}{2}(w \cdot w) - \sum_{i=1}^{l} \alpha_i \{y_i[(w \cdot x_i) + b] - 1\} \quad (4\text{-}18)$$

式中，$\alpha \geq 0$ 是 Lagrange 乘数。

在鞍点处，b 和 w 的梯度都为 0，因此有：

$$\dfrac{\partial L}{\partial w} = w - \sum_{i=1}^{l} \alpha_i y_i x_i = 0 \Rightarrow w = \sum_{i=1}^{l} \alpha_i y_i x_i \quad (4\text{-}19)$$

$$\dfrac{\partial L}{\partial b} = \sum_{i=1}^{l} \alpha_i y_i = 0 \Rightarrow \sum_{i=1}^{l} \alpha_i y_i = 0 \quad (4\text{-}20)$$

根据 Karush-Kuhn-Tucker（KKT）（杨志民和刘广利，2007），最优解还应满足：

$$\alpha_i[y_i(w \cdot x_i + b) - 1] = 0 \quad \forall i \quad (4\text{-}21)$$

把式（4-19）和式（4-20）代入式（4-18）中，则在线性可分条件下，构建最优分类面的问题就转化为一个较简单的对偶二次规划问题：

$$\begin{cases} \max W(\alpha) = \sum_{i=1}^{l} \alpha_i - \frac{1}{2} \sum_{i,j} \alpha_i \alpha_j y_i y_j (x_i \cdot x_j) \\ s.t. \quad \sum \alpha_i y_i = 0 \quad \alpha_i > 0 \quad i = 1, 2, \cdots, l \end{cases} \quad (4-22)$$

然而，在实际应用中，大多数情况下并不能满足线性可分性。即使问题是线性可分的，由于各种原因，训练集中也可能会出现"野点子"，比如一个标错的点，可能会对最终的分类面产生严重影响。

2. 支持向量机的回归算法及其实现

首先考虑线性回归，设训练样本为 n 维向量，某区域的 l 个样本及其值表示为：

$$(x_1, y_1), (x_2, y_2), \cdots, (x_l, y_l) \in R_n \times R \quad (4-23)$$

线性函数设为：

$$f(x) = w \cdot x + b \quad (4-24)$$

并假设所有训练数据都可以在精度 ε 下无误差的用线性函数进行拟合，即：

$$\begin{cases} y_i - f(x_i) \leqslant \varepsilon \\ f(x_i) - y_i \leqslant \varepsilon \end{cases} \quad i = 1, 2, \cdots, l \quad (4-25)$$

但是，在实际应用中，必然会存在拟合误差，因而需要在条件中引入松弛因子 ξ_i，$\xi_i^* \geqslant 0$，将约束条件放宽为：

$$y_i(w \cdot x_i + b) \geqslant 1 - \xi_i - \xi_i^* \quad \xi_i, \xi_i^* \geqslant 0 \quad i = 1, 2, \cdots, l \quad (4-26)$$

此时，目标函数变为

$$\Phi(w, \xi) = \frac{1}{2}(w \cdot w) + C \sum_{i=1}^{l} (\xi_i + \xi_i^*) \quad (4-27)$$

$$s.t. \begin{cases} y_i - f(x_i) \leqslant \xi_i + \varepsilon \\ f(x_i) - y_i \leqslant \xi_i^* + \varepsilon \\ \xi_i, \xi_i^* \geqslant 0, i = 1, 2, \cdots, l \end{cases} \quad (4-28)$$

式中，w 表示权值向量；C 为惩罚系数，表示对错误的惩罚程度，C 越大惩罚越重；ξ_i 和 ξ_i^* 表示允许拟合误差引入的松弛因子，分别表示在误差 ε 约束下 $|y_i - f(x_i)| \leqslant \varepsilon$ 的训练误差的上限和下限，式（4-27）的第一项使函数更为平坦，以提高泛化能力，第二项则是为减少误差（郭晓亮等，2010）；ε 为不敏感损失系数，控制支持向量的个数和泛化能力。此时，回归估计问题就转化为在式（4-28）的约束下，最小化式（4-27）。我们称此模型为"软间隔"线性支持向量机。其最优解为下面 Lagrange 函数的鞍点：

$$L(w, b, \alpha) = \frac{1}{2}(w \cdot w) + C \sum_{i=1}^{l} (\xi_i + \xi_i^*) - \sum_{i=1}^{l} \alpha_i [\xi_i + \varepsilon - y_i + f(x_i)]$$

$$- \sum_{i=1}^{l} \alpha_i^* [\xi_i^* + \varepsilon - y_i + f(x_i)] - \sum_{i=1}^{l} (\beta_i \xi_i + \beta_i^* \xi_i^*) \quad (4-29)$$

式中，$\alpha_i, \beta_i, \xi_i, \xi_i^* \geqslant 0$，$\forall i$。

式（4-27）的最优解为函数（4-29）的鞍点。在鞍点处，Lagrange 函数 L 是关于 w, b, ξ_i, ξ_i^* 的极小点，故可得到：

$$\begin{cases} \dfrac{\partial L}{\partial b} = 0 \Rightarrow \sum_{i=1}^{l}(\alpha_i - \alpha_i^*) = 0 \\ \dfrac{\partial L}{\partial w} = 0 \Rightarrow w = \sum_{i=1}^{l}(\alpha_i - \alpha_i^*) \cdot x_i \\ \dfrac{\partial L}{\partial \xi_i} = 0 \Rightarrow C - \alpha_i - \beta_i = 0 \\ \dfrac{\partial L}{\partial \xi_i^*} = 0 \Rightarrow C - \alpha_i - \beta_i^* = 0 \end{cases} \quad (4\text{-}30)$$

此时，构建最优分类面的问题就可以转化为下面的对偶二次规划问题：

$$\max\left(-\frac{1}{2}\sum_{i,j=1}^{l}(\alpha_i-\alpha_i^*)(\alpha_j-\alpha_j^*)(x_i \cdot x_j) - \varepsilon\sum_{i=1}^{l}(\alpha_i+\alpha_i^*) + \sum_{i=1}^{l}(\alpha_i-\alpha_i^*)y_i\right) \quad (4\text{-}31)$$

$$s.t. \begin{cases} 0 \leqslant \alpha_i, \alpha_i^* \leqslant C \\ \sum_{i=1}^{l}(\alpha_i - \alpha_i^*) = 0 \end{cases} \quad i = 1, 2, \cdots, l \quad (4\text{-}32)$$

则 Lagrange 函数优化问题转化为在约束条件（4-32）下最大化式（4-31）的问题。

对于非线性回归，需首先使用一个非线性映射把数据映射到一个高维特征空间，再在高维特征空间中进行线性回归，从而取得在原空间中非线性回归的效果（王景雷等，2003）。

假设样本 x 用非线性函数 $\varphi(x)$ 映射到高维特征空间，那么非线性回归问题转化为在约束条件（4-32）下最大化函数：

$$\max\left(-\frac{1}{2}\sum_{i,j=1}^{l}(\alpha_i-\alpha_i^*)(\alpha_j-\alpha_j^*)[\varphi(x_i)\cdot\varphi(x_j)] - \varepsilon\sum_{i=1}^{l}(\alpha_i+\alpha_i^*) + \sum_{i=1}^{l}(\alpha_i-\alpha_i^*)y_i\right) \quad (4\text{-}33)$$

式中，α_i, α_i^* 不会同时为非零数，而且仅有一部分 $(\alpha_i - \alpha_i^*)$ 不为零。$(\alpha_i - \alpha_i^*)$ 非零值对应数据点就是支持向量，解此二次规划问题，得：

$$w = \sum_{i=1}^{l}(\alpha_i - \alpha_i^*)\varphi(x_i) \quad (4\text{-}34)$$

则此时支持向量回归方程为：

$$f(x) = \sum_{i=1}^{l}(\alpha_i - \alpha_i^*)[\varphi(x_i) \cdot \varphi(x)] + b \quad (4\text{-}35)$$

为了避免高维特征空间中出现"维数灾难"，支持向量机中考虑用核函数取代内积：

$$K(x_i, x) = [\varphi(x_i) \cdot \varphi(x)] = \sum_{i=1}^{l}\varphi(x_i) \cdot \varphi(x) \quad (4\text{-}36)$$

选取适当核函数，回归方程变为（廖杰等，2006）：

$$f(x) = \sum_{i=1}^{l}(\alpha_i - \alpha_i^*)K(x_i, x_j) + b \tag{4-37}$$

式中，α_i, α_i^* 为 Lagrange 乘子，$K(x_i, x_j)$ 为核函数。支持向量机只考虑高维特征空间中的点积运算 $K(x_i, x) = \varphi(x_i) \cdot \varphi(x)$，而不直接使用非线性函数 $\varphi(x)$，从而巧妙地解决了非线性函数 $\varphi(x)$ 未知而无法进行计算的问题（王景雷等，2003；廖杰等，2006）。

实质上，支持向量机就是通过用内积函数定义的非线性变换，将原始空间映射到一个高维特征空间，并在这个高维特征空间中寻找最优分类面（何利文等，2009）。其基本结构如图 4-20 所示。

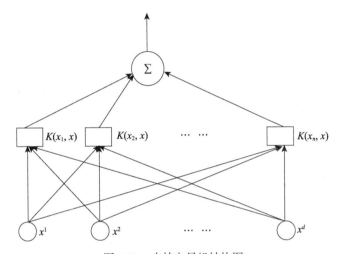

图 4-20　支持向量机结构图

3. 核函数

核函数是支持向量机中重要的组成模块，是有效的解决非线性和克服维数灾难的关键因素。核函数方法的实质就是通过定义特征变量后，样本在特征空间中的内积来实现的一种特征变换。核函数关心的是结果，而不是为实现结果所采取的具体方式。支持向量机正是通过核函数，来解决模式分类中的线性不可分问题的（杨志民和刘广利，2007）。

只要满足 Mercer 条件的对称函数就可作为核函数，核函数决定了特征空间的结构：

定义（特征空间）：假定模式 x 属于输入空间 X，即 $x \in X$，则通过映射 φ 将输入空间 X 映射到一个新的空间 $F = \{\varphi(x): x \in X\}$，则 F 即为特征空间。

定理（Mercer 条件）：对于任一对称函数 $K(x, x')$，它是某个特征空间中的内积运算的充分必要条件是，对于任一且 $\int \varphi^2(x) dx < \infty$，有

$$\iint K(x, x')\varphi(x)\varphi(x') dx dx' > 0 \tag{4-38}$$

常用的核函数有：

（1）线性核函数：$K(x_i, x) = x_i \cdot x$；该核函数不需要待定参数。

（2）多项式核函数：$K(x_i,x)=(x_i \cdot x+1)^q$；$q=1,2,\cdots$是由用户决定的参数，此时得到的支持向量机是一个多项式分类器（王景雷等，2003；唐舟进等，2014）。

（3）径向基核函数（高斯核函数）：$K(x_i,x)=\exp(-\|x-x_i\|^2/2\sigma^2)$，每一个基函数的中心对应一个支持向量，此时得到的支持向量机是径向基函数分类器（肖丹丹和高建磊，2004）。

（4）Sigmoid核函数：$K(x_i,x)=\tanh[v(x_i \cdot x)+C]$，此时支持向量机实现的是一个两层的多层感知器神经网络。

（5）其他核函数：如傅里叶基数，样条核函数，B样条核函数，张量积核函数等。

在使用支持向量机理论进行分析问题时，核函数的选取至关重要。由于它精确的定义了高维特征空间的结构，因而它是控制最终解的复杂程度的关键因素。有研究表明，多项式核函数的超参数容易选择，但q会随特征维数的升高而增大，当特征空间维数很高时，q值必然会很大，这样就会使计算量激增，甚至在某些情况下不能得到正确的结果（廖杰等，2006）；Sigmoid核函数极少用，因为并非对于所有参数v,C，该核函数皆满足Mercer条件，具有一定的局限性；径向基核函数（高斯核函数）有着良好的性质，可以逼近任何函数，且径向基核函数的参数只有一个σ，容易选择，当参数在有效范围内改变的时候，空间复杂度变化小且易于实现（Scholkopf and Smola，2002；Keerthi and Lin，2003）。

高斯核函数是径向对称的核函数，因此又称为径向基核函数：

$$K(x_i,x)=\exp(-\|x-x_i\|^2/2\sigma^2) \quad i=1,2,\cdots,l \quad (4-39)$$

式中，x为n维输入向量；x_i为第i个高斯函数的中心，x_i是具有与x相同维数的向量；σ为可以自由选择的参数，它决定了该高斯函数围绕中心点的宽度；l为隐含层节点数；$\|x-x_i\|$是向量$x-x_i$的范数，表示x与x_i之间的距离。$K(x_i,x)$在x_i处有唯一的一个最大值，并且随着范数$\|x-x_i\|$的增大，$K(x_i,x)$迅速衰减到零。

径向基核函数（高斯核函数）有下列特点（蒋丽峰，2005）：①径向对称；②表示形式简单，即使对于多变量输入也不会增加太多的复杂性；③任意阶导数均存在，光滑性好；④径向基核函数（高斯核函数）表示简单且解析性好，便于进行理论分析。因此，本研究使用的为径向基核函数（高斯核函数）。

4. 支持向量机参数及其选取方法

在使用支持向量机时，许多参数需要事先给定，比如不敏感损失系数ε，惩罚系数C及核函数等，这些参数的选择与模型成功与否存在一定的关系（刘靖旭等，2007）。

不敏感损失系数ε的数学表达式为：

$$\varepsilon[f(x_i)-y_i]=\begin{cases} 0, |f(x_i)-y_i|<\varepsilon \\ |f(x_i)-y_i|<\varepsilon, 其他 \end{cases} \quad (4-40)$$

式中，ε为允许误差，假设我们以精度ε来逼近函数$f(x)$，换句话说，就是用另一个函数$g(x)$来描述函数$f(x)$，使得函数$f(x)$处在函数$g(x)$的ε管道内。如果在某点，$f(x)$与$g(x)$的插值绝对值小于ε，则认为$f(x)$逼近$g(x)$，反之则没有逼近。图4-21表示了不敏感损失

系数 ε。不敏感损失系数 ε 在特征空间中确定一个以平面 $y=f(x)$ 为中心，厚为 2ε 的薄板区域。当样本落入该区域时，损失为 0；当样本落入该区域外时，则需要对其进行线性惩罚。由此得到的解具有很强的鲁棒性。

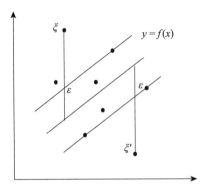

图 4-21　不敏感损失系数 ε

不敏感损失系数 ε 影响支持向量的数量，当不敏感损失系数 ε 的值越大，支持向量的数目就越少，估计的函数精度就越低；反之亦然。如果要求的函数拟合精度和预测精度都比较高，那么不敏感损失系数 ε 的取值必须在一个合适的范围内。

惩罚系数 C 控制对超出误差 ε 的样本的惩罚程度。惩罚系数 C 的值取得越小，会导致对样本数据中超过 ε 管道的样本的惩罚就越小，训练误差变大，系统的泛化能力变差；惩罚系数 C 的值取得越大，$\frac{1}{2}\|w\|^2$ 的权重越小，同时泛化能力下降。本书第 4.1.3 节阐述了核函数对模型的影响。

对支持向量机的参数的选择有经验法、实验法、智能优化法、自适应参数优化法等，但目前还没有一种有效的方法，只能是在一定拟合、预测精度下凭借经验、大范围搜寻、试验对比或者利用软件包提供的交互检验功能等进行组合寻优（罗赟骞等，2009）。

5. 基于支持向量机的混沌时间序列预测模型

根据已确定的延迟时间 τ 和嵌入维数 m 进行相空间重构，即将一维的混沌时间序列转化为矩阵的形式来获得数据间的关联关系，以此来挖掘到尽可能多的信息量。相空间重构后的相空间数据点为 M 个，由重构相空间的相点构成训练样本集，得到用于向量学习的样本：

$$X = \begin{bmatrix} x_1 & x_{1+\tau} & \cdots & x_{1+(m-1)\tau} \\ x_2 & x_{2+\tau} & \cdots & x_{2+(m-1)\tau} \\ \vdots & \vdots & \vdots & \vdots \\ x_{M-(m-1)\tau} & x_{M-(m-1)\tau+1} & \cdots & x_{M-1} \end{bmatrix} \quad Y = \begin{bmatrix} x_{2+(m-1)\tau} \\ x_{3+(m-1)\tau} \\ \vdots \\ x_M \end{bmatrix} \quad (4\text{-}41)$$

将相空间中的数据点分为两个部分，使其中一部分作为训练数据，另一部分作为检验数据，以此来验证模型的有效性，由重构相空间的嵌入相点构成训练样本集，根据这 M 个点在相空间中的轨迹，用支持向量机进行寻优，并根据此模型对其未来变化趋势进行预测。

根据式（4-41）构造的学习样本，对支持向量机进行训练，得到支持向量机的第一步预测模型为（于国荣和夏自强，2008；胡国杰等，2011）：

$$\hat{x}_{t+1} = \sum_{i=1}^{M-(m-1)\tau} (\alpha_i - \alpha_i^*) K(x_i, x_{i_t}) + b \quad (4\text{-}42)$$

式中，τ 为延迟时间，m 为嵌入维数，$x_{i_t} = (x_t, x_{t+\tau}, x_{t+2\tau}, \cdots, x_{t+(m-1)\tau})$，为表述方便，令 $x_t = x(t)$，则对于相空间的第 $t+1$ 点，有 $x_{i_{t+1}} = \{\hat{x}_{t+1}, x(t+\tau), x(t+2\tau), \cdots, x[t+(m-2)\tau]\}$。由式（4-42）可得到 $t+2$ 点的预测模型：

$$\hat{x}_{t+2} = \sum_{i=1}^{M-(m-1)\tau} (\alpha_i - \alpha_i^*) K(x_i, x_{i_{t+1}}) + b \quad (4\text{-}43)$$

依次类推，得到第 p 步的支持向量机混沌时间序列预测模型：

$$\hat{x}_{t+p} = \sum_{i=1}^{M-(m-1)\tau} (\alpha_i - \alpha_i^*) K(x_i, x_{i_{t+p-1}}) + b \quad (4\text{-}44)$$

式中，p 为预测模型的步长。

$$x_{i_{t+p-1}} = \{\hat{x}_{t+p-1}, \cdots, \hat{x}_{t+1}, \cdots, x(t+\tau), x(t+2\tau), \cdots, x[t+(m-p+2)\tau]\} \quad (4\text{-}45)$$

6. SVM 的特点

优点（廖杰等，2006）：

（1）SVM 有坚实的理论基础。SVM 是基于结构风险最小化原则的学习方法，明显优于传统的基于经验风险最小化原则的学习方法。它克服了传统方法的过学习和陷入局部最小的问题，具有很强的泛化能力；

（2）SVM 的学习算法是一个二次优化的问题，能够保证找到的解是全局最优解。它还能够较好的解决小样本、非线性、高维数等实际问题；

（3）采用核函数的方法，向高维空间映射时不仅不增加计算的复杂性，又克服了维数灾难；

（4）SVM 的性能取决于不敏感损失系数 ε，惩罚系数 C 及核函数类型及其所含的参数，各参数合理确定是关键。

缺点：

（1）SVM 在处理海量样本时，由于其约束条件过多，将会导致其训练时间和内存需求大大增加，相应的，对硬件要求也会很高，或者面临"维数灾难"，从而使得应用于海量样本的 SVM 的训练速度太慢因而导致 SVM 不适合用于较大规模的学习问题（Smola et al., 1998）。这一点成为 SVM 在实际应用中的瓶颈；

（2）由于 SVM 的向量具有稀疏性的特点，使其与 SVM 模型系数相对应的支持向量在时间序列上是断断续续的，因而 SVM 不能很好地描述连续的动态过程。

由于二次规划问题的求解十分困难，需要较高的内存、硬件等要求，因此，选用优于 SVM 方法的 LS-SVM 进行混沌时间序列的预测分析。

4.2.2 基于最小二乘支持向量机的混沌时间序列预测研究

由于支持向量机对偶问题的求解相当于求解一个线性约束的二次规划问题，它需要计算和存储核函数矩阵，其大小与训练样本数的平方有关，随着样本数据的增大，求解二次规划问题就越来越复杂，因此，人们在实际生活中针对不同问题的需要，提出了若干非标准的支持向量机，如最小二乘支持向量机、关联支持向量机、广义支持向量机等（Tipping and Bishop，2000；Suykens and Vandewalle，1999；Suykens，2002）。

1. 最小二乘支持向量机原理

最小二乘支持向量机（least squares support vector machine，LS-SVM）是 Suykens 等于 21 世纪初提出的。它是支持向量机采用二次损失函数的一种形式，利用的是等式约束而不是经典的不等式约束。最小二乘支持向量机把支持向量机的训练转化为线性方程组的求解，避免了解二次规划问题，极大地提高了支持向量机的训练速率。因而在非线性建模和模式识别领域的应用日渐广泛。

LS-SVM 的非线性回归的主要思想为：通过非线性映射 $\varphi(\cdot)$，将输入数据投影到高维特征空间，从而将非线性回归问题转化为高维特征空间中的线性回归问题（尹华和吴虹，2011）。

LS-SVM 的算法描述如下：

对于给定的训练数据集 $\{x_i, x_i\}$，$i=1,2,\cdots,l$，其中 $x_i \in \mathbf{R}^n$，$y_i \in \mathbf{R}$，利用高维特征空间里的线性函数：

$$y(x) = w^{\mathrm{T}} \varphi(x) + b \tag{4-46}$$

来拟合样本集。根据结构风险最小化原理，综合考虑训练样本集的复杂度和拟合误差，回归问题可以转化为下面的约束优化问题：

$$\min_{w,b,\xi} J(w,\xi) = \frac{1}{2} w^{\mathrm{T}} w + \frac{\gamma}{2} \sum_{i=1}^{l} \xi_i^2 \tag{4-47}$$

$$\text{或} \quad \min_{w,b,\xi} J(w,b) = \frac{1}{2} \|w\|^2 + \frac{\gamma}{2} \sum_{i=1}^{l} \xi_i^2 \tag{4-48}$$

约束条件为：

$$y_i = w \cdot \varphi(x_i) + b + \xi_i \quad \xi_i > 0, \quad i=1,2,\cdots,l \tag{4-49}$$

式中，γ 为正则化参数，控制误差样本的惩罚程度，因此也称为惩罚系数，为了使所求的函数具有较好的泛化能力，γ 主要实现在训练误差和模型复杂度之间的折中；b 为常值偏差；ξ_i 为误差的松弛变量。为了求解上述优化问题，把约束优化问题转化为无约束优化问题，建立 Lagrange 函数：

$$L(w,b,\xi,\alpha) = J(w,b) - \sum_{i=1}^{l} \alpha_i \left[w^{\mathrm{T}} \varphi(x_i) + b + \xi_i - y_i \right] \tag{4-50}$$

式中，α_i 为 Lagrange 乘子。根据 Karush-Kuhn-Tucker（KKT）最优条件：

$$\begin{cases} \dfrac{\partial L}{\partial w}=0 \rightarrow w=\sum_{i=1}^{l}\alpha_i\varphi(x_i) \\ \dfrac{\partial L}{\partial b}=0 \rightarrow \sum_{i=1}^{l}\alpha_i=0 \\ \dfrac{\partial L}{\partial \xi_i}=0 \rightarrow \alpha_i=\gamma\xi_i \\ \dfrac{\partial L}{\partial \alpha_i}=0 \rightarrow w^{\mathrm{T}}\varphi(x_i)+b+\xi_i-y_i=0 \end{cases} \quad (4\text{-}51)$$

对于 $i=1,2,\cdots,l$，消去 ξ_i 和 w 后，得到如下线性方程组：

$$\begin{bmatrix} 0 & \Gamma^{\mathrm{T}} \\ \Gamma & \Omega+\gamma^{-1}I \end{bmatrix}\begin{bmatrix} b \\ \alpha \end{bmatrix}=\begin{bmatrix} 0 \\ Y \end{bmatrix} \quad (4\text{-}52)$$

式中，$\Gamma=[1,1,\cdots,1]^{\mathrm{T}}$；$\alpha=[\alpha_1,\alpha_2,\cdots,\alpha_l]^{\mathrm{T}}$；$Y=[y_1,y_2,\cdots,y_l]^{\mathrm{T}}$；$I$ 为单位矩阵；

$$\Omega_{ij}=\varphi(x_i)^{\mathrm{T}}\varphi(x_j)=K(x_i,x_j) \quad i,j=1,2,\cdots,l \quad (4\text{-}53)$$

式中，$K(\cdot)$ 为满足 Mercer 条件的核函数。

由推导过程可知，采用等式约束可以将 LS-SVM 的优化问题转化为以最小二乘法求解线性方程组的问题，而不像 SVM 那样需要求解一个二次规划问题，求解线性方程组要比求解二次规划问题更加简单快速（叶美盈等，2005）。

设 $A=\Omega+\gamma^{-1}I$，由于 A 是一个对称半正定矩阵，故 A^{-1} 存在。解线性方程组（4-52），得到：

$$b=\dfrac{\Gamma^{\mathrm{T}}A^{-1}Y}{\Gamma^{\mathrm{T}}A^{-1}\Gamma}, \quad \alpha=A^{-1}(Y-b\Gamma) \quad (4\text{-}54)$$

用方程组（4-51）中的第一个等式替换公式（4-49）中的 w，并结合公式（4-53），得到最小二乘支持向量机回归估计函数：

$$f(x)=\sum_{i=1}^{l}\alpha_i K(x_i,x)+b \quad (4\text{-}55)$$

式中，α_i、b 是方程组（4-52）的解，$f(x)$ 为所求的回归函数。这里核函数选用径向基核函数（高斯核函数）：

$$K(x_i,x)=\exp(-\|x-x_i\|^2/2\sigma^2) \quad (4\text{-}56)$$

LS-SVM 采用径向基核函数，仅仅需要确定正则化参数 γ 和径向基函数的宽度 σ 两个参数，并且参数的搜索范围由 SVM 的三维空间降低到二维空间，极大地加快了建模的速度（罗伟和习华勇，2008）。

与 SVM 相比，LS-SVM 有以下优点：

（1）作为 SVM 的一种改进方法，LS-SVM 秉承了统计学理论的主要思想，把支持向量机、前馈神经网络理论、高斯过程及 Bayes 技术等有机地结合到一起，并能够探讨其彼此之间的本质联系。

（2）与 SVM 的二次规划寻优问题相比，LS-SVM 用等式约束代替不等式约束

(Suykens and Vandewalle，1999），避免了求解耗时的二次规划问题，其 LS-SVM 的训练仅仅只需要求解一个线性方程组，其运算量和内存需求以及对硬件的要求都非常低，求解速度相对于 SVM 加快许多。

（3）LS-SVM 没有解的稀疏性，其模型系数的支持向量在时间序列上具有连续性，根据输入输出数据我们就可以建立递归的模型结构。

（4）LS-SVM 是支持向量机方法的一种改进，它继承了 SVM 方法在高维特征空间中寻取最优分类面的思想，能够毫无保留的吸收 SVM 方法在建模上的优点，如核函数、模型参数等的选择。相对于 SVM，LS-SVM 不需要指定逼近精度 ε（不敏感损失系数），在此基础上，研究者们提出了优化 LS-SVM 的正则化因子 γ，使求解 LS-SVM 的模型系数非常便捷。

（5）许多研究者曾对典型混沌时间序列进行预测，其预测结果表明，LS-SVM 预测方法具有良好的泛化推广性，预测精度高，适用于复杂非线性时间序列的建模预测（王永生等，2009）。

2. 混沌时间序列的最小二乘支持向量机预测模型

设混沌时间序列经重构后的 M 个输入输出数据对为 $[X_i(n),y_i(n)]$，$X_i(t)\in R^m$，$y_i(t)\in R$，$i=1,2,\cdots,M$。

（1）根据相空间重构理论计算出最小嵌入维数 m 和最佳延迟时间 τ，重构相空间。采用自相关系数法选取延迟时间 τ，采用饱和关联维数法中常用 C-P 算法确定最小嵌入维数 m。

（2）构造样本数据对：

$$(X_1,y_1),(X_2,y_2),\cdots,(X_s,y_s),(X_{s+1},y_{s+1}),\cdots,(X_{s+L},y_{s+L}),\cdots,(X_M,y_M)\in R^m\times R \quad (4\text{-}57)$$

式中，$X_i(i=1,2,\cdots,M)$ 为预测输入数据；$y_i(i=1,2,\cdots,M)$ 为对应的输出数据。

（3）对于已经给定的混沌时间序列训练样本数据集，(X_i,y_i)，$i=1,2,\cdots,M$，利用高维空间中的线性函数来拟合样本：

$$y_i = f(x_i) = w^T\varphi(x_i) + b \quad (4\text{-}58)$$

非线性映射 $\varphi(\cdot)$ 把数据集从输入空间映射到特征空间，以便于把输入空间的非线性拟合问题转化为高维特征空间中的线性拟合问题，把相应的预测问题转化为优化问题，LS-SVM 的优化目标函数为：

$$\min_{w,b,\xi} J(w,\xi) = \frac{1}{2}w^T w + \frac{\gamma}{2}\sum_{i=1}^{M}\xi_i^2 \quad (4\text{-}59)$$

约束条件为：

$$y_i = w\cdot\varphi(x_i) + b + \xi_i \quad \xi_i > 0，\quad i=1,2,\cdots,M \quad (4\text{-}60)$$

建立 Lagrange 函数：

$$L(w,b,\xi,\alpha) = \frac{1}{2}w^T w + \frac{\gamma}{2}\sum_{i=1}^{M}\xi_i^2 - \sum_{i=1}^{M}\alpha_i\left[w^T\varphi(x_i) + b + \xi_i - y_i\right] \quad (4\text{-}61)$$

$L(w,b,\xi,\alpha)$ 的极值点为鞍点，对 $L(w,b,\xi,\alpha)$ 求导，得：

$$\left.\begin{aligned}\frac{\partial L}{\partial w}=0 &\Rightarrow w=\sum_{i=1}^{M}\alpha_i\varphi(x_i)\\ \frac{\partial L}{\partial b}=0 &\Rightarrow \sum_{i=1}^{M}\alpha_i=0\\ \frac{\partial L}{\partial \xi_i}=0 &\Rightarrow \xi_i=\alpha_i/\gamma\\ \frac{\partial L}{\partial \alpha_i}=0 &\Rightarrow y_i=w^\mathrm{T}\varphi(x_i)+b+\xi_i\end{aligned}\right\} \quad (4\text{-}62)$$

$$\Rightarrow \frac{1}{2}\sum_{i=1}^{M}\alpha_i\varphi(x_i)\sum_{j=1}^{M}\alpha_j\varphi(x_i)+\frac{1}{2\gamma}\sum_{i=1}^{M}\alpha_i^2+b\sum_{i=1}^{M}\alpha_i=\sum_{i=1}^{M}\alpha_i y_i$$

写成矩阵形式：

$$\begin{bmatrix} 0 & \Gamma^\mathrm{T} \\ \Gamma & \Omega+\gamma^{-1}I \end{bmatrix}\begin{bmatrix} b \\ \alpha \end{bmatrix}=\begin{bmatrix} 0 \\ Y \end{bmatrix} \quad (4\text{-}63)$$

用最小二乘法求出系数 α_i 和常值偏差 b，则可得出混沌时间序列的 LS-SVM 预测模型：

$$f(x)=\sum_{i=1}^{M}\alpha_i K(x_i,x)+b \quad (4\text{-}64)$$

代入径向基核函数：

$$f(x)=\sum_{i=1}^{M}\alpha_i\left[\exp(-\|x-x_i\|^2/2\sigma^2)\right]+b \quad (4\text{-}65)$$

3. 模型参数的选取

参数选择的是否合适决定了 LS-SVM 预测模型的学习性能、收敛速度和泛化能力。LS-SVM 预测模型主要涉及两个重要参数：正则化因子 γ 和核函数参数。选择径向基核函数为模型的核函数：

$$K(x_i,x)=\exp(-\|x-x_i\|^2/2\sigma^2) \quad (4\text{-}66)$$

式中，$\|x-x_i\|=\sqrt{\sum_{k=1}^{n}(x^k-x_i^k)^2}$，$\sigma$ 为核函数的宽度，主要影响拟合曲线的平滑度。换句话说，正则化因子 γ 和径向基核函数的宽度 σ 对 LS-SVM 预测模型的精度有着重要影响，正则化因子 γ 是对拟合误差函数的惩罚，主要影响支持向量的数目和计算时间，γ 值越大，惩罚越大，支持向量的数目越大，计算速度越慢，拟合精度越高；γ 值越小，惩罚越小，支持向量的数目越小，模型越简单，计算速度越快，拟合精度越低（房平等，2011；李彦彬，2009）。

目前，在理论上还不能有效地解决 LS-SVM 预测模型的参数选择问题。由于在不同的应用领域，LS-SVM 模型都有些许的变化，因此对 LS-SVM 和核函数及其参数的选择还没形成统一的定论。γ 值过小或 σ 值过大，会对训练样本造成"欠拟合"问题；反之，则会造成"过拟合"问题，所以必须对这两个参数进行优化选取（王凯等，2010）。一一般情况下，LS-SVM 模型的参数还是只能凭借经验、实验对比、试凑法、交叉验证法或网格搜索法等方法进行寻优（刘松青，2008）。

对数据集进行归一化处理后，采用交叉验证法（Cross Validation），通过多次的样本训练，对正则化因子 γ 和核函数宽度 σ 进行试算和验证，选取误差最小的一组参数作为 LS-SVM 预测模型的最佳参数组合（江田汉和束炯，2006；邵俊等，2010）。其具体计算步骤如下（李彦彬，2009）。

（1）固定 σ 值，变换 γ 值进行 LS-SVM 预测模型训练，并计算出模型的检验样本集的误差指标，绘制曲线图。

（2）变换 σ 值，重复步骤（1），绘制 3 个以上此类误差指标曲线图，从图中分析出误差指标随 γ 值的变化规律，确定 γ 值的合理取值范围。

（3）在已经确定的 γ 值的取值范围内选取几个值，然后固定 γ 值，变换 σ 值，并计算出响应的误差指标，绘制曲线图。

（4）选取使检验样本集误差最小的几个 γ 值、σ 值组合，绘制模型的实测值与模拟预测结果的对比图。

（5）综合分析误差指标曲线图和对比图，确定出最佳的 γ 值、σ 值组合，作为模型的最终训练参数。

但是，使用大量数据经过的 UCI（用于模式识别和数据挖掘的数据库）标准分类数据库实验发现，正则化因子 γ 的取值对计算结果的影响不明显，然而，随着核函数宽度 σ 取值的不同，计算结果会有很大的波动，因此，在应用 LS-SVM 预测模型时，需要对其较敏感参数 σ 的取值进行动态的选取（杨奎河等，2007）。

将待处理的数据集分为训练集和检验集，模型参数的优化以检验集的误差最小为目标。通常选取以下几个指标来衡量模型的误差：

均方根误差（root mean square error，RMSE）：$\text{RMSE} = \sqrt{\dfrac{1}{N}\sum_{i=1}^{N}(y_i - \hat{y}_i)^2} \times 100\%$

平均绝对误差（mean absolute error，MAE）：$\text{MAE} = \sum_{i=1}^{N}\dfrac{|y_i - \hat{y}_i|}{N}$

平均相对误差（average relative error，ARE）：$\text{ARE} = \sum_{i=1}^{N}\left|\dfrac{y_i - \hat{y}_i}{N}\right|$

最大相对误差（the maximum relative error，MRE）：$\text{MRE} = \max_{i=1}^{N}\left|\dfrac{y_i - \hat{y}_i}{N}\right|$

式中，N 为检验集的样本数，y_i 为实测样本值，$\hat{y}_i$ 为预测样本值。

4. 模型预测性能评价指标

为了研究混沌时间序列预测模型预测性能的优劣，采用平均绝对百分比误差 MAPE（mean absolute percentage error）作为评价指标：

$$\text{MAPE} = \dfrac{1}{n}\sum_{i=1}^{n}\left|\dfrac{y(i) - \tilde{y}(i)}{y(i)}\right| \times 100\% \qquad (4\text{-}67)$$

式中，$y(i)$为原始的混沌时间序列，$\tilde{y}(i)$为预测后的混沌时间序列，平均绝对误差MAPE值越小表明预测性能越好；反之，则表明预测性能越差。

5. LS-SVM模型的应用

首先，对所要研究的时间序列数据进行相空间重构，并将重构后的时间序列一部分作为训练数据，一部分作为预测数据，对LS-SVM模型进行训练。然后，将水文时间序列的预测值与实测值相比较，求出误差检验指标。

由于正则化因子γ的取值对计算结果的影响不明显，因此，可首先粗略的估计出γ的值，然后对较敏感的参数核函数宽度σ的取值进行动态的选取，并计算出各种不同情况下LS-SVM模型预测样本的均方根误差，绘制出预测样本的均方根误差变化趋势图，从而可以找出预测样本均方根误差最小的一组参数，作为预测模型参数的最佳组合。

对乌尔逊河坤都冷水文站1961年1月到2007年12月的共47年合计564个月降雨数据进行研究。根据延迟时间$\tau=2$，嵌入维数$m=8$，进行相空间重构。相空间重构后的月降雨时间序列为550个，以前538个数据作为训练数据，后12个数据作为验证数据，对LS-SVM模型进行训练。

对正则化因子取$\gamma=40,45,50,\cdots,110$等15种情况，对较敏感的核参数取$\sigma=0.5,0.51,0.52,\cdots,0.65$等16种情况采用交叉验证法对LS-SVM模型进行试算和验证，并计算出各种不同情况下LS-SVM模型验证样本的均方根误差，绘制出验证样本的均方根误差变化趋势图（图4-22），并找出验证样本均方根误差最小的一组参数$(\gamma,\sigma)=(60,0.55)$，作为预测模型参数的最佳组合。

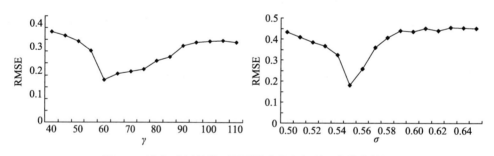

图4-22 乌尔逊河月降雨预测样本均方根误差变化趋势图

对乌尔逊河坤都冷水文站1961年1月到2007年12月的共47年合计564个月径流数据进行研究。根据延迟时间$\tau=4$，嵌入维数$m=15$，进行相空间重构。相空间重构后的月径流时间序列为508个，以前472个数据作为训练数据，后36个数据作为验证数据，对LS-SVM模型进行训练。

对正则化因子取$\gamma=100,200,500,1000,1500,\cdots,6000$等14种情况，对较敏感的核参数取$\sigma=2.42,2.44,\cdots,2.70$等15种情况采用交叉验证法对LS-SVM模型进行试算和验证，并计算出各种不同情况下LS-SVM模型验证样本的均方根误差，绘制出验证样本的均方根误差变化趋势图（图4-23），并找出验证样本均方根误差最小的一组参数$(\gamma,\sigma)=(200,2.50)$，作为预测模型参数的最佳组合。

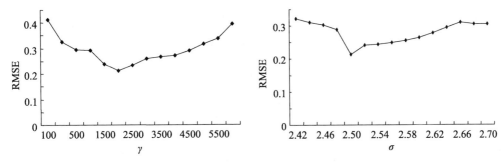

图 4-23　乌尔逊河月径流预测样本均方根误差变化趋势图

对克鲁伦河阿拉坦额莫勒水文站 1963 年 1 月到 2007 年 12 月的共 45 年共计 540 个月降雨数据进行研究。根据延迟时间 $\tau=2$，嵌入维数 $m=8$，进行相空间重构。相空间重构后的月降雨时间序列为 526 个，以前 514 个数据作为训练数据，后 12 个数据作为验证数据，对 LS-SVM 模型进行训练。

对正则化因子取 $\gamma=3,4,5,\cdots,17$ 等 15 种情况，对较敏感的核参数取 $\sigma=0.40,0.45,0.50,\cdots,1.50$ 等 23 种情况采用交叉验证法对 LS-SVM 模型进行试算和验证，并计算出各种不同情况下 LS-SVM 模型验证样本的均方根误差，绘制出验证样本的均方根误差变化趋势图（图 4-24），并找出验证样本均方根误差最小的一组参数 $(\gamma,\sigma)=(7,0.7)$，作为预测模型参数的最佳组合。

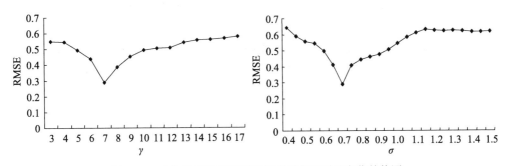

图 4-24　克鲁伦河月降雨预测样本均方根误差变化趋势图

对克鲁伦河阿拉坦额莫勒水文站 1963 年 1 月到 2007 年 12 月的共 45 年 540 个月径流数据进行研究。根据延迟时间 $\tau=3$，嵌入维数 $m=17$，进行相空间重构。相空间重构后的月径流时间序列为 492 个，以前 456 个数据作为训练数据，后 36 个数据作为验证数据，对 LS-SVM 模型进行训练。

对正则化因子取 $\gamma=10,100,200,500,1000,\cdots,10000$ 等 14 种情况，对较敏感的核参数取 $\sigma=2.15,2.20,2.25,\cdots,3.20$ 等 22 种情况采用交叉验证法对 LS-SVM 模型进行试算和验证，并计算出各种不同情况下 LS-SVM 模型验证样本的均方根误差，绘制出验证样本的均方根误差变化趋势图（图 4-25），并找出验证样本均方根误差最小的一组参数 $(\gamma,\sigma)=(1000,2.55)$，作为预测模型参数的最佳组合。

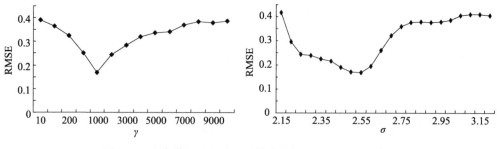

图 4-25　克鲁伦河月径流预测样本均方根误差变化趋势图

4.2.3　基于 RBF 神经网络的混沌时间序列预测研究

人工神经网络因其广泛的适应能力和学习能力在非线性系统的预测中得到广泛的应用。前馈型神经网络是人工神经网络中应用最为广泛的一种网络类型。

1. RBF 神经网络的基本原理

径向基函数（radial basis function，RBF）是一种性能良好的、能够实现多输入单输出的前馈型、局部逼近的人工神经网络，由输入层、隐含层、输出层三层网络结构组成。它是根据人脑的神经元细胞对外界的反应存在局部性的特点上提出的，是一种新颖有效的前馈式反向传播的神经网络，具有结构简单，运算速度快的特点，尤其是它具有较强的非线性映射能力，能够以任意精度全局逼近一个非线性函数，在很多领域得到了广泛应用。

在 RBF 神经网络中，输入层节点只传递信号到隐含层，然后隐含层节点再通过径向基函数来完成一种非线性转换，即将输入空间映射到一个新的空间。最后，输出层节点在这个新的空间中实现线性加权组合（刘佳等，2011；刘荻和周振民，2007）。RBF 神经网络模型的拓扑结构如图 4-26 所示。

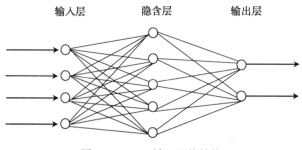

图 4-26　RBF 神经网络结构

径向基函数有高斯函数、薄板样条函数、多二次函数、逆多二次函数等，其中，由于高斯函数具有形式简单、径向对称、光滑性好、解析性好等优点而经常被使用。因此，使用高斯函数作为径向基函数。隐含层一般采用径向基函数（高斯函数）作为激励函数，其输出的高斯函数表达式为：

$$R_i(x) = \exp\frac{\|X - C_i\|^2}{2\sigma_i^2} \qquad i = 1, 2, \cdots, N_r \qquad (4\text{-}68)$$

式中，$R_i(x)$为隐含层第 i 个单元的输出；X 为 n 维输入向量；C_i 为隐含层第 i 个单元高斯函数的中心，它是与 X 具有相同维数的向量；σ_i 为第 i 个隐含层节点的归一化参数，决定了该基函数围绕中心点的宽度，其值越大，反映隐含层神经元对输入向量的影响范围越大，神经元之间的平滑度越好；N_r 为隐含层节点的个数；$\|X - C_i\|$ 为 $X\text{-}C_i$ 的范数，表示 X 与 C_i 之间的距离。输入层实现从 X 到 $R_i(x)$ 的非线性映射。

输出层的输入向量为各隐含层神经元的输出加权之和，实现从 $R_i(x)$ 到 y_k 的线性映射。其输出为纯线性函数，输出公式为：

$$y_k = \sum_{i=1}^{N_r} \omega_{ik} R_i(x), \quad k = 1, 2, \cdots, r \qquad (4\text{-}69)$$

式中，y_k 表示第 k 个输出单元对输入向量 x 的响应水平；ω_{ik} 为第 i 个隐含层神经元到第 k 个输出层神经元之间的权值，表示隐含层节点对输出层节点响应水平所作出的贡献；输入层到隐含层的权值固定为 1；r 为输出层的节点数。

由式（4-68）、式（4-69）可知，在 RBF 神经网络中，隐含层执行的是一种固定不变的非线性变换。RBF 神经网络的隐含神经元的输出函数被定义为具有径向对称的基函数（即径向基函数），而基函数（常用高斯函数）的中心向量被定义为从网络输入层到网络隐含层的连接权向量，这使得隐含层对输入层向量具有一个聚类作用。其中，中心向量的个数代表聚类的类数。同时，由于基函数对输入激励产生的是一个局部化的响应，因此，只有当输入向量落在输入空间的一个很小的指定区域时，隐含单元才会做出有意义的响应。

2. RBF 神经网络的学习算法

RBF 神经网络中待确定的参数有两类：第一类为径向基函数的中心点 C_i 和径向基函数的宽度 σ_i，第二类为输出层的权值。因此，RBF 神经网络的学习过程分为两步：首先确定径向基函数的中心点和宽度，其次，进行权值学习（何迎生和段明秀，2008；张俊艳和韩文秀，2006）。

RBF 神经网络学习的整个训练过程可以分为非监督学习和监督学习两个阶段。非监督学习阶段是确定径向基函数的中心点 C_i 和径向基函数的宽度 σ_i 的阶段。

（1）基函数的中心点 C_i 的确定：基函数的中心点 C_i 的确定方法有 K-means 聚类中心法、kohonen 中心选择法、固定法、随机固定法等。由于 K-means 聚类中心法是一种基于样本间相似度量的间接聚类算法，同时也是一种能够逐点修改迭代的动态聚类算法，具有计算过程简单，计算量小，能实时确定网络结构的特点，而被广泛采用。因此，使用 K-means 聚类中心法对训练样本的输入量进行聚类，找出聚类的参数径向基函数的中心点 C_i：

$$C_i = \frac{1}{n}\sum_{j=1}^{n} X_j \qquad (4\text{-}70)$$

（2）径向基函数的宽度 σ_i 的确定：基函数的中心点 C_i 训练完成后，就可以求得径向基函数的宽度 σ_i，它是表示与每个中心相联系的子样本集中样本散度的一个测度。常用的求解方法是使其等于基函数的中心点 C_i 与子样本集中样本模式之间的平均距离（陈玉红，2009）。即：

$$\sigma_i = \sqrt{\frac{1}{n-1}\sum_{j=1}^{n}(X_j - C_i)} \tag{4-71}$$

（3）确定从隐含层神经元到输出层神经元之间的权值 ω_{ik}：非监督学习完成后，再进行监督学习。事实上，对于所有训练样本而言，径向基函数的中心点 C_i 和径向基函数的宽度 σ_i 一旦确定，那么，基函数和预期的输出就会变成已知的，从而使 RBF 神经网络从输入到输出就变成了一个线性方程组。因此，监督学习阶段可以采用最小二乘法求解 RBF 神经网络的输出权值 ω_{ik}。

3. DPS 数据处理系统

DPS 是 data processing system 的首字母缩写。该系统采用多级下拉式菜单，用户使用时整个屏幕就像一张工作平台，随意调整，自如操作，因此形象的称其为 DPS 数据处理工作平台。

DPS 数据处理工作平台将实验设计、统计分析、数值计算、模型模拟以及数据挖掘等功能融为一体，提供了全方位的数据处理功能。例如，完善的统计分析功能几乎涵盖了所有的统计分析技术，一些用 SPSS 菜单操作无法解决，用 SAS 编程很难实现的多因素裂区混杂设计、格子设计等方差分析问题，在 DPS 中可以轻松搞定；DPS=Excel+SPSS，它既有 Excel 那样方便地在工作表里处理基础统计分析的功能，又实现了 SPSS 的高级分析统计技术；有些非统计分析的功能，如模糊数学方法、灰色系统方法、各种类型的线性规划、非线性规划、层次分析法、BP 神经网络、径向基函数（RBF）、投影寻踪回归和分类等，在 DPS 中也可以找到。本研究使用的就是 DPS 数据处理系统中的径向基（RBF）神经网络（唐启义，2010）。

在 DPS 数据处理系统中，应用 RBF 神经网络建模，其数据输入格式是一行为一个样本，一列为一个变量，输入节点（自变量）放入数据块左边，输出节点（因变量）放入数据块右边，输完一个样本再输下一个样本。

4. RBF 神经网络模型的应用

用 RBF 神经网络模型来做混沌时间序列预测时，神经网络每一层的神经元数目，取决于混沌时间序列的具体情况。一般情况下，用已经推导出的混沌时间序列相空间重构的嵌入维数 m 作为 RBF 神经网络模型的输入层节点数，且输出节点个数为 1 时，预测效果比较好（Sivakumar，2004；李红霞等，2007a，2007b；Vapnik，1995）。通常隐含层节点数按经验选取，中心化方法一般为 K-means 聚类法（Cluster）。在系统训练时，实际还要对不同的隐含层节点数分别进行比较，最后，根据误差变化过程曲线确定出合理的网络结构（Cristianini and Taylor，2004）。

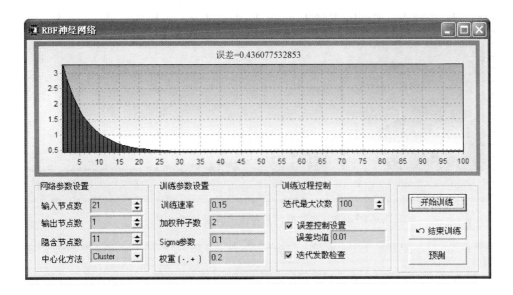

图 4-27　RBF 神经网络参数设置及工作界面

在用 RBF 神经网络进行学习时,首先调出 RBF 神经网络参数设置及工作界面,然后,调整参数进行训练。训练参数设置如下:训练速度一般可取缺省值 0.15,权重种子数一般取 2~5,Sigmoid 取值范围为 0.01~0.99,权重的范围为 –0.2~+0.2,迭代次数一般取 100。

对乌尔逊河月降雨时间序列进行分析,用其相空间重构的嵌入维数 $m=8$ 作为 RBF 神经网络模型的输入层节点数,进行计算。其拟合误差曲线图见图 4-28。

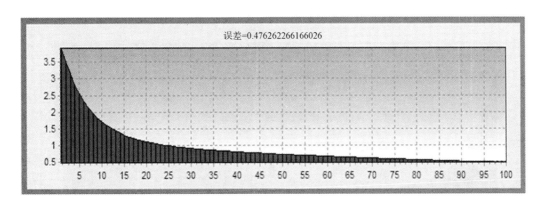

图 4-28　乌尔逊河月降雨拟合误差曲线图

对乌尔逊河月径流时间序列进行分析,用其相空间重构的嵌入维数 $m=15$ 作为 RBF 神经网络模型的输入层节点数,进行计算。其拟合误差曲线图见图 4-29。

对克鲁伦河月降雨时间序列进行分析,用其相空间重构的嵌入维数 $m=8$ 作为 RBF 神经网络模型的输入层节点数,进行计算。其拟合误差曲线图见图 4-30。

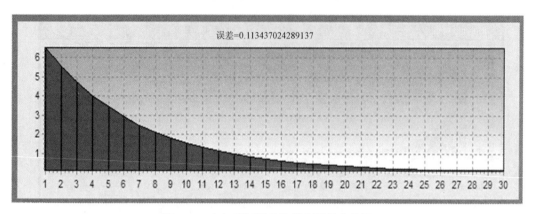

图 4-29　乌尔逊河月径流拟合误差曲线图

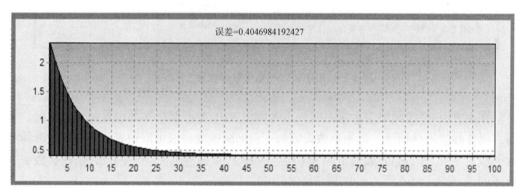

图 4-30　克鲁伦河月降雨拟合误差曲线图

对克鲁伦河月径流时间序列进行分析，用其相空间重构的嵌入维数 $m=17$ 作为 RBF 神经网络模型的输入层节点数，进行计算。其拟合误差曲线图见图 4-31。

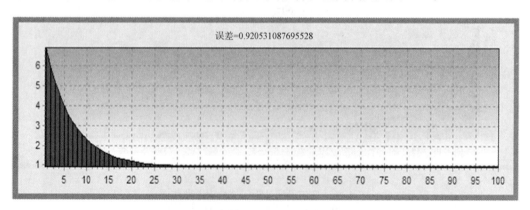

图 4-31　克鲁伦河月径流拟合误差曲线图

4.2.4　LS-SVM 和 RBF 神经网络模型对比分析

对 LS-SVM 模型和 RBF 模型进行对比分析。两种模型预测的乌尔逊河月降雨、乌尔逊河月径流、克鲁伦河月降雨、克鲁伦河月径流混沌时间序列的模拟值与实测值的对比见表4-5至表4-8，其相应的相对误差百分比分别见图4-32至图4-35。

表4-5　乌尔逊河月降雨实测值与模拟值对比图

月	实测	LS-SVM	RBF	月	实测	LS-SVM	RBF
1	0.8	0.78	0.41	7	39.3	35.23	41.70
2	0.5	0.59	0.56	8	18.2	18.14	19.31
3	0.8	0.83	1.39	9	14	17.98	16.22
4	30.5	26.88	24.36	10	3.9	2.95	1.91
5	27.8	30.96	28.30	11	0.1	0.13	0.13
6	16.4	14.15	17.84	12	0.4	0.29	0.57

表4-6　乌尔逊河月径流实测值与模拟值对比表

月	实测值	LS-SVM	RBF	月	实测值	LS-SVM	RBF
1	65.7	58.66	65.05	19	344.1	357.79	366.96
2	1.4	1.03	1.99	20	284	227.38	288.28
3	0.1	0.09	0.12	21	120	148.39	125.37
4	303	410.28	323.04	22	59.5	70.11	61.39
5	970.3	1154.17	981.82	23	13.2	15.94	5.23
6	837	1004.22	838.89	24	0.1	0.12	0.11
7	455.7	475.24	458.87	25	0.2	0.18	0.13
8	296.4	276.64	302.63	26	0.1	0.11	0.16
9	231.9	241.88	249.63	27	1	0.96	1.04
10	172.7	174.03	166.63	28	50.4	45.78	50.77
11	27.3	19.89	15.24	29	164.3	129.95	167.34
12	2.9	2.19	2.07	30	182.7	149.21	195.03
13	0.1	0.08	0.16	31	148.5	118.33	141.31
14	0.2	0.24	0.29	32	151.9	126.00	150.84
15	0.1	0.11	0.12	33	80.7	92.01	80.72
16	200.4	116.17	204.48	34	48.1	53.03	48.46
17	384.4	404.99	391.44	35	6	5.31	2.19
18	447	510.29	453.35	36	0.1	0.13	0.12

表4-7　克鲁伦河月降雨实测值与模拟值对比图

月	实测值	LS-SVM	RBF	月	实测值	LS-SVM	RBF
1	1.4	1.15	2.13	7	61.2	63.50	64.93
2	4.3	3.43	2.87	8	12.2	14.22	13.19
3	1.2	0.97	1.26	9	19.7	18.30	21.18
4	5.6	4.03	3.14	10	13.2	11.06	11.03
5	4.4	5.20	3.65	11	1.5	1.35	2.22
6	41.9	53.49	43.14	12	3.9	3.23	3.01

表 4-8 克鲁伦河月径流实测值与模拟值对比图

月	实测值	LS-SVM	RBF	月	实测值	LS-SVM	RBF
1	0.2	0.21	0.25	19	328.6	337.81	356.37
2	0.1	0.07	0.16	20	313.1	402.70	309.47
3	0.2	0.19	0.09	21	65.1	60.55	62.77
4	238.8	285.30	102.60	22	75.3	94.75	81.70
5	396.8	430.05	402.36	23	19.2	20.85	10.21
6	375	417.83	417.49	24	0.2	0.24	0.21
7	234.1	207.08	251.89	25	0.1	0.08	0.12
8	62	65.48	63.00	26	0.2	0.12	0.14
9	120	127.38	121.68	27	0.1	0.08	0.13
10	285.8	252.75	293.80	28	103.8	107.49	102.50
11	49.5	54.98	20.85	29	212.7	177.54	227.74
12	0.1	0.12	0.10	30	348	324.59	356.00
13	0.2	0.21	0.10	31	201.8	228.12	217.14
14	0.1	0.10	0.10	32	347.2	298.00	371.21
15	0.2	0.25	0.14	33	510	453.09	522.75
16	117	127.53	108.50	34	589	620.36	616.55
17	225.1	223.10	231.40	35	109.2	101.64	50.21
18	423	427.36	455.15	36	0.2	0.21	0.20

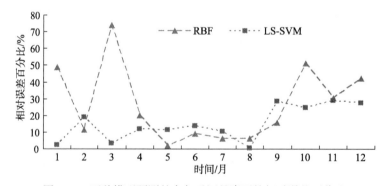

图 4-32 两种模型预测的乌尔逊河月降雨的相对误差百分比

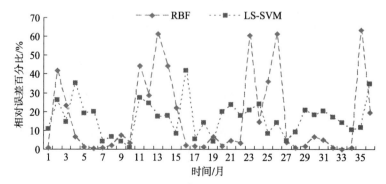

图 4-33 两种模型预测的乌尔逊河月径流的相对误差百分比

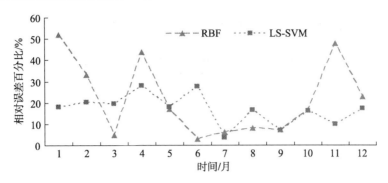

图 4-34　两种模型预测的克鲁伦河月降雨的相对误差百分比

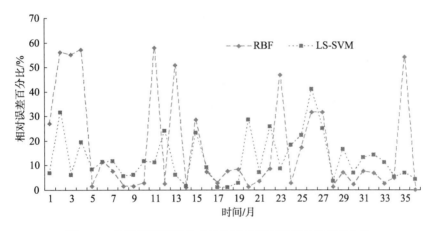

图 4-35　两种模型预测的克鲁伦河月径流的相对误差百分比

LS-SVM 模型主要依据混沌时间序列数据间的相互关系而运行的,所以,在月降雨量、月径流量突然增大时,LS-SVM 模型的预测值与实测值会产生较大的误差,但是总体上讲,相对误差波动比较平稳,没有较大的浮动。RBF 模型在实测月降雨量、月径流量的值比较小时有很大的相对误差,但是在实测月降雨量、月径流量的值相对较大时,模拟精度又非常高。LS-SVM 和 RBF 的模拟精度见表 4-9。

表 4-9　LS-SVM 模型和 RBF 模型的模拟精度（MAPE 值）

混沌时间序列	LS-SVM 模型	RBF 模型
乌尔逊河月降雨	15.10%	26.34%
乌尔逊河月径流	16.24%	16.44%
克鲁伦河月降雨	16.86%	21.88%
克鲁伦河月径流	12.67%	17.16%

根据《GB/T 22482−2008 水文情报预报规范》乙级标准,相对误差≤20%为合格。计算乌尔逊河月降雨、乌尔逊河月径流、克鲁伦河月降雨以及克鲁伦河月径流的 LS-SVM 和 RBF 模型的合格率,其各自的合格率见表 4-10。从表中可以明显地看出,总体而言,

LS-SVM 模型的合格率要高于 RBF 模型的合格率。

表 4-10　LS-SVM 模型和 RBF 模型的合格率

混沌时间序列	LS-SVM 模型	RBF 模型
乌尔逊月降雨	66.67%	58.33%
乌尔逊月径流	77.78%	69.44%
克鲁伦月降雨	83.33%	58.33%
克鲁伦月径流	77.78%	69.44%

4.3　基于 ARIMA 模型的流域水文序列预测研究

时间序列是指将某种现象或某一个统计指标在不同时间上的各个数值，按时间先后顺序排列而成的序列。时间序列分析（time series analysis）是一种动态数据处理的统计方法。水文时间序列是指某种水文特征值随时间变化的一系列数据，这一系列数据可以是离散点上的观测值，也可以是一个时段上的平均值，还可以是在时间上连续观测的记录经离散化而得到的数据。水文时间序列的分析（analysis of hydrologic time series）是指结合水文现象的性质与特点，对水文时间序列进行分析和推断的技术，其目的是为了识别控制该序列随时间变化的机理。

4.3.1　ARIMA 模型的基本原理

ARIMA 模型（autoregressive integrated moving average model）全称为自回归滑动平均求和模型、自回归移动平均模型或求和自回归滑动平均模型等，是美国统计学家 Box 和 Jenkins 于 20 世纪 70 年代初提出的一种著名的时间序列预测方法，是一种预测精度较高的短期预测方法。因此 ARIMA 模型又称为 box-jenkins 模型。其中 ARIMA(p,d,q) 称为差分自回归移动平均模型，AR 是自回归项，p 为自回归项数；MA 为移动平均项，q 为移动平均项数；I 为差分，d 为时间序列称为平稳时所做的差分次数。这里，AR、MA 和 ARMA 是适用于平稳时间序列的三种基本模型（高祥宝和寒青，2007）：

1）AR(p)模型（autoregressive model）——自回归模型

p 阶自回归模型为：

$$y_t = c + \varphi_1 y_{t-1} + \varphi_2 y_{t-2} + \cdots + \varphi_p y_{t-p} + e_t \quad (4\text{-}72)$$

式中，y_t 为时间序列第 t 时刻的观察值，即为因变量；$y_{t-1}, y_{t-2}, \cdots, y_{t-p}$ 为时间序列 y_t 的滞后序列，即为自变量；e_t 为随机误差项；$c, \varphi_1, \varphi_2, \cdots, \varphi_p$ 为待估的自回归参数。

2）MA(q)模型（moving average model）——移动平均模型

q 阶移动平均模型为：

$$y_t = \mu + e_t - \theta_1 e_{t-1} - \theta_2 e_{t-2} - \cdots - \theta_q e_{t-q} \quad (4\text{-}73)$$

式中，μ 为时间序列的平均数，当 $\{y_t\}$ 序列在 0 上下变动时，$\mu=0$；$e_t, e_{t-1}, \cdots, e_{t-q}$ 为模型在第 t 期，第 $t-1$ 期，$\cdots$，第 $t-q$ 期的误差；$\theta_1, \theta_2, \cdots, \theta_q$ 为待估的移动平均参数。

3）ARMA(p,q)模型（autoregresion moving average model）——自回归移动平均模型

模型的形式为：

$$y_t = c + \varphi_1 y_{t-1} + \varphi_2 y_{t-2} + \cdots + \varphi_p y_{t-p} + e_t - \theta_1 e_{t-1} - \theta_2 e_{t-2} - \cdots - \theta_q e_{t-q} \tag{4-74}$$

显然，ARMA(p,q)模型是 AR(p)模型和 MA(q)模型的组合模型。当 $q=0$ 时，退化为纯自回归模型 AR(p)模型；当 $p=0$ 时，退化为 MA(q)模型。

然而，在实际问题中，所观测到的样本时间序列 $\{x_1, x_2, \cdots, x_n\}$ 并非全部是平稳序列，大部分是非平稳的。对于非平稳时间序列，不能直接建立 ARMA(p,q)模型，只能先对其进行平稳化处理。ARIMA 模型对于非平稳时间序列采用的方法是采用差分运算提取序列的趋势信息，采用季节差分运算提取序列中的季节信息，最终把序列变成平稳的时间序列，而后对新的平稳时间序列建立 ARMA(p,q)模型。ARIMA(p,d,q)模型就是将非平稳时间序列经过 d 次差分处理转化为平稳时间序列，使因变量仅对它的滞后值以及随机误差项的现值和滞后值进行回归所建立的模型。

在这里需要定义差分算子 ∇x_t，则一阶差分为：

$$\nabla x_t = x_t - x_{t-1} \tag{4-75}$$

二阶差分为：

$$\nabla^2 x_t = \nabla(x_t - x_{t-1}) = x_t - 2x_{t-1} + x_{t-2} \tag{4-76}$$

∇^d 为 d 阶差分算子，$d=1,2,3,\cdots$ 则可以推算出其 d 阶差分为：

$$\nabla^d x_t = (1-B)^d x_t \tag{4-77}$$

式中，B 为后移算子。

若 x_t 是一个非平稳时间序列，则经过 d 次差分后产生的新的时间序列：

$$y_t = (1-B)^d x_t \tag{4-78}$$

是一个平稳时间序列。

季节差分：季节差分中 k 一般取一年为一个周期，即对于月度数据 $k=12$，$\nabla_k = x_t - x_{t-k}$。

ARIMA(p,d,q)模型的基本思想是：将预测对象随时间推移而形成的数据序列视为一个随机序列，用一定的数学模型来近似描述这个时间序列，这个模型一旦被识别后就可以从时间序列的过去值和现在值来预测其未来的值。

对于蕴含着固定周期的时间序列进行步长为周期长度的季节差分运算，即建立 ARIMA(p,d,q)×(P,D,Q)^k 模型，能够较好地提取周期信息。

ARIMA(p,d,q)×(P,D,Q)^k 模型比 ARIMA(p,d,q)模型多了几个参数，分别是：

P：季节模型的自回归参数；

D：季节差分的阶数，通常为一阶；

Q：季节模型的移动平均参数。

4.3.2 ARIMA 模型的建模步骤

ARIMA 模型的建模需五步，其具体步骤如下。

1. 平稳性检验

在建立模型之前，首先需要判断时间序列是否具有平稳性，对其进行平稳性检验。可以通过时间序列的折线图或散点图对其进行初步的平稳性判断。若时间序列是平稳的，则可以直接进入建模的第二步；若时间序列是非平稳的，则需要对其进行差分处理，然后判断处理后的时间序列是否是平稳的（赵蕾和陈美英，2007；杨绍琼，2009）。本文使用差分后的时序图，自相关函数图和偏相关函数图进行平稳性检验。

2. 模型的识别

模型识别的本质就是确定 ARIMA(p,d,q)模型中的参数 p,d,q 的取值。ARIMA 模型主要借助于自相关函数（autocorrelation function，ACF）及自相关函数图和偏自相关函数（partial autocorrelation function，PACF）及偏自相关函数图来识别时间序列的特性，并进一步确定 p 和 q 的值（高祥宝和董寒青，2007）。

1）自相关函数（ACF）

自相关是指时间序列 $x_1,x_2,\cdots,x_n$ 诸项之间的简单相关，它只涉及同一序列自身。自相关程度的大小，用自相关系数 r_k 来度量：

$$r_k = \frac{\sum_{t=1}^{n-k}(y_t - \bar{y})(y_{t+k} - \bar{y})}{\sum_{t=1}^{n}(y_t - \bar{y})^2} \tag{4-79}$$

式中，n 为样本数据个数；k 为滞后期；$\bar{y}$ 为样本数据平均值。自相关系数 r_k 表示时间序列滞后 k 个时段的两项之间相关的程度。

将时间序列的自相关系数绘制成图，并标出一定的置信区间，就是自相关函数图。

2）偏自相关函数（PACF）

偏自相关是时间序列 x_t，在给定了 $x_{t-1},x_{t-2},\cdots,x_{t-k+1}$ 的条件下，x_t 和 x_{t-k} 之间的条件相关，它需要考虑排除其他滞后期的效应。偏自相关系数 φ_{kk} 为：

$$\varphi_{kk} = \begin{cases} r_1 & k=1 \\ \dfrac{r_k - \sum_{j=1}^{k-1}\varphi_{k-1,j} \cdot r_{k-j}}{1 - \sum_{j=1}^{k-1}\varphi_{k-1,j} \cdot r_j} & k=2,3,\cdots \end{cases} \tag{4-80}$$

式中，$-1 \leq \varphi_{kk} \leq 1$。偏自相关系数 φ_{kk} 用来测量当剔除其他滞后期 $t=1,2,3,\cdots,k-1$ 的干扰条件下，x_t 和 x_{t-k} 之间的相关程度。与自相关函数图类似，同样可以用偏自相关函数图来对模型进行识别。

首先判断时间序列是否平稳,一个平稳的时间序列应满足下列条件:均数不随时间变化;方差不随时间变化;自相关系数只与时间间隔有关,而与所处的时间无关(温亮等,2004)。若所研究的时间序列不平稳,则需经过差分处理使其平稳。平稳后时间序列的 ARIMA(p,d,q) 模型识别原则如表 4-11 所示。

表 4-11 自相关系数与偏自相关确定模型类型

模型	AR(p)	MA(q)	ARMA(p,q)	ARIMA(p,d,q)
ACF	拖尾	截尾(q步)	拖尾	拖尾(呈现非指数衰减)
PACF	截尾(p步)	拖尾	拖尾	拖尾(呈现非指数衰减)

这里涉及两个概念:截尾和拖尾。截尾指时间序列自相关系数 r_k 在 $k<p$ 时显著不接近于 0,而之后突然显著的接近于或等于 0,称之为 p 阶截尾。在自相关函数图或偏相关函数图中,p 阶截尾通常表现为自相关系数和偏相关系数在滞后的前几期处于置信区间外,而之后的系数基本均落在置信区间内。拖尾指自相关函数图或偏相关函数图中的系数存在指数型、正弦型或震荡型衰减波动,不会落入置信区间之内。

3. 参数估计

根据识别的模型及其阶数,对模型的参数 p,q 及 P,Q 进行估计。

4. 模型的检验

在模型识别和参数估计的基础上,得到时间序列的初步模型,而模型的检验主要是检验模型与原时间序列的拟合精度,如果拟合达不到所需要求,则需要重新选择模型进行拟合。使用残差检验法,若残差为白噪声,则意味着所建立的模型已经包含了原始时间序列的所有趋势,说明模型应用于预测是合适的,反之,则说明模型有必要进一步改进。对残差序列做自相关函数图和偏相关函数图,若模型的 Ljung-Box 统计量均无显著性($P>0.05$),则可以认为残差序列是白噪声,所选的模型是合适的(吴家兵等,2007;桂腾叶等,2015)。

5. 模型预测

对平稳化的时间序列进行预测,是模型实际应用价值的体现,是研究的主要目的。

4.3.3 ARIMA 模型在流域水文序列预测中的应用研究

使用 ARIMA 模型对呼伦湖流域的乌尔逊河和克鲁伦河的月降雨、月径流时间序列进行预测分析时,为了与其相应的混沌时间预测的 LS-SVM 模型和 RBF 模型作对比分析,因此,ARIMA 模型的训练集和验证集样本与 LS-SVM 模型和 RBF 模型取相同的原始数据。

从乌尔逊河和克鲁伦河的月降雨、月径流时序图(图 4-5~图 4-8)可以看出,它们都呈周期状波动,其波动周期为 12 个月,因此考虑用 ARIMA(p,d,q)×$(P,D,Q)^{12}$ 季节性模型进行预测。

在 SPSS17.0 上运行 ARIMA 模型，首先需要对数据进行差分运算，确定模型差分的阶数，以及判断模型的平稳性。判断模型平稳性在 SPSS 中一般是通过做时序图及自相关函数图、偏相关函数图来实现。因为时序图一般只能对时间序列的平稳性做初步判断，不能肯定，因此，如果要精确判断模型的平稳性，还需要做自相关函数图和偏相关函数图。

当时序图中的数据没有明显的变化规律，只是在 0 附近无规律地振荡，在某个值附近无规律地振荡正是平稳时间序列的特征，因此可以初步判断，时间序列是平稳的。如果要进行精确判断，还需要进一步做自相关函数图和偏相关函数图，如果自相关函数和偏相关函数都逐渐衰减到 0（即进入两倍标准差区域），则认为该时间序列为平稳时间序列（夏怡凡，2010）。

由时序图（图 4-36）、自相关函数图和偏相关函数图（图 4-37）可看出，乌尔逊河月降雨时间序列在经过二阶逐期差分和一阶季节性差分后平稳，因此，$d=2$，$D=1$。

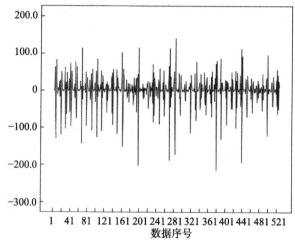

图 4-36　乌尔逊河月降雨经过二阶逐期差分和一阶季节差分后的时序图

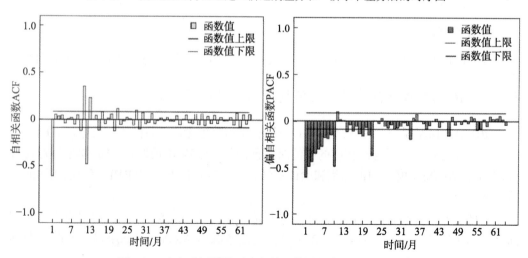

图 4-37　乌尔逊河月降雨自相关函数图和偏自相关函数图

由时序图（图 4-38）、自相关函数图和偏相关函数图（图 4-39）可看出，乌尔逊河月径流时间序列在经过一阶逐期差分和一阶季节性差分后平稳，因此，$d=1$，$D=1$。

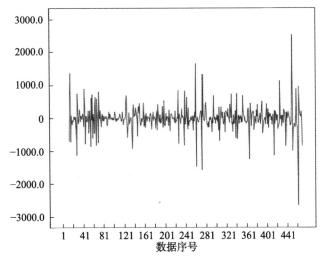

图 4-38　乌尔逊河月径流经过一阶逐期差分和一阶季节差分后的时序图

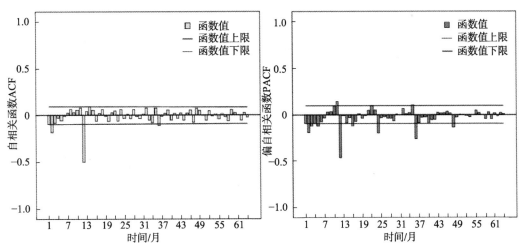

图 4-39　乌尔逊河月径流自相关函数图和偏自相关函数图

由时序图（图 4-40）、自相关函数图和偏相关函数图（图 4-41）可看出，克鲁伦河月降雨时间序列在经过一阶季节性差分后平稳，因此，$d=0$，$D=1$。

由时序图（图 4-42）、自相关函数图和偏相关函数图（图 4-43）可看出，克鲁伦河月降雨时间序列在经过一阶逐期差分和一阶季节性差分后平稳，因此，$d=1$，$D=1$。

具体选择哪个模型，则需要对模型进行拟合，并根据可决系数 R-Square、标准化 BIC 的值以及 Ljung-Box 统计量的值来进行判断模型的优劣，可决系数越高，BIC 值越小的模型拟合效果越好，最终在若干个模型中选择一个最优模型（夏怡凡，2010）。

在 SPSS17.0 上运行 ARIMA 模型，通过对比试验，选择乌尔逊河和克鲁伦河月降雨、月径流时间序列的最优模型，最优模型的参数如表 4-12~表 4-15 所示。

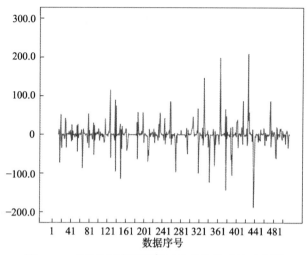

图 4-40 克鲁伦河月降雨经过季节差分后的时序图

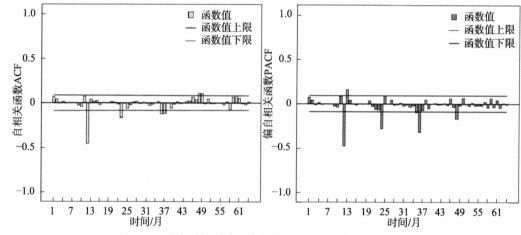

图 4-41 克鲁伦河月降雨自相关函数图和偏自相关函数图

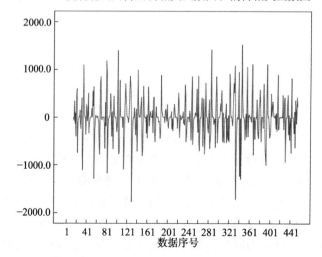

图 4-42 克鲁伦河月径流经过一阶逐期差分和一阶季节差分后的时序图

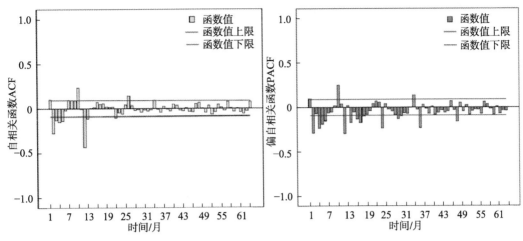

图 4-43 克鲁伦河月径流自相关函数图和偏自相关函数图

表 4-12 时间序列的 ARIMA 模型统计结果

时间序列	ARIMA$(p,d,q)\times(P,D,Q)^k$	标准化 BIC	可决系数	Ljung-Box Q(18)		
				统计值	DF 值	Sig 值
乌尔逊河月降雨	$(1,2,6)\times(0,1.6)^{12}$	15.221	0.879	10.019	5	0.075
乌尔逊河月径流	$(1,1,3)\times(3,1.5)^{12}$	11.334	0.830	12.121	6	0.059
克鲁伦河月降雨	$(2,0,0)\times(2,1.4)^{12}$	6.316	0.773	16.987	10	0.075
克鲁伦河月径流	$(1,1,5)\times(0,1.3)^{12}$	11.515	0.814	15.983	9	0.067

表 4-12 列出了乌尔逊河月降雨、乌尔逊河月径流、克鲁伦河月降雨、克鲁伦河月径流的 ARIMA 模型拟合的效果。从表 4-12 可以看出，模型模拟效果比较理想，可决系数、正态化的 BIC 都达到了模型的要求，Ljung-Box 统计量的值均显著不相关（$P>0.05$）。另外，从拟合残差的自相关函数图和偏相关函数图（图 4-44、图 4-45）可以看出，残差

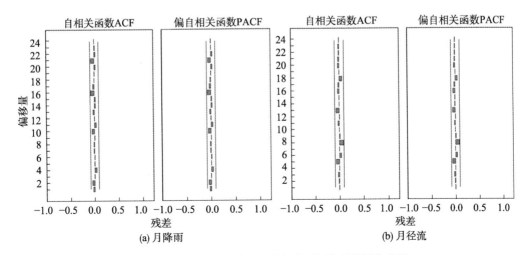

图 4-44 乌尔逊河月降雨和月径流时间序列的拟合残差

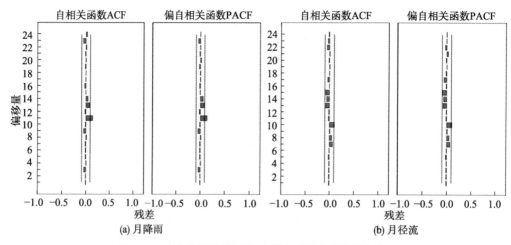

图 4-45 克鲁伦河月降雨和月径流时间序列的拟合残差

的自相关函数和偏相关函数都近似 0 阶截尾，从而可认为残差序列是一个不含相关性的白噪声序列，因此，序列的相关性都已经充分拟合了，虽然拟合度不太高，可决系数偏小，但是，序列中的相关性信息都被模型提取完全了，剩下的都是不相关的序列了。

表 4-13~表 4-16 分别为乌尔逊河和克鲁伦河月降雨、月径流的实测值与模拟值的对比。

表 4-13 乌尔逊河月径流实测值与模拟值对比

月份	实测	ARIMA	相对误差/%	月份	实测	ARIMA	相对误差/%
1	65.7	72.10	9.74	19	344.1	410.30	19.24
2	1.4	2.08	48.57	20	284	312.80	10.14
3	0.1	0.10	4.80	21	120	105.80	11.83
4	303	359.40	18.61	22	59.5	80.20	34.79
5	970.3	742.20	23.51	23	13.2	13.30	0.76
6	837	956.40	14.27	24	0.1	0.15	50.00
7	455.7	545.10	19.62	25	0.2	0.20	0.45
8	296.4	347.60	17.27	26	0.1	0.11	11.00
9	231.9	278.20	19.97	27	1	1.20	20.00
10	172.7	150.20	13.03	28	50.4	46.98	6.79
11	27.3	22.10	19.05	29	164.3	191.50	16.56
12	2.9	2.08	28.28	30	182.7	218.20	19.43
13	0.1	0.12	21.60	31	148.5	198.00	33.33
14	0.2	0.18	11.00	32	151.9	138.10	9.08
15	0.1	0.07	34.00	33	80.7	81.80	1.36
16	200.4	234.30	16.92	34	48.1	47.00	2.29
17	384.4	394.40	2.60	35	6	3.80	36.67
18	447	485.90	8.70	36	0.1	0.14	40.00

表 4-14 乌尔逊河月降雨实测值与模拟值对比

月份	实测	ARIMA	相对误差/%	月份	实测	ARIMA	相对误差/%
1	1.6	1.60	0.00	7	39.3	50.40	28.24
2	0.5	0.60	20.00	8	8.2	8.53	4.02
3	0.3	0.37	23.33	9	14	16.20	15.71
4	30.5	35.00	14.75	10	3.9	5.80	48.72
5	27.8	31.60	13.67	11	0.1	0.12	20.00
6	16.4	23.20	41.46	12	0.1	0.13	30.00

表 4-15 克鲁伦河月降雨实测值与模拟值对比

月份	实测	ARIMA	相对误差/%	月份	实测	ARIMA	相对误差/%
1	1.4	1.30	7.14	7	61.2	71.80	17.32
2	4.3	3.10	27.91	8	12.2	15.70	28.69
3	1.2	1.10	8.33	9	19.7	14.10	28.43
4	5.6	5.60	0.00	10	13.2	12.00	9.09
5	4.4	4.50	2.27	11	1.5	1.90	26.67
6	41.9	39.80	5.01	12	3.9	3.20	17.95

表 4-16 克鲁伦河月径流实测值与模拟值对比

月份	实测	ARIMA	相对误差/%	月份	实测	ARIMA	相对误差/%
1	0.2	0.26	29.50	19	328.6	390.70	18.90
2	0.1	0.08	17.00	20	313.1	399.90	27.72
3	0.2	0.17	17.05	21	65.1	54.29	16.61
4	238.8	185.30	22.40	22	75.3	85.40	13.41
5	396.8	379.00	4.49	23	19.2	18.55	3.39
6	375	345.40	7.89	24	0.2	0.12	40.35
7	234.1	249.50	6.58	25	0.1	0.06	44.20
8	62	42.50	31.45	26	0.2	0.17	15.65
9	120	143.50	19.58	27	0.1	0.10	4.50
10	285.8	342.50	19.84	28	103.8	159.50	53.66
11	49.5	39.86	19.47	29	212.7	227.40	6.91
12	0.1	0.14	35.00	30	348	297.70	14.45
13	0.2	0.23	14.00	31	201.8	224.20	11.10
14	0.1	0.08	19.50	32	347.2	315.00	9.27
15	0.2	0.15	24.25	33	510	438.80	13.96
16	117	140.10	19.74	34	589	570.80	3.09
17	225.1	260.10	15.55	35	109.2	91.40	16.30
18	423	345.50	18.32	36	0.2	0.17	14.65

根据《GB/T 22482–2008 水文情报预报规范》乙级标准，相对误差≤20%为合格。乌尔逊河月降雨 ARIMA 模型模拟的合格率为 58.33%，乌尔逊河月径流的合格率为 72.22%，克鲁伦河月降雨的合格率为 66.67%，克鲁伦河月径流的合格率为 75%。

4.3.4 ARIMA 模型与 LS-SVM 模型和 RBF 模型对比分析

对用于混沌时间序列预测的模型 LS-SVM 模型和 RBF 模型，以及用统计方法对水文时间序列进行模拟分析的 ARIMA 模型进行对比分析，以相对误差作为其对比指标，其对比如图 4-46~图 4-49 所示。

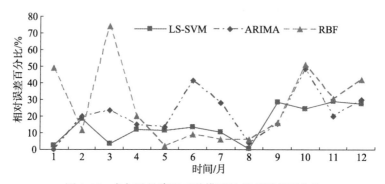

图 4-46　乌尔逊月降雨三种模型的相对误差百分比

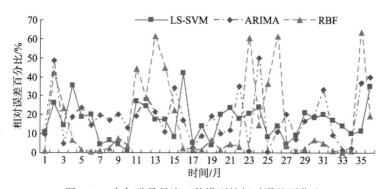

图 4-47　乌尔逊月径流三种模型的相对误差百分比

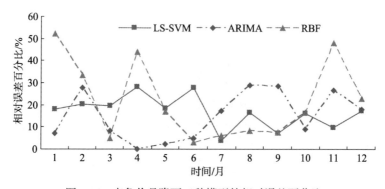

图 4-48　克鲁伦月降雨三种模型的相对误差百分比

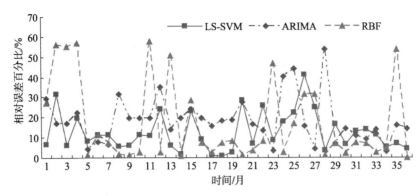

图 4-49 克鲁伦月径流三种模型的相对误差百分比

从乌尔逊河和克鲁伦河的月降雨、月径流的相对误差对比图上可看出，总体而言，LS-SVM 模型的拟合精度要优于 ARIMA 模型和 RBF 模型，ARIMA 模型又优于 RBF 模型。LS-SVM 模型的相对误差值整体上波动平缓，没有太大的起伏。ARIMA 模型的相对误差值整体上要高于 LS-SVM 模型的相对误差值，亦没有太大的波动。RBF 模型在实测值较大时模拟误差较小，但是在实测值较小时，相对误差就产生了较大的波动。

根据《GB/T 22482–2008 水文情报预报规范》乙级标准，相对误差≤20%为合格。计算乌尔逊河月降雨、乌尔逊河月径流、克鲁伦河月降雨以及克鲁伦河月径流的 LS-SVM 模型、RBF 模型和 ARIMA 模型的合格率，它们的合格率见表 4-17。从表 4-17 中可以明显地看出，总体而言，LS-SVM 模型的合格率要大于 ARIMA 模型和 RBF 模型的合格率，ARIMA 模型的合格率要大于 RBF 模型的合格率。

表 4-17 LS-SVM 模型、RBF 模型和 ARIMA 模型的合格率

混沌时间序列	模型		
	LS-SVM	ARIMA	RBF
乌尔逊河月降雨	66.67%	58.33%	58.33%
乌尔逊河月径流	77.78%	72.22%	69.44%
克鲁伦河月降雨	83.33%	66.67%	58.33%
克鲁伦河月径流	77.78%	75.00%	69.44%

4.4 结论与讨论

应用相空间重构理论对乌尔逊河和克鲁伦河月降雨、月径流时间序列进行相空间重构，应用饱和关联维数法（G-P 算法）和最大 Lyapunov 指数法对经过相空间重构后的时间序列进行混沌特性识别，结果表明，乌尔逊河和克鲁伦河的月降雨、月径流时间序列具有混沌特性，为混沌时间序列。

应用 LS-SVM 模型和 RBF 神经网络模型对乌尔逊河月降雨混沌时间序列、乌尔逊河月径流混沌时间序列、克鲁伦河月降雨混沌时间序列和克鲁伦河月径流混沌时间序列

分别进行建模，并对 LS-SVM 模型的模拟预测结果和 RBF 神经网络模型的模拟预测结果进行对比分析。结果表明，两种模型都各有优劣。LS-SVM 模型预测结果的相对误差百分比波动较为平稳，预测精度良好。RBF 神经网络模型在丰水期时预测精度非常高，但是在枯水期时，预测精度相对较低，其预测结果的相对误差百分比波动较大。

　　应用 ARIMA 模型对乌尔逊河和克鲁伦河的月降雨、月径流时间序列进行建模，进行预测分析。并对 ARIMA 模型，LS-SVM 模型和 RBF 神经网络模型的预测结果进行对比分析。结果表明，LS-SVM 模型的合格率要高于 ARIMA 模型和 RBF 神经网络模型，ARIMA 模型的合格率要高于 RBF 神经网络模型。总体上讲，LS-SVM 模型的相对误差百分比要小于 ARIMA 模型的和 RBF 神经网络模型的，ARIMA 模型的相对误差百分比要小于 RBF 模型的。但是从分析结果可以看出，三种模型应用在呼伦湖流域的研究中都有其各自的不足，怎样使其更好地适用于处于半干旱区，且有冰封期的呼伦湖流域，有待进一步探索和研究。

参 考 文 献

陈引锋. 2005. 混沌时间序列法在水文预报中的应用. 长安大学硕士学位论文
陈玉红. 2009. RBF 网络在时间序列预测中的应用研究. 哈尔滨工程大学硕士学位论文
邓乃扬, 田英杰. 2005. 数据挖掘中的新方法–支持向量机. 北京：科学出版社
丁晶, 王文圣, 赵永龙. 2003a. 长江日流量混沌变化特性研究–Ⅰ相空间嵌入滞时的确定. 水科学进展, 14(4): 407–411
丁晶, 王文圣, 赵永龙. 2003b. 长江日流量混沌变化特性研究–Ⅱ相空间嵌入维数的确定. 水科学进展, 14(4): 412–416
房平, 邵瑞华, 司全印, 等. 2011. 最小二乘支持向量机应用于西安灞河口水质预测. 系统工程, 29(6): 113–117
冯国璋, 李佩成. 1997. 论水文系统混沌特征的研究方向. 西北农业大学学报, 25(4): 97–101
高祥宝, 董寒青. 2007. 数据分析与 SPSS 应用. 北京：清华大学出版社
郭晓亮, 王国利, 梁国华, 等. 2010. 径流混沌时间序列的模糊支持向量机预测模型研究及其应用. 水力发电学报, 29(3): 51–55
何利文, 施式亮, 宋译, 等. 2009. 基于支持向量机(SVM)的回采工作面瓦斯涌出混沌预测方法研究. 中国安全科学学报, 19(9): 42–46
何迎生, 段明秀. 2008. 基于 RBF 神经网络的时间序列预测. 吉首大学学报(自然科学版), 29(3): 52–54
胡安焱, 闫宝伟, 李响. 2008. 汉江月径流量混沌特征分析. 水利科技与经济, 14(11): 863–865
胡国杰, 魏晓妹, 蔡明科, 等. 2011. 混沌–支持向量机模型及其在地下水动态预报中的应用. 西北农林科技大学学报(自然科学版), 39(2): 229–234
江田汉, 束炯. 2006. 基于 LSSVM 的混沌时间序列的多步预测. 控制与决策, 21(1): 77–80
蒋丽峰. 2005. 基于混沌特性的支持向量机短期电力负荷预测. 长沙理工大学硕士学位论文
李亚娇. 2007. 基于现代分析技术的水文时间序列预测方法研究. 西安理工大学博士学位论文
李红霞, 许士国, 范垂仁. 2007a. 月径流序列的混沌特征识别及 Volterra 自适应预测法的应用. 水利学报, 38(6): 760–766
李红霞, 许士国, 徐向舟, 等. 2007b. 混沌理论在水文领域中的研究现状及展望. 水文, 27(6): 1–5
梁世清, 王德明, 刘准亭. 2008. 基于 Lyapunov 指数的舰船电力系统稳定性分析. 舰船科学技术, 30(1): 76–79
桂腾叶, 陈硕, 隗立志, 等. 2015. 基于 ARIMA 的传染病流行趋势预测及防治对策. 电子科技, 28(12): 48–51
李彦彬. 2009. 河川径流的混沌特征和预测研究. 西安理工大学
廖杰, 王文圣, 李跃清, 等. 2006. 支持向量机及其在径流预测中的应用. 四川大学学报(工程科学版), 38(6): 24–28
刘秉正, 彭建华. 2004. 非线性动力学. 北京：高等教育出版社

刘荻, 周振民. 2007. RBF 神经网络在径流预报中的应用. 华北水利水电学院学报, 28(2): 12-14
刘靖旭, 蔡怀平, 谭跃进, 等. 2007. 支持向量机回归参数调整的一种启发式算法. 系统仿真学报, 19(7): 1540-1543
刘松青. 2008. 基于 LS-SVM 的软测量建模方法研究. 南京理工大学硕士学位论文
刘佳, 鲁帆, 蒋云钟, 等. 2011. RBF 神经网络在径流时间序列预测中的应用. 人民黄河, 33(8): 52-54
罗赞骞, 夏靖波, 王焕彬. 2009. 混沌-支持向量机回归在流量预测中的应用研究. 计算机科学, 36(7): 244-246
罗伟, 习华勇. 2008. 基于最小二乘支持向量机的降雨量预测. 人民长江, 39(19): 29-31
吕金虎, 陆君安, 陈世华. 2002. 混沌时间序列分析及其应用. 武汉: 武汉大学出版社
阮敬. 2009. SAS 统计分析从入门到精通. 北京: 人民邮电出版社
邵俊, 袁鹏, 张文江. 等. 2010. 基于贝叶斯框架的 LS-SVM 中长期径流预报模型研究. 水力发电学报, 29(5): 178-182
唐启义. 2010. DPS 数据处理系统实验设计、统计分析及数据挖掘(第 2 版). 北京: 科学出版社
唐舟进, 任峰, 彭涛, 等. 2014. 基于迭代误差补偿的混沌时间序列最小二乘支持向量机预测算法. 物理学报, 63(5): 0505051-10
王东生. 1995. 混沌、分形及其应用. 合肥: 中国科学技术出版社
王永生, 刘卫华, 杨利斌, 等. 2009. 基于最小二乘支持向量回归的混沌时间序列预测研究. 海军航空工程学院学报, 24(3): 283-288
王景雷, 吴景社, 孙景生, 等. 2003. 支持向量机在地下水位预报中的应用研究. 水利学报, 5: 122-128
王凯, 刘宏昭, 穆安乐. 2010. 基于最小二乘支持向量机的有杆抽油泵工况多分类研究. 机械科学与技术, 29(12): 1687-1691
温亮, 徐德忠, 徐明和, 等. 2004. 应用时间序列模型预测疟区疟疾发病率. 第四军医大学学报, 25(6): 507-510
吴家兵, 叶临湘, 尤尔科. 2007. ARIMA 模型在传染病发病率预测中的应用. 数理医药学, 20(1): 90-92
夏怡凡. 2010. SPSS 统计分析精要与实例讲解. 北京: 电子工业出版社
肖丹丹, 高建磊. 2004. 新规则对乒乓球运动员体能的新要求. 河北体育学院学报, 3: 1-2
徐志恒. 2011. 重庆三峡库区城镇合流污水水质水量时空分布研究. 重庆大学硕士学位论文
杨奎河, 单甘霖, 赵玲玲. 2007. 基于最小二乘支持向量机的汽轮机故障诊断. 控制与决策, 22(7): 778-782
杨绍琼. 2009. ARIMA 模型在松华坝水库枯季入流预测中的应用. 人民珠江, 3: 48-5037
杨志民, 刘广利. 2007. 不确定性支持向量机原理及应用. 北京: 科学出版社
尹华, 吴虹. 2011. 最小二乘支持向量机在混沌时间序列中的应用. 计算机仿真, 28(2): 225-229
叶美盈, 汪晓东, 张浩然. 2005. 基于在线最小二乘支持向量机回归的混沌时间序列预测. 物理学报, 54(6): 2568-2573
于国荣, 夏自强. 2008. 混沌时间序列支持向量机模型及其在径流预测中的应用. 水科学进展, 19(1): 116-122
赵蕾, 陈美英. 2007. ARIMA 模型在福建省 GDP 预测中的应用. 科技与产业, 7(1): 45-48
赵永龙, 丁晶, 邓育仁. 1998. 混沌分析在水文预测中的应用与展望. 水科学进展, 9(2): 181-186
张俊艳, 韩文秀. 2006. 基于 RBF 神经网络的城市需水量预测研究. 内蒙古农业大学学报, 27(2): 90-93
Bordignon S, Lisi F. 2000. Nonlinear analysis and prediction of river flow time series. Environmetrics, 11(4): 463-477
Cristianini N, Taylor J S. 2004. 支持向量机导论. 李国正, 王猛, 曾华军, 译. 北京: 电子工业出版社
Grassberger P, Procaccia I. 1983. Estimation of the kolmogorov entropy from a chaotic signal. Physical Review A, 28(4): 2591-2593
Keerthi S S, Lin C J. 2003. Asymptotic behaviors of sopport vector machines with Gaussian kernel. Neural Computation, 15(7): 1667-1689
Kugiumtzis. 1996. State space reconstruction parameters in the analysis of chaotic time series–the role of the time window length. Physics D, (95): 13-28
Packard N H, Crutchfield J, Farmer J. 1980. Geometry from a time series. Physics Review Letters, 45(9): 712-715
Schölkopf B, Smola A. 2002. Learning with Kernels. Cambridge: MIT Press
Sivakumar B. 2004. Chaos theory in geophysics: past, present and future. Chaos, Solitons and Fractals, 19(22): 441-462
Smola A, Williamson R, Scholkopf B. 1998. Generalization bounds for convex combinations of kernel functions. NeuroCOLT technical Report (NC-TR-98-022), Lundon, UK
Suykens J A K, Vandewalle J. 1999. Least aquares support vector machine classifiers. Neural Processing Letters, 9:

293–300

Suykens J A K. 2002. Least squares support vector machine. World Scientific Publishing

Takens. 1981. Detecting strange attractors in turbulence. Lecture Notes in Math, (898): 366–381

Tipping M E, Bishop C M. 2000. Variational Relevance Vector Machines. In: Uncertainty in Artificial Intelligence, 46–53

Vapnik V. 1995. The nature of statistical learning theory. New York: Springer-Verlag

Wolf A, Swift J B. 1985. Determing Lyapunov Exponents From a Time Series. Physica D, 16: 285–317

第5章 湖面演化及多波段水深反演研究

5.1 呼伦湖湖面演化遥感解译研究

空间信息技术的发展,使人类改变世界的历程进入到航天时代,遥感技术是空间信息技术的重要组成部分,被称为宇宙的"眼睛"。它是建立在现代众多全新科学技术及地球科学理论上的一门综合性很强的科学技术,以信息量大、技术先进、获取信息快、更新周期短等优势,被广泛地应用于水文、环境、农、林、地质、军事等领域。应用遥感影像资料对呼伦湖水面变化做动态分析研究,充分发挥了遥感技术在无资料地区的优势,为后续的研究铺平了道路。

5.1.1 Landsat 卫星概述

陆地卫星(Landsat)是美国地球资源卫星系列,自1972年以来,Landsat计划已经发射了1号到7号卫星。陆地卫星的主要任务是调查地下矿藏、海洋资源和地下水资源,监视和协助管理农、林、畜牧业和水利资源的合理使用,预报和鉴别农作物的收成,研究自然植物的生长和地貌,考察和预报各种严重的自然灾害(如地震)和环境污染,拍摄各种目标的图像,借以绘制各种专题图。随着RS技术的不断发展,Landsat数据已应用于世界各地的各种行业(刘立文等,2014;赵春江,2014;王亚琴等,2014;孙芳蒂等,2014)。

在这7颗卫星中,现在在役运行的有Landsat-5与Landsat-7,而其他5颗卫星由于各种原因已经停止使用。其中Landsat-5号卫星于1984年发射,原计划在2001年6月30日退役,由于其工作状态良好,到目前仍在使用中,已在太空连续服务了26年。Landsat-7于1999年发射,2003年传感器出现故障,经维修后现在役服务。美国Landsat卫星参数见表5-1。

表 5-1 美国 Landsat 卫星参数表

卫星	发射时间	轨道高/km	倾角/(°)	重复周期/天	扫幅宽度/km	传感器
Landsat-1	1972-07-23	920	99.6	18	185	MSS
Landsat-2	1975-01-22	920	99.2	18	185	MSS
Landsat-3	1978-03-05	920	99.1	18	185	MSS
Landsat-4	1982-07-16	705	98.9	16	185	MSS、TM
Landsat-5	1984-03-01	705	98.9	16	185	MSS、TM
Landsat-6	1993-10-05	/	/	发射失败	/	/
Landsat-7	1999-04-15	705	98.2	16	185	ETM +

其中 TM 和 ETM+为主要传感器，也是本书影像数据的主要来源。TM 意为专题绘图仪（Thematic Mapper）。美国在 Landsat-4 与 Landsat-5 卫星上都有搭载，用来获取地球表层信息。TM 与 MSS 相比，它增加了三个新波段，光谱分辨率、辐射分辨率和地面分辨率也都比 MSS 图像有较大的改进。在光谱分辨率方面，它采用 7 波段来记录遥感器获取的目标地物信息，在辐射分辨率方面，TM 采用双向扫描，改进了辐射测量精度，目标地物模拟信号经过转换，以 256 级辐射亮度来描述不同地物的光谱特性，一些在 MSS 中无法觉察出的地物电磁波辐射中的细小变化，可以在 TM 波段内观测到。在地面分辨率方面，TM 瞬间视场角对应的地面分辨率为 30m。1999 年发射的 Landsat-7 卫星改为 ETM+传感器，意为增强加型专题绘图仪，它与 TM 的区别在于增加了全色波段，并改进了热红外波段的空间分辨率。TM 与 ETM+的波段技术参数见表 5-2 与表 5-3。

表 5-2　Landsat-5 卫星的 TM 技术参数

波段号	波段名称	波长范围/μm	地面分辨率/m
1	Blue-Green (蓝绿)	0.45~0.52	30
2	Green (绿)	0.52~0.6	30
3	Red (红)	0.63~0.69	30
4	Near IR (近红外)	0.76~0.9	30
5	SWIR (短波红外)	1.55~1.75	30
6	LWIR (热红外)	10.4~12.5	120
7	SWIR (短波红外)	2.08~2.35	30

表 5-3　Landsat-7 卫星的 ETM+技术参数

波段号	波段名称	波长范围/μm	地面分辨率/m
1	Blue-Green (蓝绿)	0.45~0.52	30
2	Green (绿)	0.52~0.6	30
3	Red (红)	0.63~0.69	30
4	Near IR (近红外)	0.76~0.9	30
5	SWIR (短波红外)	1.55~1.75	30
6	LWIR (热红外)	10.4~12.5	60
7	SWIR (短波红外)	2.08~2.35	30
PAN	PAN (全色波段)	0.5~0.9	15

由表 5-2 和表 5-3 可以看出 TM 与 ETM+数据在 1~7 波段具有相同的属性，仅有的不同的是热红外波段的地面分辨率 ETM+比 TM 提高了一倍。本研究应用的影像数据主要根据成像条件来选取，所以数据在时间序列上可能以 TM 和 ETM+混合出现，应用波段为 1~7 波段，根据上表可知混合数据是可行的，至于热红外波段的地面分辨率不同的影像可忽略。TM 与 ETM+的 1~7 波段主要应用范围见表 5-4。

表 5-4 TM 与 ETM+的 1~7 波段主要应用范围

波段序号	波段	主要应用领域
1	蓝绿	对水体有透射能力,能够反射浅水水下特征,可区分土壤和植被,编制森林类型图,区分人造地物类型,分析土地利用
2	绿	探测健康植被绿色反射率,可区分植被类型和评估作物长势,区分人造地物类型,对水体有一定透射能力
3	红	对水中悬浮泥沙反应敏感,可测量植物绿色素吸收率,并依次进行植物分类,可区分人造地物类型
4	近红外	对绿色植物类别差异最敏感,为植物通用波段,用于牧师调查,作物长势测量,处于水体强吸收区,水体轮廓清晰,用于勾勒水体,绘制水体边界,探测水中生物的含量和土壤湿度
5	短波红外	用于探测植物含水量及土壤湿度,区别云与雪,适合庄稼缺水现象的探测,作物长势分析,从而提高了区分不同作用长势的能力
6	热红外	探测地球表面不同物质的自身辐射的主要波段,可以根据辐射响应的差异,区分农林覆盖长势,差别表层湿度,以及监测与人类活动有关的热特征,进行热制图
7	短波红外	探测高温辐射源,如监测森林火灾、火山活动等,处于水的强吸收带,水体呈黑色,可用于区分主要岩石类型,岩石的热蚀度,探测与交代岩石有关的黏土矿物

5.1.2 影像数据的预处理

1. 影像数据的选取

为了逐年对呼伦湖水面变化情况进行研究,本文选取 Landsat-5 与 Landsat-7 的影像资料为主要数据源。根据研究区的实际情况和研究需求,以 Landsat-5 在 1986 年首次接收数据为起始年,考虑卫星在研究区上空的过境时间有云层遮盖、大风天气等不利于成像的条件的随机出现,月份以每年的 8 月 1 日前后为标准,选择最靠近这个时间的最优成像效果的影像数据,终止年为 2009 年,共 24 年的影像数据,其中仅 2009 年的影像数据为中巴资源卫星 02 星数据,影像数据选取详细信息见表 5-5。

表 5-5 选取影像数据的详细信息

序号	影像时间	卫星	传感器	轨道号
1	1986-08-04	Landsat-5	TM	125-26
2	1987-06-13	Landsat-5	TM	124-26
3	1988-09-26	Landsat-5	TM	125-26
4	1989-08-05	Landsat-5	TM	124-26
5	1990-10-18	Landsat-5	TM	125-26
6	1991-08-11	Landsat-5	TM	124-26
7	1992-07-03	Landsat-5	TM	125-26
8	1993-06-12	Landsat-5	TM	125-26
9	1994-06-16	Landsat-5	TM	124-26
10	1995-06-03	Landsat-5	TM	124-26
11	1996-08-31	Landsat-5	TM	125-26
12	1997-07-10	Landsat-5	TM	124-26

续表

序号	影像时间	卫星	传感器	轨道号
13	1998-09-15	Landsat-5	TM	124-26
14	1999-07-15	Landsat-7	ETM+	125-26
15	2000-07-01	Landsat-7	ETM+	125-26
16	2001-09-06	Landsat-7	ETM+	125-26
17	2002-08-08	Landsat-7	ETM+	125-26
18	2003-08-27	Landsat-7	ETM+	125-26
19	2004-08-13	Landsat-7	ETM+	125-26
20	2005-08-16	Landsat-7	ETM+	125-26
21	2006-07-26	Landsat-5	TM	125-26
22	2007-07-29	Landsat-5	TM	125-26
23	2008-08-25	Landsat-5	TM	124-26
24	2009-10-05	CBERS-02	CCD	3-45

2. 影像的大气校正

利用遥感的目的是利用卫星装载的传感器有效地收集来自地物反射的太阳辐射能量，从中反演出地球表面的各种地物信息。由于电磁波在大气中的传输和卫星传感器观测过程中光照条件以及大气作用等的影响，获取的遥感信息中带有一定的非目标地物的成分信息，使其波段的测量值与地物实际的光谱反射率不一致，造成测量值发生辐射失真。消除这种大气引起的遥感影像的各种失真的过程称为大气校正。大气校正是一个很复杂的过程，也是遥感信息定量化过程中不可缺少的一个重要环节。针对大气影响因素，许多研究人员在这方面做了很多研究，建立了许多大气模型来模拟大气的这种过程例如，LOWTRAN、MODTRAN、5S、6S 等（Vermote et al., 1997；易亚星等，2014；龚绍琦等，2015；徐言和姜琦刚，2015；王楠等，2015）。

大气校正主要是针对两种不同的波段范围进行：一是以反射太阳辐射为主的可见光——近红外波段；另一个是以地面热辐射为主的热红外波段。

对于以反射太阳光谱为主的可见光——近红外波段能量信息的传输过程，不同的研究人员表达的形式有所不同，但主要思想基本相同，本文采用 Hanson 的表达式（沈强，2005）：

$$I_\lambda = \left(R_\lambda + R_{d\lambda} + R_{b\lambda}\right)\frac{r(\lambda)}{\pi}\tau(\lambda) + R_{u\lambda} \tag{5-1}$$

式中，I_λ 为传感器获取的辐射亮度；R_λ 为地表反射的太阳直射能；$R_{d\lambda}$ 是由大气对太阳辐射能的向下散射所产生的辐射能；$R_{b\lambda}$ 为背景散射辐射能；$R_{u\lambda}$ 为由大气对太阳辐射能的向上散射所产生的辐射能；$r(\lambda)$ 为波长函数；$\tau(\lambda)$ 表示大气透过率。

大气透过率已知的条件下，通过大气校正主要消除以上公式的后三项的影响，获取地物的真实辐照度。

由于水体特征光谱处于可见光——近红外波段范围内，需用第一个波段范围的校正方法进行。本研究利用美国大气校正模型 Modtran4.0 对数据实现大气校正，Modtran4.0 提供了美国标准大气、水平大气参数、热带大气、中纬度夏、冬季大气、极地夏、冬季大气等主要大气模式。计算时主要考虑的大气成分有水汽、臭氧、甲烷、氮化物、碳氧化物等的剖面资料、计算模式等。根据研究区的实际情况选择可输入的大气模式。这里选择中纬度夏季模式大气，其他参数为默认中纬度夏季参数，在进行大气校正模型计算时几何路径的选取也很重要。根据不同要求中 Modtran4.0 提供了水平路径、两高度的倾斜路径、射线倾斜路径和垂直路径以及路径长度和路径倾斜度，同时要求用户给出所进行大气校正一景数据的中心点经纬度、平均海拔高度相对参数等，还对太阳天顶角、方位角，观测天顶角和方位角的选取也要考虑。根据研究区的地理特点，针对不同月份数据，对以上几何参数和大气资料进行各月相关输入并运行校正模式，实现大气校正。

3. 影像的几何校正

原始遥感图像通常存在严重的几何变形，给影像的定量分析及位置配准造成困难。因此，为了能够准确地从图像中获得正确的水质采样点的光谱信息，需要对原始图像进行几何纠正，提高影像的几何精度。其校正原理是通过对遥感图像上的各种畸变利用适当的数学模型进行模拟，建立原始图像和标准空间的对应关系，把原始图像的元素变换到标准空间中去。几何纠正分为两种：一种是几何粗校正，主要是消除系统因素引起的几何变形，通常由数据接收部门完成，这种校正往往根据卫星轨道、遥感平台、地球、传感器的各种参数进行处理。用户得到的卫星图像是已经过了几何粗校正的卫星影像产品；另一种是几何精校正，用户拿到几何粗校正的影像产品后，由于使用目的的不同或投影及比例尺的不同，依据实际需要做几何精校正。这种校正主要是利用地面控制点（ground control point）和数学校正模型对图像进行几何精校正和像素重采样。常用的数学模型为多项式法，其模型为（梅安新等，2005）：

$$\begin{cases} x = \sum_{i=0}^{n}\sum_{j=0}^{n-1} a_{ij}u_i v_j \\ y = \sum_{i=0}^{n}\sum_{j=0}^{n-1} b_{ij}u_i v_j \end{cases} \quad n=1,2,3,\cdots \quad (5\text{-}2)$$

式中，x,y 为图像坐标；u,v 为参考坐标；a_{ij}、b_{ij} 为多项式的系数。可以利用若干个地面控制点数据按最小二乘法原理求得。

$$\begin{cases} x = a_0 + a_1 u + a_2 v + a_3 u^2 + a_4 uv + a_5 v^2 + \cdots \\ y = b_0 + b_1 u + b_2 v + b_3 u^2 + b_4 uv + b_5 v^2 + \cdots \end{cases} \quad (5\text{-}3)$$

重采样方法包括最邻近法、双线性内插法和三次卷积内插法。最邻近法的优点是计算速度快且不破坏原始影像的灰度值信息，能满足遥感信息定量化研究的要求。因此，利用该算法为进行像素重采样能为水体参数遥感反演提供需要的全部影像原始信息。

本文以 1∶10000 地形图为基准，在 GIS 环境下把投影系统转化为 UTM Zone 50 N 投影系统，与卫片相匹配，选择呼伦湖四周较均匀分布的 5 个地面控制点（GCPs），这些地面控制点均为影像上和地形图上易寻找的特殊地物点，如道路河流的交叉点、湖岸线的不动拐点等，纠正方法采用二次多项式，重采样采用最邻近法进行几何精校正，校正后的均方根误差控制在 0.5 像素以内，精度满足论文数据的要求。地面控制点的详细坐标见表 5-6，地面控制点的位置见图 5-1。以 1994 年的影像数据为例，经几何精校正前后的呼伦湖影像见图 5-2。

表 5-6　地面控制点的详细坐标

GCPs	X	Y
1	530596	5444262
2	508460	5418211
3	520217	5391206
4	549745	5424961
5	548277	5463697

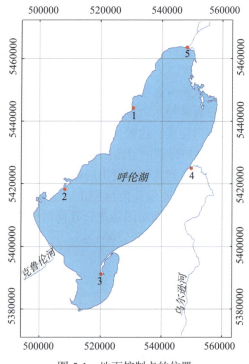

图 5-1　地面控制点的位置

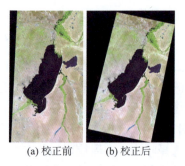

图 5-2　几何精校正前后的研究区影像

5.1.3 呼伦湖湖面的遥感解译

1. 波段的光谱特性分析

当电磁波辐射能量入射到地物表面上,将会出现三个过程:一部分入射能量被地物反射;一部分入射能量被地物吸收;一部分入射能量被地物透射。根据能量守恒定律可知:

$$P_0 = P_\rho + P_\alpha + P_\tau \tag{5-4}$$

式中,P_0 为入射的总能量;P_ρ 为地物的反射能量;P_α 为地物的吸收能量;P_τ 为地物的透射能量。

式(5-4)两端同时除以 P_0,得:

$$1 = \frac{P_\rho}{P_0} + \frac{P_\alpha}{P_0} + \frac{P_\tau}{P_0} = \rho + \alpha + \tau \tag{5-5}$$

式中,ρ 为地物的反射率;α 为地物的吸收率;τ 为地物的透射率。

对于不透明的地物,$\tau=0$,故式(5-5)可写为:

$$\rho + \alpha = 1 \tag{5-6}$$

式(5-6)表明,对于某一波段的反射率高的地物,其吸收率就低;反之,则吸收率较高。

不同地物对入射电磁波的反射能力是不一样的。地物的反射率随入射波长的变化而变化,地物反射率的大小,与入射电磁波的波长、入射角的大小以及地物表面的颜色和粗糙度等有关。同类地物的反射光谱是相似的,但随着该地物的内在差异,如几何形状、风化程度、表面含水量等的不同也会表现反射光谱的稍有不同。一般来说,当入射电磁波波长一定时,反射能力强的地物,反射率就大,在黑白的单波段遥感图像上呈现的色调就亮、浅。反之,反射光能力弱的地物,反射率就小,在黑白的单波段遥感图像上呈现的色调就暗、深。这是应用遥感图像判别地物类型的最基本原理。

图 5-3 为呼伦湖周边不同地物的光谱反射特征图。由图中看出,不同的地物其发射

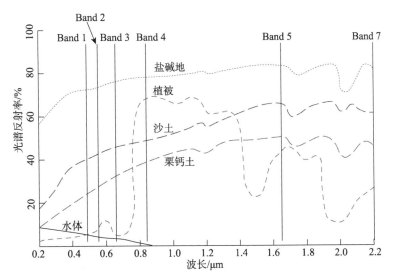

图 5-3 呼伦湖周边不同地物的光谱反射特征

特征有所不同，且随着波长的变化而变化。其中，盐碱地、沙土、栗钙土三种土壤地物表现的光谱特征趋势较为一致，反射率都随着波长的增加而增加，约在 1.75μm 和 2.05μm 时三种地物的反射率都存在一个小低谷，三者中反射率最高的为盐碱地，最低的为栗钙土。绿色植被的反射光谱曲线变化幅度较明显，它在蓝光（0.45μm）和红光（0.67μm）波段附近，有明显的吸收谷，在绿光（0.56μm）波段由于叶绿素反射，形成一个相对于红蓝波段稍高的反射峰，这也是绿色植被在人眼视为绿色的原因；到近红外波段时，由于叶肉海绵组织结构中有许多空腔，具有很大的发射表面，辐射能量大都被散射掉（Adam et al., 2000; Mohanty, 1998），形成高反射率，表现在反射曲线上从 0.7~0.8μm 处反射率急剧增高，形成一个陡坡，在红外波段 0.8~1.4μm 为一个反射率可达 50% 以上的反射峰。水体在可见光波段范围内整体反射率很少，低于 10%，并随着波长的增加反射率逐渐降低，到近红外波段及以后波长的电磁波几乎被水体全部吸收。

图 5-3 中的从左到右的 6 条竖线依次为 TM 与 ETM+影像的波段 1、2、3、4、5、7 的波长位置。电磁波的光谱反射率在 TM 与 ETM+的各波段是以灰度值（DN）表示的，DN 值取值范围为 0~255，0 为反射率最低值，在影像图上表现为黑色；255 为反射率最大值，在影像图上表现为白色。以 1994 年的呼伦湖影像资料为例，对各波段之间的 DN 值做散点分析见图 5-4~图 5-9。

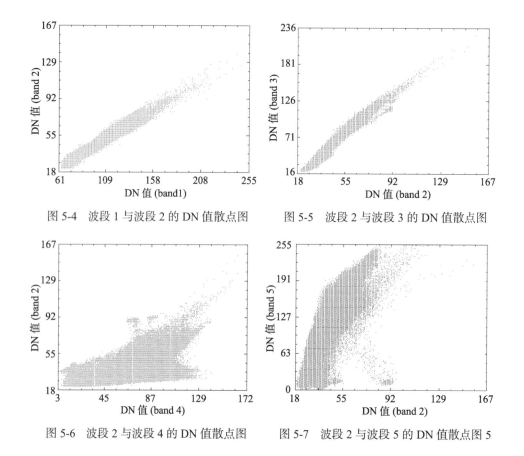

图 5-4　波段 1 与波段 2 的 DN 值散点图　　图 5-5　波段 2 与波段 3 的 DN 值散点图

图 5-6　波段 2 与波段 4 的 DN 值散点图　　图 5-7　波段 2 与波段 5 的 DN 值散点图 5

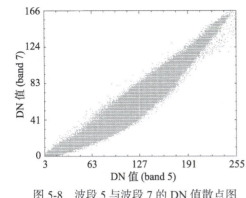
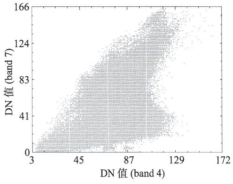

图 5-8 波段 5 与波段 7 的 DN 值散点图　　图 5-9 波段 4 与波段 7 的 DN 值散点图

由图 5-4~图 5-9 结合图 5-3 分析可知，TM 与 ETM+影像的波段 1、2、3 分布在可见光范围内，三波段的不同地物光谱反射率变化趋势较一致，所以它们的 DN 值在整幅图中分布有很大的相关性；在波段 4 附近由于地表植被的反射率达到一个峰值，使不同地物的光谱反射率高低顺序与波段 1、2、3、5、7 有了很大的不同，所以波段 4 与波段 1、2、3、5、7 无明显相关性；波段 5 与波段 7 通过散点分析也有很好的相关性，波段 5、7 与波段 1、2、3 无明显相关。

由于大部分的 TM 与 ETM+影像波段都符合上述相关性特征，所以就不对所有影像数据进行逐一分析。

2. 彩色合成方法研究

TM 与 ETM 影像的 1~7 波段在单波段灰阶显示时为灰度图像，没有色彩，反射率高的区域为白色，反射率的低的区域为黑色，如 1994 年影像资料的 4、3、2 波段如图 5-10 所示。为了更好地对实际地物进行研究，应对不同波段进行组合，以生成彩色图像来满足不同的需求。彩色合成意为应用三个波段图像的灰度（DN）值，以 RGB 色彩合成方式变为彩色图像。如某一位置的影像其中任意三个波段的 DN 值分别为 240、10、5，那么这一位置三个波段的单波段图像颜色应为白色、黑色、黑色，而在 RGB 图像合成后，以 R、G、B 分别对应 240、10、5，合成后的图像这一位置的颜色为红色。因为一般的彩色合成图像其地物颜色与人肉眼观察到的颜色不一致，不代表地物的真实颜色，所以大部分彩色合成称为假彩色图像。因波段选取不同、RGB 前后顺序不同假彩色图像会表现出多种多样的色彩模式。以 1994 年影像资料为例，对 4、3、2 波段合成图与单波段对比见图 5-10。

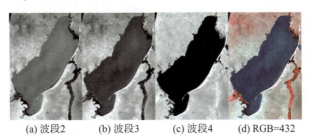

(a) 波段2　　(b) 波段3　　(c) 波段4　　(d) RGB=432

图 5-10 彩色合成与单波段灰阶显示效果对比图

目前，较常用的水体彩色合成波段组合主要有下面几种：

（1）RGB=321：称为真彩色合成，即3、2、1波段分别赋予红、绿、蓝色，获得接近人类肉眼观测效果的彩色合成图像，图像的色彩与原区域的实际色彩接近一致，适合于非遥感应用的专业人员使用。

（2）(RGB=432：标准假彩色合成，即4、3、2波段分别赋予红、绿、蓝色，因绿色植被在4波段的高反射率，所以获得的图像植被为红色，由于突出表现了植被的特征，应用十分广泛，而被称为标准假彩色。如蓝藻暴发时遥感监测，蓝藻区呈绯红色，与周围深蓝色、蓝黑色湖水有明显区别。

（3）RGB=742：波段组合图像具有兼容短红外、近红外及可见光波段信息的优势，图面色彩丰富，层次感好，具有极为丰富的地表环境信息，而且清晰度高，干扰信息少。

本文主要的目的是通过假彩色合成图像来最大限度的区别水体与其他地物，以确定较精确的水面变化情况。由解译理论可知，假彩色图像中不同地物的区分主要取决于地物间颜色的对比程度，颜色对比越大，越容易区分，颜色对比越小，越容易混淆。而颜色的对比程度则与颜色合成波段的相关性有关，合成波段的相关性越大，颜色的对比程度越小，相关性越小，合成的颜色对比越强烈。由上节的内容可知，波段中以第4波段与其他波段的相关性为最低，表明这个波段信息有很大的独立性，可见光波段1、2、3之间相关性较高，短红外波段5、7之间相关性较高，波段5、7与波段1、2、3相关性较差。综上所述，理论上应为RGB=742的假彩色合成为最优的水面提取图像。

对前面提到的三种彩色合成图像均进行水面与其他地物的分离提取，以分离提取的效果来验上述理论的正确性。

水与不同地物的分离提取方法本文应用基于ENVI 4.0遥感图像处理软件监督分类的最大似然分类法，首先在呼伦湖影像图上做出训练样本区，训练样本区应尽可能地选取纯净的区域，本文以水体为一类，其他地物为一类，共两类训练样本区。最大似然分类假定每一类统计的都呈均匀分布，并计算每一像元属于某一特定类别的似然度，最终所有像元都将被分类，并归属到似然度最大的一类中。

以1998年呼伦湖左下角湖湾的影像为例，三种彩色合成图像的与分类提取效果见图5-11~图5-13。

(a) 彩色合成(RGB=321)　　　　(b) 水面提取效果

图5-11　波段3、2、1彩色合成及水面提取效果图

(a) 彩色合成 (RGB=432)　　　　　　　(b) 水面提取效果

图 5-12　波段 4、3、2 彩色合成及水面提取效果图

(a) 彩色合成 (RGB=742)　　　　　　　(b) 水面提取效果

图 5-13　波段 7、4、2 彩色合成及水面提取效果图

从图 5-11~图 5-13 可以看出，波段 742 的彩色合成图像地物色彩对比最为强烈，水面提取效果和实际最为相符；而波段 321 的彩色合成图像整体颜色色阶较为一致，在西面的湖沼滩中难以区分水域与陆地，提取的水域范围也错误众多；波段 432 的彩色合成图像较波段 321 要好很多，为水体对波段 4 大量吸收的原因，使水域范围较好区分，提取结果有少量错误。由此可知，实际提取效果与前面的理论分析结果是一致的，所以，在呼伦湖水面进行提取时均以 RGB=742 的彩色合成图像为基础。

3. 水面面积多年变化分析

图 5-14 是呼伦湖近 24 年来的影像图。由图中可看出，虽均为 RGB=742 的假彩色合成图，但由于成像时间的不同，受地表情况、水中溶质、大气等各种因素的影响使图像的颜色也稍有差异。对这 24 幅图采用最大似然法进行水面提取，提取计算后的各年水面面积见表 5-7，多年水陆界面叠加图见图 5-15。

图 5-15 显示了呼伦湖近 24 年来湖岸线变化的主要情况，其中最外面的线条为 1991年 8 月 11 日时的水面轮廓线，最里面的线条为 2009 年 10 月 5 日时的水面轮廓线，有部分年份因面积相同其水面线为重叠状态。由图中看出，呼伦湖近 24 年来的水面变化主要集中在坡度小、水深浅的左下角的湖湾和东岸的湖滩。东岸为湖水冲积沙滩，地表平缓，水面的位置会随水位的高低呈现规律的退缩；左下角的湖湾为全湖水面变化最明显的区域，到 2009 年 10 月时大部分已干枯。

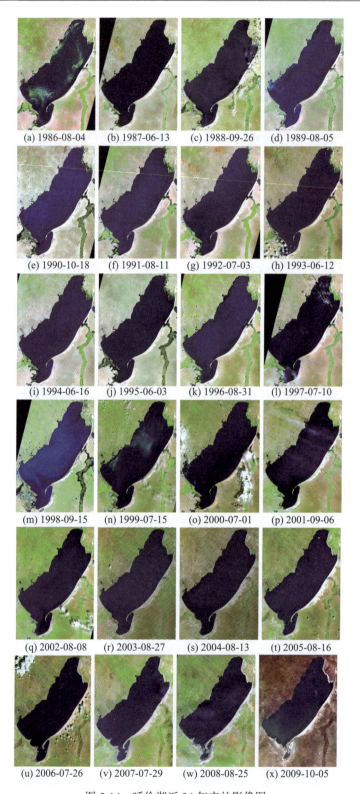

图 5-14 呼伦湖近 24 年来的影像图

表 5-7 呼伦湖多年水面面积统计表

影像时间	水面面积/km²	影像时间	水面面积/km²
1986-08-04	2096.87	1998-09-15	2104.94
1987-06-13	2067.07	1999-07-15	2105.02
1988-09-26	2062.45	2000-07-01	2106.55
1989-08-05	2075.88	2001-09-06	2066.54
1990-10-18	2105.94	2002-08-08	2054.43
1991-08-11	2108.15	2003-08-27	2034.24
1992-07-03	2102.72	2004-08-13	2002.50
1993-06-12	2098.93	2005-08-16	1977.55
1994-06-16	2118.07	2006-07-26	1938.64
1995-06-03	2116.24	2007-07-29	1907.21
1996-08-31	2109.10	2008-08-25	1837.03
1997-07-10	2098.84	2009-10-05	1791.47

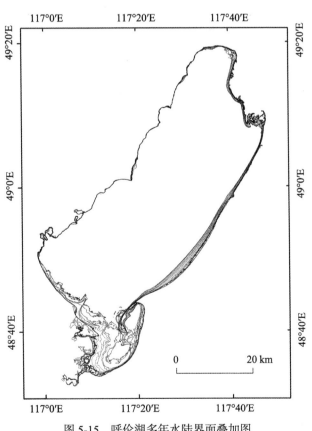

图 5-15 呼伦湖多年水陆界面叠加图

图 5-16 为呼伦湖水面面积与水位变化图,由图可知,呼伦湖的面积的大小随着水位的高低变化而变化,成正相关,这说明呼伦湖水面变化主要由水位决定,并不存在水生植物沉积、沼泽化进程、大量泥沙淤积等其他现象。

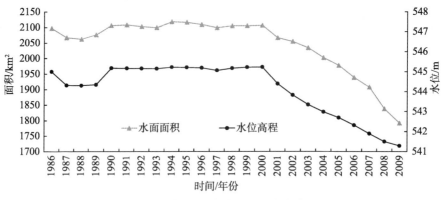

图 5-16　呼伦湖近 24 年水面面积与水位变化图

5.2　多波段遥感水深反演模型研究

水深是湖泊水环境的重要参数之一，传统的水深测量方法主要是利用定位设备在水域作网状布点，在船上安装的测深设备，如测深杆、测深锤、回声测深仪、多波束声呐等进行测量，从而获得研究水域的水下地形数据。由于受水深信息采集范围广以及部分地区环境条件恶劣等因素的影响使研究人员难以获取有效数据，所以传统的测量方法存在一定的局限性。随着遥感技术的发展，其应用研究于许多领域，利用遥感探测水深是一种间接方法，它主要应用水体对光的反射及自身辐射，由空间卫星传感器接收，然后对卫星数据进行信息分离，结合实测水深数据对水域进行水深反演。利用遥感手段测量水深，可以发挥遥感"快速、大范围、准同步、高分辨率获取水下地形信息"的特长。水深遥感在国外起步较早，我国 20 世纪 80 年代开始了水深遥感技术的研究，反演模型主要有理论模型、半理论半经验模型以及统计相关模型（盛琳等，2015；梁建等，2015），由于受条件限制，水体内部的许多光学参数无法确定，有条件可获取的参数也与卫星过境时间不能相同，使得理论模型与半理论半经验模型在实际中没有得到广泛的应用，研究主要以统计相关模型为主（于瑞宏等，2005；张鹰等，2009；叶小敏等，2009；张建新等，2014）。

在利用卫星多光谱数据进行水深测量的研究方面，美国密执安环境研究所的研究人员早在 20 世纪 60 年代中后期即开始这方面的研究，并在原理和方法上作出了巨大贡献。随着陆地卫星（1972 年）的发射，国外在这方面取得了突破性进展（Lyzenga，1978；Mgengel and Spitzer，1991；Lafon et al.，2002；Misra et al.，2003； Legleiter and Roberts，2009；Brando et al.，2009）。国内从 20 世纪 80 年代开始，在遥感测深方面也不断有研究成果发表。任明达（1981）利用 Landsat-MSS 卫片进行了琼州海峡的海岸带水深遥感解译工作；平仲良（1982）利用卫星照片建立了卫星照片密度和海水深度之间的数学关系；其他学者大多在前人研究的基础上针对特定区域特征对模型和方法作了不同程度的改良或改进。

我国近些年关于水深遥感研究区域主要集中在湿润地区的浅海海域（田庆久等，2007；张鹰等，2009；叶小敏等，2009；刘振等，2014），选取影像数据时间为夏季，应用波段为太阳光谱，而对于寒旱区的湖泊研究较少，关于应用湖水热红外辐射波段反演水深的文献更为少数。本文应用 Landsat TM/ETM+卫星秋末冬初的影像资料结合实测水深数据，选择太阳辐射与热红外多波段组合建立统计回归反演模型，以确定呼伦湖湖底地形，并探索适用于北方寒旱区水深解译的新方法。

5.2.1 反演模型的主要原理

1. 太阳辐射波段

太阳辐射在经过大气的吸收、反射和散射等作用后到达水体表面，一部分能量在水气界面被反射回大气中，大部分能量经水面折射进入水体。受水体的吸收和散射作用，在传播过程中能量会不断衰减，只有较少的光到达水底被反射后又穿过水体和大气最终被卫星传感器所接收（图 5-17）。传感器接收到的光辐射主要包括大气信息和水体信息。大气信息中的散射和反射可以通过大气校正来消除；水体信息主要包括水体表面直接反射的光信息、水体的散射光信息和水底反射光信息。进入传感器的水底反射光信息是水下地形的直接反映，是水深遥感的主要信息来源。

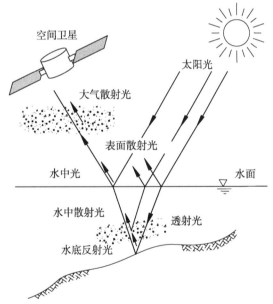

图 5-17 太阳辐射通过水体到达传感器的示意图

进入水体内的光由底部吸收反射后经水体大气被空间传感器接收，其应用表达式可表达为（Tanis and Hallada，1984；Tanis and Byrne，1985）：

$$L_i = L_{i\infty} + C_i R_B(\lambda) e^{-k_i f Z} \tag{5-7}$$

式中，L_i 为传感器接收到的第 i 波段的辐射值；C_i 为与太阳辐照度、大气和水面透过率及水面折射等有关的常数；$L_{i\infty}$ 为深水区辐射值；R_B 为水体底部反射率；λ 为太阳辐射值；k_i 为水体衰退减系数；f 为水体路径长度（通常取 2）；Z 为水深值。

模型认为传感器接收到经大气和水体削弱的水底反射的光辐射能与水体深度呈反比。该模型基于光在水体内的辐射衰减而建立，削弱了大气的影响，但由于模型以水底反射率较高、水质较清和研究水域较浅等假设为前提,一定程度上限制了模型的应用范围。

Wei 等(1992)针对基于底部反射水深反演模型的不足,提出了一种遥感反演水下地形的新机理,即基于水体散射的水深反演模型:

$$Z = -\frac{1}{k}\ln\left(1 - \frac{L_i - B}{A}\right) \tag{5-8}$$

式中,A、B 为方程系数,可通过将水深值 Z 和辐射值 L_i 代入方程来确定。该模型弥补了上一模型仅能用于浅水、底部反射较强和水质较清水域的不足,可用于反演深水和水质较混浊水域的水深情况。

Paredes 和 Spero(1983)基于 e 指数衰减光学模式,假设存在波段(至少两个),其底部反射率比值对于整景图像来说为常数,推导出不受底部类型变化影响的多波段水深反演模型:

$$Z = A_0 + A_1 B_1 + A_2 B_2 + \cdots + A_n B_n \tag{5-9}$$

式中,$B_i = \ln(L_i - L_\infty)/k_i$;方程中的系数 A_i 可通过对几组已知水深点和像元辐射值进行回归分析获得。

2. 湖水热辐射波段

应用秋季湖水的热对流原理,在秋季气温低于湖面水温的条件下,大气与水体接触界面会有热量从水体传给大气,湖水表面因失去热量,温度下降,比重增加而下沉,底层高温湖水因比重较轻而上浮。从而产生上下层湖水间的垂直对流,使上下层湖水同时参与冷却(Chu and Gascard,1991;祝令亚,2006;王冠,2007)。这一过程进行到一定阶段后,就会出现深水湖面水温明显高于浅水湖面水温的现象。湖面水温分布与水深分布的对应关系,可用下述方程表示。

设秋季湖水与大气之间通过界面蒸发和接触传热,热量由湖水传给大气时,单位面积的热交换率与水气温度差成正比。即:

$$\frac{dQ}{dt} = -\gamma(T - T_a) \tag{5-10}$$

式中,γ 为热交换系数,是一个与大气温度、风速有关的参数;负号表示热量流向低温的一方;T、T_a 分别为湖水和大气的温度,失去热量的湖水温度下降,降温率与热交换率成正比。即:

$$\frac{dT}{dt} = \frac{1}{cZ} \cdot \left(\frac{dQ}{dt}\right) \tag{5-11}$$

式中,c 为水的比热;Z 为水深。由式(5-10)、式(5-11)可以解出湖水温度随时间变化的关系式:

$$T = T_a + (T_0 - T_{a0}) \cdot \exp\left(\frac{-\gamma t}{cZ}\right) \tag{5-12}$$

式中,T_0、T_{a0} 分别是冷却过程中湖水和大气的初始温度。为更明显地看出式(5-12)的物理意义,现将湖面温度分布增量改写为水深增量表达式:

$$\Delta T(Z) = A(Z)\Delta Z; A(Z) = (T_0 - T_{a0}) \cdot \frac{\gamma t}{cZ^2} \cdot \exp\left(-\frac{\gamma t}{cZ^2}\right) \quad (5\text{-}13)$$

式中，$A(Z)$ 为温度水深分辨系数，代表水深相差 1m 所造成的水面温差，它是一个衡量秋季热红外图像解译水深能力的物理量。$A(Z)$ 中的水气温差因子 $(T_0 - T_{a0})$ 值越大，1m 水深差的水温差也就越大，区分水深的能力也就越强。

5.2.2 数据的选取与预处理

1. 实测水深数据情况

根据研究区的实际情况，本文使用太阳辐射与热红外辐射多波段组合的统计模型来反演水深。所以实测水深样本点的多少关系到其能否代表实际地形，及建模的准确程度。呼伦湖的水深实测资料较少，现有的仅 1988 年冬季的 8 个点；1991 年冬季的 9 个点；2008 年 9 月的 13 个点和 2008 年 12 月的 11 个点，共 41 个实测水深点，这些点位置并无重复。其中 1988 年、1991 年为呼伦湖渔场冬季捕鱼时实测，2008 年 9 月、12 月为内蒙古农业大学科研小组实测，测量工具均为测深锤，具体点位分布见图 5-18。

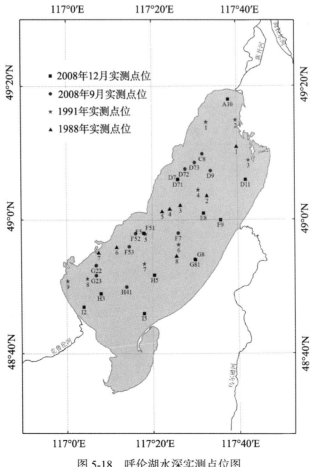

图 5-18　呼伦湖水深实测点位图

2. 影像数据的选取

呼伦湖地处内蒙古高原,夏季多风,湖面受风浪影响起伏较大;约在每年的9月底10月初天气开始转冷,水温迅速下降。由水深反演理论可知,利用热红外波段遥感图像解译水深,最佳时机应当为秋末初冬,水气温度相差大,湖水温度下降快的时段。综上所述,最终选择Landsat卫星数据,影像效果较好的5个年份作为反演年份,为1990年10月18日、1998年9月15日、2001年10月17日、2006年10月7日以及2007年9月24日,其中2001年10月17日为ETM数据,其他年份均为TM数据,这五次影像数据的预处理方法与前文相同。

3. 水深数据的融合与调整

因单次的实测水深数据数量少不足以构成建模样本点,且不能与卫星过境时间同步,为增加样本点的数量并将水深数据应用到卫片所选年份。所以在忽略湖底沉积的情况下,将4次实测数据按实测时间的水位差以2008年为基准水深融合到一起;再将融合后的数据按卫片年份与2008年的湖泊水位差做计算调整后作为卫片年份的水深数据,这样就获得了与影像时间同步的全湖41个水深实测点。水位差见表5-8,水深数据融合与调整结果见表5-9。以调整后的前30个点作为建模样本点;后11个点作为验证样本点。

表 5-8 调整年份与2008年冬水位差

时间	1988年冬	1991年冬	1990-10-18	1998-9-15	2001-10-17	2006-10-7	2007-9-24
水位差	2.8	3.7	3.68	3.68	2.9	0.82	0.4

表 5-9 数据的融合与调整结果表

实测年份	测点名	原测水深/m	融合后水深/m	调整后卫片年份水深/m				
				1990-10-18	1998-9-15	2001-10-17	2006-10-7	2007-9-24
1988年冬	1	5.1	2.3	5.98	5.98	5.2	3.12	2.7
	2	6.55	3.75	7.43	7.43	6.65	4.57	4.15
	3	5.4	2.6	6.28	6.28	5.5	3.42	3
	4	6.3	3.5	7.18	7.18	6.4	4.32	3.9
	5	6.55	3.75	7.43	7.43	6.65	4.57	4.15
	6	5.8	3	6.68	6.68	5.9	3.82	3.4
	7	4.1	1.3	4.98	4.98	4.2	2.12	1.7
	8	6.05	3.25	6.93	6.93	6.15	4.07	3.65
1991年冬	1	6	2.3	5.98	5.98	5.2	3.12	2.7
	2	4.6	0.9	4.58	4.58	3.8	1.72	1.3
	3	5.4	1.7	5.38	5.38	4.6	2.52	2.1
	4	7.5	3.8	7.48	7.48	6.7	4.62	4.2
	5	7.2	3.5	7.18	7.18	6.4	4.32	3.9
	6	7.2	3.5	7.18	7.18	6.4	4.32	3.9
	7	7.18	3.48	7.16	7.16	6.38	4.3	3.88
	8	5.9	2.2	5.88	5.88	5.1	3.02	2.6
	9	6.4	2.7	6.38	6.38	5.6	3.52	3.1

续表

实测年份	测点名	原测水深/m	融合后水深/m	调整后卫片年份水深/m				
				1990-10-18	1998-9-15	2001-10-17	2006-10-7	2007-9-24
2008年9月	D71	3.38	3.38	7.06	7.06	6.28	4.2	3.78
	D72	3.26	3.26	6.94	6.94	6.16	4.08	3.66
	D73	3.28	3.28	6.96	6.96	6.18	4.1	3.68
	F51	3.42	3.42	7.1	7.1	6.32	4.24	3.82
	F52	3.24	3.24	6.92	6.92	6.14	4.06	3.64
	F53	3.3	3.3	6.98	6.98	6.2	4.12	3.7
	G22	2.64	2.64	6.32	6.32	5.54	3.46	3.04
	G23	3.16	3.16	6.84	6.84	6.06	3.98	3.56
	H41	3.22	3.22	6.9	6.9	6.12	4.04	3.62
	G81	3.1	3.1	6.78	6.78	6	3.92	3.5
	F7	2.92	2.92	6.6	6.6	5.82	3.74	3.32
	C8	3.52	3.52	7.2	7.2	6.42	4.34	3.92
	D9	3.31	3.31	6.99	6.99	6.21	4.13	3.71
2008年12月	A10	1.88	1.88	5.56	5.56	4.78	2.7	2.28
	D11	3.1	3.1	6.78	6.78	6	3.92	3.5
	D7	3.36	3.36	7.04	7.04	6.26	4.18	3.76
	E8	3.7	3.7	7.38	7.38	6.6	4.52	4.1
	F5	3.67	3.67	7.35	7.35	6.57	4.49	4.07
	F9	2.9	2.9	6.58	6.58	5.8	3.72	3.3
	G8	3.08	3.08	6.76	6.76	5.98	3.9	3.48
	H3	3.12	3.12	6.8	6.8	6.02	3.94	3.52
	I2	0.85	0.85	4.53	4.53	3.75	1.67	1.25
	I5	1.96	1.96	5.64	5.64	4.86	2.78	2.36
	H5	3.47	3.47	7.15	7.15	6.37	4.29	3.87

5.2.3 呼伦湖水深反演模型

1. 实测数据与波段分析

根据实测水深点的坐标位置对影像数据各波段的 DN 值进行提取，提取后的 DN 值见附表 1 到附表 5。首先对实测水深与影像数据各波段的 DN 值进行相关性分析，以确定多波段组合模型的波段选取，其中 1~5 波段和 7 波段为太阳光反射波段，1~3 波段分别为蓝绿、绿、红光波段，4 波段为近红外波段，5 波段和 7 波段为短红外波段；6 波段为热红外波段。具体相关系数见表 5-10。

表 5-10 实测水深数据与各波段 DN 值的相关系数

影像时间	band1	band2	band3	band4	band5	band6	band7
1990-10-18	0.618	0.634	0.617	0.311	0.046	0.320	0.116
1998-09-15	0.673	0.646	0.707	0.459	0.079	0.518	−0.466
2001-10-17	0.610	0.559	0.661	0.510	−0.012	0.530	−0.163
2006-10-07	0.369	0.518	0.452	0.564	0.094	0.671	0.080
2007-09-24	0.898	0.889	0.865	0.799	−0.215	0.748	0.107

通过表 5-10 可以看出，水深数据与各波段 DN 值相关性较好的有波段 1、2、3、4、6，可用来作为建模波段。5 个年份中以 2007-09-24 的各波段相关系数最大，部分波段达到 0.8 以上，这与影像成像时的大气条件和水体扰动有密切的关系。在此基础上本文并对这五个年份中的两两波段 DN 值的比值与水深做了相关性分析，结果为相关程度不及单波段好，故在建模时不考虑使用波段比值。

2. 模型的建立

根据上一节的相关性分析，最终选择太阳光谱的 1、2、3、4 波段与热红外辐射的 6 波段进行建模，分别取对数和非对数作多种组合建模，然后对其做模拟误差分析，选出四种模型中的最优模型。对最优模型做波段敏感性分析，再根据最优模型对五次影像波段进行运算，通过波段运算结果结合误差分析再选出最优年份，如此优中选优，可使模拟的湖底接近最真实的情况，对比模型式如下。

（1）太阳光谱波段+热红外辐射波段：

$$Z = A_0 + A_1 B_1 + A_2 B_2 + A_3 B_3 + A_4 B_4 + A_6 B_6 \quad (5-14)$$

（2）太阳光谱波段+对数热红外辐射波段：

$$Z = A_0 + A_1 B_1 + A_2 B_2 + A_3 B_3 + A_4 B_4 + A_6 \ln B_6 \quad (5-15)$$

（3）对数太阳光谱波段+热红外辐射波段：

$$Z = A_0 + A_1 \ln B_1 + A_2 \ln B_2 + A_3 \ln B_3 + A_4 \ln B_4 + A_6 B_6 \quad (5-16)$$

（4）对数太阳光谱波段+对数热红外辐射波段：

$$Z = A_0 + A_1 \ln B_1 + A_2 \ln B_2 + A_3 \ln B_3 + A_4 \ln B_4 + A_6 \ln B_6 \quad (5-17)$$

3. 模型的计算与误差分析

对 5 个年份的 4 种模型共计 20 个模型进行回归计算后，回归应用最小二乘法，建模样本点为 30 个，模拟检验水深点为 11 个。分析水深模拟值与建模值、检验值的相关系数与绝对误差的方差，平均绝对误差和平均相对误差，以便选出最优模型，分析结果见表 5-11、表 5-12。

表 5-11 所有模型的相关系数及误差的方差分析表

影像时间	回归模型	建模水深值与模拟值		检验水深值与模拟值	
		相关系数	绝对误差的方差	相关系数	绝对误差的方差
1990-10-18	太阳光谱+热红外	0.6946	0.2651	0.8549	0.2147
	太阳光谱+对数热红外	0.6945	0.2651	0.8548	0.2148
	对数太阳光谱+热红外	0.6996	0.2614	0.8648	0.2034
	对数太阳光谱+对数热红外	0.6996	0.2614	0.8648	0.2034
1998-09-15	太阳光谱+热红外	0.7827	0.1984	0.8096	0.2751
	太阳光谱+对数热红外	0.7833	0.1979	0.8096	0.2750
	对数太阳光谱+热红外	0.7824	0.1986	0.8106	0.2753
	对数太阳光谱+对数热红外	0.7831	0.1981	0.8106	0.2751

续表

影像时间	回归模型	建模水深值与模拟值		检验水深值与模拟值	
		相关系数	绝对误差的方差	相关系数	绝对误差的方差
2001-10-17	太阳光谱+热红外	0.8058	0.1796	0.6355	0.4836
	太阳光谱+对数热红外	0.8059	0.1795	0.6363	0.4825
	对数太阳光谱+热红外	0.8096	0.1765	0.6424	0.4745
	对数太阳光谱+对数热红外	0.8097	0.1763	0.6433	0.4735
2006-10-07	太阳光谱+热红外	0.6936	0.2657	0.8087	0.3188
	太阳光谱+对数热红外	0.6840	0.2650	0.6009	0.3154
	对数太阳光谱+热红外	0.7029	0.2591	0.8070	0.3177
	对数太阳光谱+对数热红外	0.7038	0.2584	0.8086	0.3146
2007-09-24	太阳光谱+热红外	0.9266	0.0725	0.9285	0.1099
	太阳光谱+对数热红外	0.9280	0.0711	0.9304	0.1077
	对数太阳光谱+热红外	0.9267	0.0724	0.9284	0.1099
	对数太阳光谱+对数热红外	0.9281	0.0710	0.9303	0.1077

表 5-12 所有模型的绝对误差与相对误差分析表

影像时间	回归模型	建模水深值与模拟值		检验水深值与模拟值	
		平均绝对误差/m	平均相对误差/%	平均绝对误差/m	平均相对误差/%
1990-10-18	太阳光谱+热红外	0.4033	6.3625	0.4483	6.8574
	太阳光谱+对数热红外	0.4000	6.3600	0.4500	6.8600
	对数太阳光谱+热红外	0.4000	6.3100	0.4600	7.0200
	对数太阳光谱+对数热红外	0.4000	6.3100	0.4600	7.0200
1998-09-15	太阳光谱+热红外	0.3225	5.0151	0.3300	5.6857
	太阳光谱+对数热红外	0.3220	5.0056	0.3304	5.6892
	对数太阳光谱+热红外	0.3242	5.0866	0.3229	5.5903
	对数太阳光谱+对数热红外	0.3237	5.0785	0.3233	5.5938
2001-10-17	太阳光谱+热红外	0.3463	6.1533	0.6017	10.8881
	太阳光谱+对数热红外	0.3461	6.1485	0.6011	10.8763
	对数太阳光谱+热红外	0.3429	6.0880	0.5939	10.7636
	对数太阳光谱+对数热红外	0.3427	6.0831	0.5934	10.7521
2006-10-07	太阳光谱+热红外	0.3983	11.5185	0.4245	13.6565
	太阳光谱+对数热红外	0.3977	11.4943	0.4221	13.5364
	对数太阳光谱+热红外	0.3929	11.3022	0.4235	13.5974
	对数太阳光谱+对数热红外	0.3924	11.2805	0.4212	13.4841
2007-09-24	太阳光谱+热红外	0.2168	6.9226	0.2838	10.5152
	太阳光谱+对数热红外	0.2167	6.8398	0.2800	10.2754
	对数太阳光谱+热红外	0.2167	6.9145	0.2835	10.4895
	对数太阳光谱+对数热红外	0.2166	6.8335	0.2797	10.2523

由表 5-11、表 5-12 可以看出，在 1990-10-18、1998-09-15、2006-10-07、2007-09-24 这四年中的所有模型的建模相关系数均小于检验相关系数，仅 2001-10-17 一年的建模相

关系数大于检验的相关系数,但它并不能说明检验效果好于建模效果,只能说明拟合数据的整体相关性较好,理论上讲应为检验相关性小于建模相关性,出现上述情况的原因为检验的样本点约为建模样本点的 1/3,样本点数量少而引起的相关系数变大。为此,必须对实测值与模拟值的绝对误差与相对误差进行计算,来更好说明模型拟合效果的优劣,表中的绝对误差平均值主要在 0.2~0.6m,均为检验大于建模;相对误差平均值主要在 6%~13%,也均为检验大于建模。绝对误差的方差是反应同一模型中所有点位水深值模拟误差的离散情况,值越小代表模拟效果越好。从年内四种模型对比来看,五年中均为对数模型好于其他三种模型,为最优模型。各年份最优模型的模拟结果见表 5-13~表 5-17,拟合曲线见图 5-19~图 5-23。

表 5-13 1990 年 10 月 18 日对数模型检验值的模拟结果及误差

点位	实测水深/m	模拟水深/m	绝对误差/m	相对误差/%
A10	5.56	6.26	0.70	12.56
D11	6.78	6.18	−0.60	−8.84
D7	7.04	6.09	−0.95	−13.53
E8	7.38	7.18	−0.20	−2.73
F5	7.35	6.95	−0.40	−5.40
F9	6.58	6.64	0.06	0.97
G8	6.76	5.97	−0.79	−11.71
H3	6.80	6.46	−0.34	−5.07
I2	4.53	4.43	−0.10	−2.16
I5	5.64	5.04	−0.60	−10.58
H5	7.15	6.88	−0.27	−3.72

表 5-14 1998 年 9 月 15 日对数模型检验值的模拟结果及误差

点位	实测水深/m	模拟水深/m	绝对误差/m	相对误差/%
A10	5.56	5.52	−0.04	−0.67
D11	6.78	6.76	−0.02	−0.29
D7	7.04	7.00	−0.04	−0.55
E8	7.38	7.07	−0.31	−4.15
F5	7.35	6.96	−0.39	−5.37
F9	6.58	6.74	0.16	2.41
G8	6.76	6.97	0.21	3.18
H3	6.80	5.89	−0.91	−13.36
I2	4.53	5.78	1.25	27.62
I5	5.64	5.44	−0.20	−3.63
H5	7.15	7.17	0.02	0.31

表 5-15　2001 年 10 月 17 日对数模型检验值的模拟结果及误差

点位	实测水深/m	模拟水深/m	绝对误差/m	相对误差/%
A10	4.78	4.99	0.21	4.46
D11	6.00	5.19	−0.81	−13.46
D7	6.26	5.15	−1.11	−17.76
E8	6.60	6.21	−0.39	−5.92
F5	6.57	5.98	−0.59	−9.00
F9	5.80	5.18	−0.62	−10.63
G8	5.98	5.69	−0.29	−4.79
H3	6.02	6.93	0.91	15.10
I2	3.75	4.83	1.08	28.68
I5	4.86	4.91	0.05	0.98
H5	6.37	5.89	−0.48	−7.50

表 5-16　2006 年 10 月 7 日对数模型检验值的模拟结果及误差

点位	实测水深/m	模拟水深/m	绝对误差/m	相对误差/%
A10	2.70	3.48	0.78	28.72
D11	3.92	4.21	0.29	7.37
D7	4.18	3.86	−0.32	−7.58
E8	4.52	3.66	−0.86	−19.13
F5	4.49	3.50	−0.99	−21.98
F9	3.72	3.63	−0.09	−2.55
G8	3.90	3.69	−0.21	−5.46
H3	3.94	3.89	−0.05	−1.17
I2	1.67	2.39	0.72	42.92
I5	2.78	3.08	0.30	10.72
H5	4.29	4.26	−0.03	−0.75

表 5-17　2007 年 9 月 24 日对数模型检验值的模拟结果及误差

点位	实测水深/m	模拟水深/m	绝对误差/m	相对误差/%
A10	2.28	2.11	−0.17	−7.60
D11	3.50	3.51	0.01	0.24
D7	3.76	3.49	−0.27	−7.22
E8	4.10	3.98	−0.12	−2.97
F5	4.07	3.67	−0.40	−9.79
F9	3.30	3.85	0.55	16.64
G8	3.48	3.74	0.26	7.46
H3	3.52	3.86	0.34	9.78
I2	1.25	1.56	0.31	25.16
I5	2.36	2.93	0.57	24.29
H5	3.87	3.93	0.06	1.61

从表 5-13~表 5-17 可以看出，在这五个年份中，最优模型的模拟检验绝对误差主要集中在正负 0.8m 以内，相对误差主要集中在正负 30%以内，有部分点数值较大，出现原因与实测水深数据的测量误差和卫星成像时局部地区受水流、溶质、天气情况的影响等有关。模拟绝对误差最大值出现在 1998 年的 I2 点为 1.25m，相对误差最大值出现在 2006 年的 I2 点为 42.9%，绝对误差最大值并非对应的相对误差为最大，这是由于呼伦湖在 1998 年水位较高，实测水深基数大，使的绝对误差与实际水深的比值降低，而在 2006 年时水位比 1998 年时下降近 2.8m，这也说明了在判断五年中模拟效果最好的年份应以绝对误差为主要参考值。

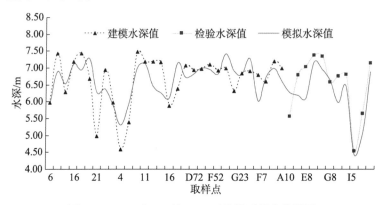

图 5-19　1990 年 10 月 18 日对数模型拟合曲线图

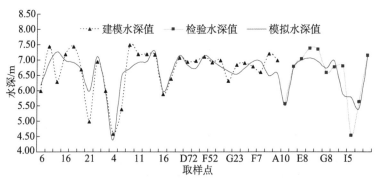

图 5-20　1998 年 9 月 15 日对数模型拟合曲线图

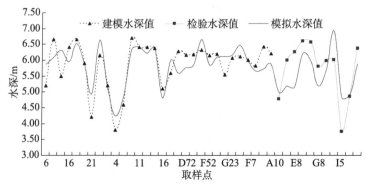

图 5-21　2001 年 10 月 17 日对数模型拟合曲线图

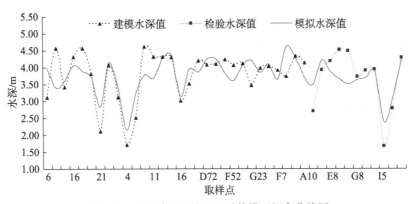

图 5-22 2006 年 10 月 7 日对数模型拟合曲线图

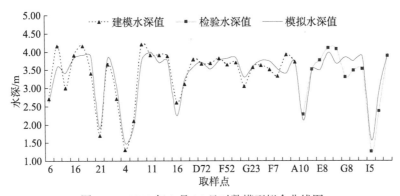

图 5-23 2007 年 9 月 24 日对数模型拟合曲线图

由图 5-19~图 5-23 结合表 5-13~表 5-17 可知,拟合效果最好的为 2007 年 9 月 24 日,其他年份的拟合效果优劣顺序为 2006-10-07、1998-09-15、1990-10-18、2001-10-17,大致与表 5-10 中的各年份水深与波段 DN 值相关性大小的排序一致。

4. 模型的波段敏感性分析

由前面的分析可知,对数模型为最优模型,各年份的水深反演模型表达式为:

(1) 1990-10-18:
$$Z = 4.85\ln B_1 + 7.01\ln B_2 + 5.02\ln B_3 + 0.85\ln B_4 + 1.78\ln B_6 - 63.05 \quad (5-18)$$

(2) 1998-09-15:
$$Z = 0.18\ln B_1 - 0.84\ln B_2 + 5.82\ln B_3 - 2.32\ln B_4 + 30.67\ln B_6 - 150.23 \quad (5-19)$$

(3) 2001-10-17:
$$Z = 12.37\ln B_1 + 9.06\ln B_2 + 2.5\ln B_3 + 0.32\ln B_4 + 10.22\ln B_6 - 139.44 \quad (5-20)$$

(4) 2006-10-07:
$$Z = -5.73\ln B_1 + 3.56\ln B_2 + 5.41\ln B_3 + 1.17\ln B_4 + 28.26\ln B_6 - 137.92 \quad (5-21)$$

(5) 2007-09-24:
$$Z = 4.5\ln B_1 + 2.28\ln B_2 + 3.08\ln B_3 - 1.39\ln B_4 + 11.02\ln B_6 - 81.76 \quad (5-22)$$

各波段的 DN 值是反演水深的重要指标,对模型的模拟效果起着至关重要的作用。波段的敏感性分析主要是确定出模型中影响水深值大小的五个波段重要性的排序,它可以反映出各波段变化对模拟水深结果变化的影响程度。具体计算为在其他波段值不变的情况下变动某一波段，若水深值随之发生较大的变化，则说明水深反演模型对该波段敏感度较高。简而言之，敏感性分析就是一种定量描述模型输入变量对输出变量的重要性程度的一种方法。五个年份的水深反演模型波段敏感性见表 5-18~表 5-22，表中的波段初始值 B_i 取附表 1 到附表 5 中各波段 DN 值的平均值。

表 5-18 1990 年 10 月 18 日水深反演模型波段敏感性分析

波段	波段初始值 B_i	波段增减量/% $\Delta B_i / B_i$	模拟水深增减量/% $\Delta Z / Z$	相对敏感度 $\dfrac{\Delta Z / Z}{\Delta B_i / B_i}$
band 1	64.75	+25	16.56	0.66
		−25	−21.34	0.85
band 2	26	+25	23.93	0.96
		−25	−30.85	1.23
band 3	26.2	+25	17.14	0.69
		−25	−22.09	0.88
band 4	9.7	+25	2.90	0.12
		−25	−3.74	0.15
band 6	99.9	+25	6.08	0.24
		−25	−7.83	0.31

表 5-19 1998 年 9 月 15 日水深反演模型波段敏感性分析

波段	波段初始值 B_i	波段增减量/% $\Delta B_i / B_i$	模拟水深增减量/% $\Delta Z / Z$	相对敏感度 $\dfrac{\Delta Z / Z}{\Delta B_i / B_i}$
band 1	80.2	+25	0.61	0.02
		−25	−0.77	0.03
band 2	32.9	+25	−2.82	−0.11
		−25	3.64	−0.15
band 3	32	+25	19.57	0.78
		−25	−25.21	1.01
band 4	10.9	+25	−7.79	−0.31
		−25	10.06	−0.40
band 6	110.8	+25	103.09	4.12
		−25	−132.89	5.32

表 5-20 2001 年 10 月 17 日水深反演模型波段敏感性分析

波段	波段初始值 B_i	波段增减量/% $\Delta B_i / B_i$	模拟水深增减量/% $\Delta Z / Z$	相对敏感度 $\dfrac{\Delta Z / Z}{\Delta B_i / B_i}$
band 1	67.6	+25	48.04	1.92
		−25	−61.95	2.48

续表

波段	波段初始值 B_i	波段增减量/% $\Delta B_i / B_i$	模拟水深增减量/% $\Delta Z / Z$	相对敏感度 $\dfrac{\Delta Z / Z}{\Delta B_i / B_i}$
band 2	53.7	+25	35.19	1.41
		−25	−45.37	1.81
band 3	51.6	+25	9.71	0.39
		−25	−12.52	0.50
band 4	23.7	+25	1.24	0.05
		−25	−1.61	0.06
band 6	91	+25	39.69	1.59
		−25	−51.18	2.05

表 5-21 2006 年 10 月 7 日水深反演模型波段敏感性分析

波段	波段初始值 B_i	波段增减量/% $\Delta B_i / B_i$	模拟水深增减量/% $\Delta Z / Z$	相对敏感度 $\dfrac{\Delta Z / Z}{\Delta B_i / B_i}$
band 1	65.3	+25	−33.91	−1.36
		−25	43.69	−1.75
band 2	30.1	+25	28.31	1.13
		−25	−27.16	1.09
band 3	30.9	+25	31.99	1.28
		−25	−41.27	1.65
band 4	20.2	+25	6.91	0.28
		−25	−8.93	0.36
band 6	104.7	+25	167.17	6.69
		−25	−215.54	8.62

表 5-22 2007 年 9 月 24 日水深反演模型波段敏感性分析

波段	波段初始值 B_i	波段增减量/% $\Delta B_i / B_i$	模拟水深增减量/% $\Delta Z / Z$	相对敏感度 $\dfrac{\Delta Z / Z}{\Delta B_i / B_i}$
band 1	68.4	+25	29.73	1.19
		−25	−38.34	1.53
band 2	32.2	+25	15.06	0.60
		−25	−19.42	0.78
band 3	30.4	+25	20.35	0.81
		−25	−26.24	1.05
band 4	16.5	+25	−9.19	−0.37
		−25	11.84	−0.47
band 6	107.9	+25	72.82	2.91
		−25	−93.88	3.76

通过表 5-18~表 5-22 可知,在建模的五个年份中,1990 年以波段 2 的敏感度为最大。2001 年以波段 1 的敏感度为最大。以外其他三年份均以波段 6 的敏感度为最大,其次为可见光波段的 1、2、3 波段,顺序不同年份稍有不同。敏感度最小的波段为波段 4。波段的敏感度越大代表该波段对模型的贡献越大。

由前文可知,以 1990-10-18 与 2001-10-17 的拟合效果为最差,而这两个年份的敏感度最大波段为可见光波段,其他拟合效果好的三个年份均以波段 6 为最大敏感度。这说明了波段 6 在整个模型中的重要性,也进一步证实了北方湖泊应用秋末冬初的影像资料,通过表面水体温度差来反演水深理论的正确性。而蓝绿光波段的太阳辐射虽对水体有较强的穿透力,但会受水中的溶质等其他因素的影响,使得波段反射率的高低并不能很好的代表水深的大小。以热红外波段为主的多波段组合方法可为北方寒区水体反演提供新的理论方法和借鉴经验。

5. 最优模型的水深反演结果

在对最优模型进行了详细的误差分析及敏感性分析之后,首先对五次的影像数据在遥感图像处理软件 ENVI 4.0 环境下进行水陆分离,并利用掩膜得到呼伦湖纯水域的影像资料。ENVI(The Environment for Visualizing Images)是美国 ITT Visual Information Solutions 公司基于 IDL 语言开发的一套遥感图像处理软件。然后运用式(5-18)~式(5-22)对各年影像数据进行波段运算,得到水深灰度值图,并使用 Density Slice 工具划分不同水深区域分布情况,最终反演结果见图 5-24。

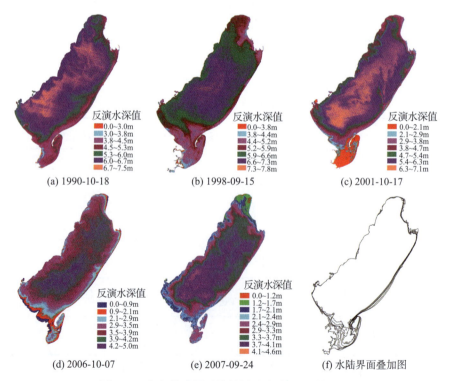

图 5-24 各年份水深反演结果及水陆界面叠加图

呼伦湖在1999年以后由于入湖水量的减少，水位呈逐年快速下降趋势，10年来下降近4米。图5-24(f)为近10年来的夏季影像水陆界面叠加图，由外向内的六条线分别为1999年、2002年、2004年、2005年、2007年、2008年的水面形状，该图反映了呼伦湖浅水区地形的真实状态。由图5-24对比分析可知，除1998-09-15以外，其他四年模拟的水深区间轮廓及深水区分布大致相同，相差较大的区域主要在左下角的湖湾里，主要原因为该区域为半封闭湖湾，湖水交换能力差，几乎不参与湖水流场运动，使水中溶质较其他区域有所不同，影响了光谱的特性，使水深反演出现误区。在所有的反演结果图中整体效果以2007-09-24与2006-10-07与真实情况最为吻合，能反映湖区实际水深情况。综上所述，结合前几节的误差分析等确定2007-09-24为反演效果的最优年份。

5.3 结论与讨论

选择近24年的影像资料作为研究数据，对各波段的反射光谱特性进行了分析，分析显示，以第4波段与其他波段的相关性为最低，表明这个波段信息有很大的独立性，最终选择RGB=742的彩色合成图为水面提取图像。提取结果显示，呼伦湖水面变化较为明显的区域主要集中在坡度小、水深浅的左下角的湖湾和东岸的湖滩，呼伦湖不存在水生植物沉积、沼泽化进程、大量泥沙淤积等其他现象。

针对北方寒旱区的湖泊特征，本文应用秋季湖水的热对流原理，会出现湖面水温差，湖面水温分布与水深分布有对应关系。建立了以太阳辐射波段和与湖水热红外辐射波段进行多波段组合建立水深反演模型。选择最佳五次的影像数据作为反演时段，分别取对数和非对数作多种组合建模，对所有模型进行回归计算后，模型的绝对误差平均值主要在0.2~0.6m，相对误差平均值主要在6%~13%。

通过分析对比，对数模型为最优模型，根据最优模型的水深反演表达式，对各年影像数据进行波段运算，得到全湖的水深反演结果，在所有的反演图中整体效果以2007-09-24与2006-10-07与真实情况最为吻合，能反映湖区实际水深情况，结合前面的误差分析最终确定2007-09-24为反演效果最优年份。

参 考 文 献

龚绍琦，孙海波，王少峰，等. 2015. 热红外遥感中大气透过率的研究(一)：大气透过率模式的构建. 红外与激光工程，44(6)：1692–1698
梁建，张杰，马毅. 2015. 控制点与检查点数量和比例对水深遥感反演精度的影响分析. 海洋科学，39(2)：15–19
刘振，胡连波，贺明霞. 2014. 卫星高光谱数据反演南沙岛礁区海域浅海水深和光学参数. 中国海洋大学学报：自然科学版，44(5)：101–108
刘立文，张吴平，段永红，等. 2014. TVDI模型的农业旱情时空变化遥感应用. 生态学报，34(13)：3704–3711
梅安新，彭望琭，秦其明，等. 2005. 遥感导论. 北京：高等教育出版社
平仲良. 1982. 卫星照片密度和海水深度之间关系研究. 遥感信息，(4)：47–51
任明达. 1981. 琼州海峡卫片的多光谱解译. 海洋与湖沼，12(3)：210–224
沈强. 2005. 基于辐射传输模型的遥感影像大气纠正. 武汉大学硕士学位论文
盛琳，王双亭，周高伟，等. 2015. 非线性模型岛礁礁盘遥感水深反演. 测绘科学，40(10)：43–47
孙芳蒂，赵圆圆，宫鹏，等. 2014. 动态地表覆盖类型遥感监测：中国主要湖泊面积2000~2010年间逐旬时间尺度

消长. 科学通报, 1(z1): 397–411

田庆久, 王晶晶, 杜心栋. 2007. 江苏近海岸水深遥感研究. 遥感学报, 11(3): 373–379

王楠, 杨金中, 陈圣波, 等. 2015. 基于 MODTRAN 的 ASTER 通道星上光谱模拟. 地球科学–中国地质大学学报, (8): 1427–1431

王冠. 2007. 大型深水库纵竖向二维水温模拟. 河海大学硕士学位论文

王亚琴, 王正兴, 刁慧娟. 2014. 多源遥感数据在土地覆盖变化监测中的应用. 地理研究, 33(6): 1085–1096

徐言, 姜琦刚. 2015. 基于 6S 模型的 MODIS 影像逐像元大气校正及其应用. 吉林大学学报: 地球科学版, 45(5): 1547–1553

叶小敏, 郑全安, 纪育强, 等. 2009. 基于 TM 影像的胶州湾水深遥感. 海洋测绘, 29(2): 12–15

易亚星, 姚梅, 吴军辉, 等. 2014. 影响红外目标探测亮度的因素. 红外与激光工程, 43(1): 13–18

于瑞宏, 刘廷玺, 李畅游, 等. 2005. 干旱区草型湖泊悬浮固体浓度及水深的遥感与分析. 水利学报, 36(7): 853–862

张鹰, 张芸, 张东, 等. 2009. 南黄海辐射沙脊群海域的水深遥感. 海洋学报, 31(3): 39–45

张建新, 吴浩, 袁凌云, 等. 2014. 内陆湖泊水深测量的几何内插法与遥感反演法的对比研究. 测绘科学, 39(2): 150–153

赵春江. 2014. 农业遥感研究与应用进展. 农业机械学报, 45(12): 277–293

祝令亚. 2006. 湖泊水质遥感监测与评价方法研究. 中国科学院遥感应用研究所博士学位论文

Adam M, Pflanz G, Schmid G. 2000. Two- and three-dimensional modelling of half-space and train-track embankment under dynamic loading. Soil Dynamics and Earthquake Engineering, 19(8): 559–573

Brando V E, Anstee J M, Wettle M, et al. 2009. A physics based retrieval and quality assessment of bathymetry from suboptimal hyper spectral data. Remote Sensing of Environment, 113(4): 755–770

Chu P C, Gascard J C. 1991. Deep convection and deep water formation in the oceans. Proceedings of the International Monterey Colloquium on Deep Convection and Deep Water Formation in the Oceans, 1–382

Lafon V, Froidefond J M, Lahet F, et al. 2002. SPOT shallow water bathymetry of a moderately turbid tidal inlet based on field measurements. Remote Sensing of Environment. 81(1): 136–148

Legleiter C J, Roberts D A. 2009. A forward image model for passive optical remote sensing of river bathymetry. Remote Sensing of Environment, 113(5): 1025–1045

Lyzenga D R. 1978. Passive remote Sensing techniques for mapping water depth and bottom features. Applied Optics, 17(3): 379–383

Mgengel V, Spitzer R J. 1991. Application of remote sensing data to map-ping of shallow sear-floor near by Netherland. International Journal of Remote Sensing, 57(5): 473–479

Misra S K, Kennedy A B, Kirby J T. 2003. An approach to determining near shore bathymetry using remotely sensed ocean surface dynamics. Coastal Engineering, 47(3): 265–293

Mohanty R K. 1998. High accuracy difference schemes for a class of three space dimensional singular parabolic equations with variable coefficients. Journal of Computational and Applied Mathematics, 89(1): 39–51

Paredes J M, Spero R E. 1983. Water depth mapping from passive remote sensing data under a generalized ratio assumption. Applied Optics, 22(8): 1134–1135

Tanis F J, Hallada W A. 1984. Evaluation of landsat thematic mapper data for shallow water bathymetry. Proceeding of 18th International Symposium on Remote Sensing of Environment, Ann Arbor, Michigan, 629–643

Tanis F J, Byrne H J. 1985. Optimization of multispectral sensors for bathymetry applications. Proceeding of 19th International Symposium on Remote Sensing of Environment. Ann Arbor. Michigan, 865–874

Vermote E, Tanre D, Deuze J, et al. 1997. Second Simulation of the Satellite Signal in the Solar Spectrum (6S). 6S User Guide Version 2, (7): 5–8

Wei J, Daniel L C, William C K. 1992. Satellite remote bathymetry: a new mechanism for modeling. Photogram metric Engineering and Remote Sensing, 58(5): 545–549

第 6 章 基于 TIN 模型的湖泊水量动态演化研究

6.1 呼伦湖湖盆三维模型分析

三维地形可视化分析是当今 3S 技术发展的新思路与新趋势，它相对二维平面地形数据，能更直观、逼真地反映真实地形情况，现主要应用于虚拟地理环境、数字城市化建设、土地管理与利用等领域（吴慧欣，2007；刘学和王兴奎，1999；杜国明等，2005；贾瑞生等，2008）。本章根据第 5 章呼伦湖水深反演最优年份的结果，结合实际地形情况构建呼伦湖湖盆三维模型，对其作可视化操作与空间分析，解析呼伦湖地形与水文特征的关系，精确的计算因水位波动引起的水量变化，动态的模拟的呼伦湖水量演化情况，为呼伦湖的保护提供可靠的对策与建议。

6.1.1 三维模型的生成

由前文的分析研究可知，在对五个年份的卫星影像进行水深反演后，以 2007 年 9 月 24 日为最优年份，反演的水深情况与实际地形最为吻合，所以选择湖底实际地形与 2007 年 9 月 24 日的反演结果两者互相融合补充的方法来建立呼伦湖三维模型。

首先对湖底实际地形进行矢量化操作。我们可知在正常情况下，湖泊水面为一个平面，水面的轮廓线即湖岸线应为湖底地形的高程线，高程值为当时湖泊的水位值。由于呼伦湖近 10 年的不断萎缩，其水面轮廓线的叠加图可作为湖泊浅水区的实际地形的等高线，对呼伦湖多年水陆界面叠加图（图 5-15）在 Arc GIS 9.2 环境下矢量化为线图层的 shp 文件。

然后对 2007 年 9 月 24 日的反演结果图[图 5-24(e)]进行矢量化。由于空间卫星传感器在接受信息时，会受多种因素的影响，在成像时画面会存在许多的噪点与细小条纹。在对图 5-24(e)中的反演结果进行处理时，如直接在软件中来完成矢量化，会受噪点和条纹的影响生成大量的无用数据，不仅处理效果不好，也会使计算机工作效率低下。所以本文最终选择在 Arc GIS 9.2 环境下人机交互式矢量化方法，为尽量增加精度，每 0.3 米的水深差绘制一条线图形，并根据当时水位反推出湖底海拔高低，输入到属性表中，使最终的线图层变为湖底等高线。针对最大水深处区域小且不连续分布，线图形无法绘制的情况，以点文件矢量化，矢量化后的图层文件均以 shp 文件保存。

对实际湖底地形矢量图层与水深反演结果的矢量图层在 Arc GIS9.2 软件中融合。使用融合后的 shp 文件生成三维 TIN 模型，TIN（triangulated irregular network）为不规则三角网的缩写，在地理信息系统中有广泛应用，根据区域的有限个点集将区域划分为相等的三角面网络，数字高程有连续的三角面组成，三角面的形状和大小取决于不规则分布的测点的位置和密度，能够避免地形平坦时的数据冗余，又能按地形特征点表示数字高程特征，TIN 常用来拟合连续分布现象的覆盖表面，它不仅要求存储每个点的高程，还要求存储其平面坐标、节点连接的拓扑关系、三角形及邻接三角形等关系（熊祖强等，2007；刘阳等，2009）。生成后的三维 TIN 模型见图 6-1，由于呼伦湖南北约 90km，东西约 40km，而水深最大处仅 8m，如果以正常比例显示三维模型，湖盆的深浅落差是无法看出三维效果的，所以图 6-1 为 Z 方向放大 400 倍情况下的显示效果。

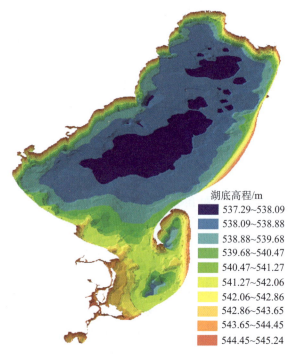

图 6-1　呼伦湖三维 TIN 模型显示效果图

由图 6-1 可看出，呼伦湖的湖盆结构特点为西岸较陡，东岸平缓，左下角的湖湾为全湖最浅处，中部湖底平坦，高程落差约 1.5m。这种湖盆特征决定了湖面随水位萎缩的特点，在 545m 到 540m 之间，湖水水面随水位下降萎缩较慢，在 540m 以下，湖面面积会随着水位的下降迅速萎缩。

6.1.2　模型的三维分析

应用 Arc GIS 的 3D 分析工具对呼伦湖湖盆 TIN 模型进行三维分析，来计算不同水位情况下的呼伦湖水面面积与库容，计算结果见表 6-1，对表 6-1 中的水位与面积、水位与库容作相关分析见图 6-2，分析相关性并建立回归方程。

通过图 6-2 可以看出水位–库容的相关性要好于水位–面积。在呼伦湖以往的研究中，由于缺少湖底地形数据，库容计算大多以平均水深和面积相乘而得，由于水深实测数据点的数量少等原因，所以计算所得的库容和实际库容有较大的偏差。本文在最优反演结果基础上生成的三维 TIN 模型，可较好的模拟湖底地形的起伏情况，以积分方程计算的库容与实际库容偏差小，在后续的研究过程中如需呼伦湖库容可根据当时水位按图 6-2(b) 中的方程计算。

表 6-1 不同水位情况下呼伦湖面积与库容表

水位/m	面积/km²	库容/$10^8 m^3$
545.0	2086.11	121.04
544.5	2072.65	110.64
544.0	2054.20	100.33
543.5	2031.30	90.10
543.0	1997.33	80.03
542.5	1954.74	70.15
542.0	1913.16	60.49
541.5	1844.46	51.09
541.0	1761.67	42.14
540.5	1724.21	33.43
540.0	1667.66	24.95
539.5	1546.92	16.89
539.0	1348.65	9.60
538.5	846.19	3.87
538.0	328.07	1.17
537.5	67.86	0.05

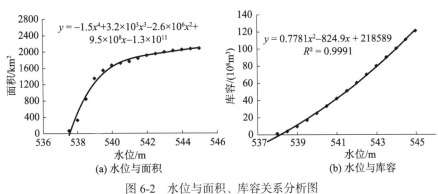

图 6-2 水位与面积、库容关系分析图

6.1.3 呼伦湖水位的三维可视化

图 6-3 为呼伦湖水位分别在 545m、544m、543m、542m、541m、540m、539m、538m 时的三维可视化图。

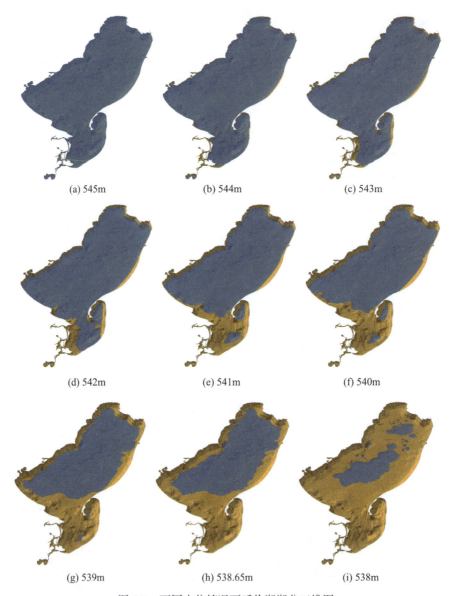

图 6-3 不同水位情况下呼伦湖湖盆三维图

6.2 多年水量平衡分析及演化规律研究

6.2.1 水量平衡方程的建立

为了更好的分析呼伦湖水文特征,揭示水量动态演化的规律,最终为湖泊保护治理、流域水资源规划利用等提供依据。本文在收集分析呼伦湖近45年(1962~2007年)的水文资料基础上,结合三维模型模拟及影像解译结果等新方法对呼伦湖进行长时间序列的水量平衡分析。建立的水量平衡方程见式(6-1)。

$$\Delta V = W_P + W_Q - W_E + W_{其他} - W_{出} - W_{耗} - W_{渗} \tag{6-1}$$

式中，ΔV 为呼伦湖一段时期内的蓄变量，即库容差；W_P 为一段时期内湖泊表面接纳的大气降水；W_Q 为一段时期内入湖河川径流的总水量；W_E 为一段时期内湖泊表面的蒸发水量；$W_{其他}$ 为一段时期内湖泊其他补给水量；$W_{出}$ 为一段时期内湖泊流出水量；$W_{耗}$ 为一段时期内湖泊提取使用水量；$W_{渗}$ 为一段时期内湖泊渗漏水量。

根据呼伦湖所处区域特征分析可知，呼伦湖周边为牧区，无工农业用水，仅少量的牲畜饮水可忽略不计，故 $W_{耗}$ 项可去除。由于受目前可知数据的限制，有部分项无法确定具体值，如在呼伦湖西岸为低山丘陵区，有多条季节性沟渠流向湖中，这部分的地面径流补给量无法确定，湖区还可能有地下径流和地下水补给，故 $W_{其他}$ 无法确定；新开河的水流向不定，且河上无水文资料记录，所以 $W_{出}$ 也为未知量；除此之外，$W_{渗}$ 目前也无法测定。

针对上述情况，对方程部分项做合并简化，简化后的平衡方程如下：

$$\Delta V = W_P + W_Q - W_E + W_{余项} \tag{6-2}$$

式中，$W_{余项}=W_{其他}-W_{出}-W_{渗}$，经简化后的方程除 $W_{余项}$ 为未知项外，其他四项均可根据现有资料及方法得出，方程可进一步求出 $W_{余项}$ 值的大小与正负。

6.2.2 方程参数项的确定

本文为了尽可能精确地进行水量平衡计算，平衡分析时间段以一年为一个时期，但起止日期并非自然年的起止日期，为了应用卫星影像资料解译面积的结果，在 1986 年以前，以相邻年的 8 月 1 日为起止期，在 1986 年及 1986 年以后，以相邻卫星影像的获取时间为起止期。由第 3 章可知，影像数据的选择为最靠近 8 月 1 日的、成像效果最理想的影像资料。

1）蓄变量即库容差 ΔV

ΔV 的确定以 6.1.2 中的呼伦湖三维模型在不同水位下对库容进行模拟计算，其中 $\Delta V=V_{后}-V_{前}$，$V_{后}$ 为后一年的湖泊库容，水位取每年 8 月 1 日或影像时间的湖泊实测水位值。

2）湖面接纳的大气降水 W_P

以呼伦湖周边三个水文站的降雨量平均值与湖面面积相乘得出 W_P，$W_P=P\times A\times 10^{-5}$，$P$ 为年降雨量，单位 mm，以日降雨资料逐日计算起止日期内的降雨总量。A 为湖面面积，单位 km²，取前后起止日期的平均值。其中 1986 年以前的湖面面积根据每年 8 月 1 日的实测水位以三维模型模拟得出，1986 年及 1986 年以后的湖面面积以卫星影像解译值为准。

3）入湖河川径流量 W_Q

由于呼伦湖的河川径流主要为克鲁伦河与乌尔逊河，新开河流向不定且水量未知，所以文中的 W_Q 为克鲁伦河与乌尔逊河在起止日期内的入湖总量，以两河水文站的日流量资料逐日计算所得。新开河的流入或流出水量归到 $W_{余项}$ 中。

4）湖面蒸发水量 W_E

湖面蒸发在湖泊水量平衡计算中是极为重要的一项，因为多数地区只有常规地面蒸发记录，无大水面蒸发数据，湖面蒸发的估算精确与否会极大地影响整个水量平衡计算的准确程度。目前，国内外有多种方法来进行估算，如蒸发皿观测值折算法、经验公式法等，其中经验公式法会因参数的不确定性等因素使计算有较大不同。本文根据呼伦湖达赉水文站的蒸发实验使用蒸发皿观测值折算法来计算呼伦湖水面蒸发量。

达赉水文站为推求气象站蒸发皿蒸发与湖面蒸发的关系，在 1962 年进行了蒸发观测对比实验，在湖中水面和地面共安置了四个蒸发装置，其中地面蒸发皿三个，安置在气象站内，分别为，直径 80cm 带套盆的标准蒸发器，高度与地面齐平；苏联制 rrH-3000 型标准蒸发器，高度与地面齐平；直径 20cm 高效性蒸发皿，高度距地面 70cm。湖中水面安装的为 80cm 标准蒸发器，固定于小木筏之上，小木筏位于水深在 0.8cm 左右的湖中。对四个蒸发装置进行了近 4 个月的连续观测记录，部分日期有监测中断，期间的日蒸发量变化对比见图 6-4。

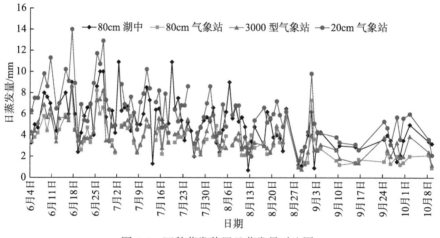

图 6-4 四种蒸发装置日蒸发量对比图

由图 6-4 可看出，四种蒸发器皿的日蒸发观测值变化趋势有一致性，其中以 20cm 高效性蒸发皿的测量值为最大，直径 80cm 带套盆的标准蒸发器与前苏联制 rrH-3000 型标准蒸发器的测量值较相同为最小，湖中水面安装的为 80cm 标准蒸发器的测量值居中，湖中的蒸发观测值为最接近湖面蒸发的真实状况。针对上述情况，对水中蒸发装置与地面三种蒸发装置的观测值做相关分析，以确定对应的折算系数见图 6-5。

从图 6-5 中可看出，水中的蒸发装置与地面的三种蒸发装置都有较好的相关性，其中水中蒸发值大致为直径 80cm 带套盆的标准蒸发器和前苏联制 rrH-3000 型标准蒸发器的蒸发值的 1.3 倍与 1.25 倍；水中蒸发值大致为 20cm 高效性蒸发皿蒸发值的 0.776 倍。由于各水文站的长序列蒸发观测都采用 20cm 高效性蒸发皿，平时为杯量，结冰期为称重法，所以本文的湖面蒸发以 20cm 高效性蒸发皿观测值乘以折算系数 0.776 计算。最终计算的 $W_E=E\times A\times 10^{-5}$，$E$ 为年蒸发量，单位 mm，以日蒸发资料逐日计算起止日期内的蒸发总量，A 为湖面面积单位 km^2，取起止日期的平均值。

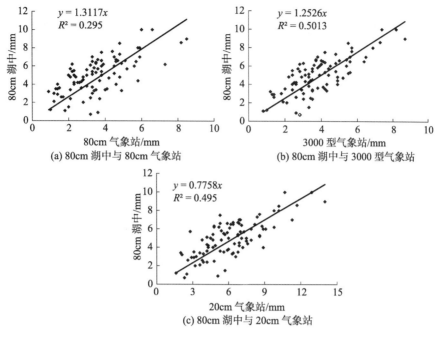

图 6-5 水中与地面蒸发装置观测值相关性分析

6.2.3 多年水量平衡计算

根据方程式（6-2）对呼伦湖从 1963 年至 2007 年近 45 年来的水量变化做水量平衡计算，详见表 6-2。表中湖面面积值 1986 年以前为三维模型模拟值，1986 年及以后为实时卫片解译值，以斜体表示。表中 ΔV 的正负代表了湖水总量较上一年是增加还是减少，反映了湖水动态变化情况；$W_{其他}$ 的正负代表了未知入湖水量多于还是少于未知出湖水量。

表 6-2 呼伦湖多年水量平衡分析表

日期	面积/km²	库容/10⁸m³	ΔV/(10⁸m³)	W_Q/(10⁸m³)	W_P/(10⁸m³)	W_E/(10⁸m³)	$W_{其他}$/(10⁸m³)
1962-8-1	2085.87	120.83	2.71	12.81	6.74	24.93	8.09
1963-8-1	2089.01	123.55	−0.42	10.75	4.26	22.59	7.17
1964-8-1	2088.53	123.13	2.30	13.53	4.42	22.65	7.00
1965-8-1	2091.21	125.43	−5.01	9.78	3.82	21.45	2.84
1966-8-1	2085.38	120.42	−0.63	11.93	5.75	19.67	1.36
1967-8-1	2084.64	119.79	−1.25	11.84	4.21	21.88	4.57
1968-8-1	2083.14	118.54	−2.50	8.11	3.60	22.08	7.87
1969-8-1	2080.07	116.04	−1.46	12.16	5.63	24.28	5.03
1970-8-1	2078.23	114.59	2.29	15.40	5.15	22.25	3.98
1971-8-1	2081.10	116.87	−5.19	12.02	3.75	26.22	5.26
1972-8-1	2074.04	111.68	−5.18	5.51	5.01	23.25	7.56
1973-8-1	2065.99	106.51	−1.24	13.90	6.02	24.37	3.21
1974-8-1	2063.93	105.27	0.41	12.92	5.05	23.74	6.18

续表

日期	面积/km²	库容/10⁸m³	ΔV/(10⁸m³)	W_Q/(10⁸m³)	W_P/(10⁸m³)	W_E/(10⁸m³)	$W_{其他}$/(10⁸m³)
1975-8-1	2064.66	105.68	−5.35	8.22	5.22	25.33	6.54
1976-8-1	2054.2	100.33	−2.87	9.9	6.05	21.82	3
1977-8-1	2050.51	97.45	1.64	8.01	3.86	22.9	12.67
1978-8-1	2052.65	99.1	−8.58	6.2	5.11	23.28	3.39
1979-8-1	2032.33	90.51	−3.45	5.96	3.93	23.3	9.96
1980-8-1	2023.34	87.06	−3.23	7.6	2.78	21.48	7.87
1981-8-1	2011.44	83.84	−5.4	8.97	4.9	23.05	3.78
1982-8-1	1990.34	78.43	2.99	9.49	5.46	21.24	9.29
1983-8-1	2002.49	81.43	14.8	15.23	4.88	21.29	15.97
1984-8-1	2048.76	96.22	18.57	20.19	5.23	22.9	16.05
1985-8-1	2078.49	114.79	6.25	20.31	3.42	23.08	5.6
1986-8-4	*2096.87*	121.04	−14.12	7.34	1.22	23.99	1.3
1987-6-13	*2067.07*	106.92	−0.21	15.63	9.89	33.21	7.48
1988-9-26	*2062.45*	106.71	0.83	13.07	4.11	17.95	1.59
1989-8-5	*2075.88*	107.54	17.26	24.45	9.98	25.34	8.18
1990-10-18	*2105.94*	124.8	−0.21	15.69	3.25	15.75	−3.4
1991-8-11	*2108.15*	124.59	−0.21	14.06	3.04	17.35	0.05
1992-7-3	*2102.72*	124.38	−0.21	12.54	4.02	18.87	2.11
1993-6-12	*2098.93*	124.17	1.67	17.97	6.19	21.63	−0.85
1994-6-16	*2118.07*	125.85	−0.21	20.08	6.38	19.67	−6.99
1995-6-3	*2116.24*	125.64	−0.42	17.14	7.11	33.06	8.39
1996-8-31	*2109.1*	125.22	−2.72	5.54	2.51	18.06	7.3
1997-7-10	2098.84	122.5	2.3	13.85	12.05	29.18	5.58
1998-9-15	*2104.94*	124.8	1.05	19.59	1.77	16.06	−4.25
1999-7-15	*2105.02*	125.85	0.21	10.26	2.35	21.3	8.91
2000-7-1	*2106.55*	126.06	−17.49	4.64	4.16	32.87	6.58
2001-9-6	*2066.54*	108.57	−11.73	2.07	4.55	19.54	1.18
2002-8-8	*2054.43*	96.84	−9.78	2.1	3.68	23.41	7.84
2003-8-27	*2034.24*	87.06	−7.24	4.25	2.53	23.49	9.47
2004-8-13	*2002.5*	79.83	−5.76	3.63	3.46	24.45	11.6
2005-8-16	*1977.55*	74.07	−7.43	2.94	3.11	20.91	7.44
2006-7-26	*1938.64*	66.64	−8.06	3	3.28	24.48	10.14
2007-7-29	*1907.21*	58.58	/	/	/	/	/

注：面积项中斜体表示为卫片解译结果。

6.2.4 呼伦湖水量演化研究

进一步对表 6-2 中的各项水量作趋势变化和相关系数分析，见图 6-6 与表 6-3。

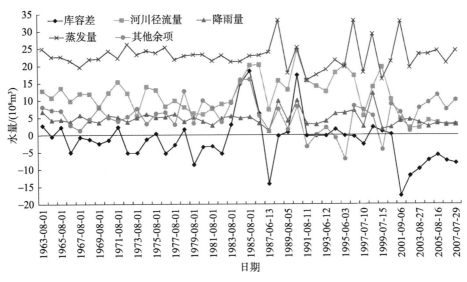

图 6-6 呼伦湖水量平衡关系变化图

表 6-3 呼伦湖水量平衡方程项相关系数表

相关系数	库容差	河川径流量	降雨量	蒸发量	其他余项
库容差	1.00				
河川径流量	0.78	1.00			
降雨量	0.39	0.44	1.00		
蒸发量	−0.14	−0.03	0.53	1.00	
其他余项	0.27	−0.25	0.05	0.41	1.00

从表 6-2 及图 6-6 中可分析得出，反应湖水量的增加减少变化趋势的库容差与河川径流的变化趋势最为一致，在 20 世纪 60 年代至 20 世纪末，湖水的库容差在正负之间来回波动，有涨有落，这代表湖泊了正常波动状态，而进入 21 世纪后，ΔV 的值持续为较大的负值，表示湖水在不断减少，水位持续下降。湖面降雨量在 20 世纪 60 年代至 20 世纪末年均值约为 $4.9 \times 10^8 m^3$，进入 21 世纪后有所减少，近 7 年年均值约为 $3.6 \times 10^8 m^3$，约减少了 26.5%。湖面蒸发量在 20 世纪 60 年代至 20 世纪末年均值约为 $22.6 \times 10^8 m^3$，进入 21 世纪后有所增加，近 7 年年均值约为 $24.2 \times 10^8 m^3$，约增加了 7.1%。入湖的河川径流量在 20 世纪 60 年代至 20 世纪末年均值约为 $12.6 \times 10^8 m^3$，进入 21 世纪后明显减少，2000~2007 年年均值仅为 $3.2 \times 10^8 m^3$，减少了近 74.6%。其他余项在图 6-6 中出现负值的时间都处在 20 世纪 90 年代，负值代表了呼伦湖的未知补水量（主要为直接进入湖中的地表径流、地下径流及地下水补给的总和）小于湖泊的未知出水量（主要为新开河流出、湖底渗漏的总和），据文字记载新开河在 90 年代由于呼伦湖水位高的原因流向为呼伦湖至额尔古纳河，计算结果与实际情况时间上的吻合证明了计算的正确性；对其他余项在 20 世纪 60 年代至 80 年代取平均值为 $6.5 \times 10^8 m^3$，20 世纪 90 年代取平均值为 $0.9 \times 10^8 m^3$，2000~2007 年年均值为 $7.9 \times 10^8 m^3$，20 世纪 90 年代的平均值较小的原因为呼伦湖水外流的原因，21 世纪以来在湖水水位不断下降、降雨量有所减少、蒸发量有所加大的情况下，

其他余项年均值的有所增大说明呼伦湖应存在地下水补给,因为在降雨量有所减少的情况下,未知入湖的地面径流和地下径流也会随之减少,其他余项的增大应为地下水补给量的增加引起的,湖面水位的下降使得地下水水势加大,这符合地下水的补给特征。

根据表6-3的相关性分析,我们可看出,与库容差相关性最好的项为入湖的河川径流量,结合前面的分析,可得出呼伦湖水位不断下降、湖面不断萎缩的主要原因为河川径流量的减少即克鲁伦河与乌尔逊河的河水减少。在降雨量减少26.5%、蒸发量增加7.1%的情况下,河川径流量的减少却达74.6%,虽呼伦湖周边的降雨数据不能代表克鲁伦河与乌尔逊河产流区的降雨情况,但一定程度上反映了局部地区的气候情况,由此可大致判断克鲁伦河与乌尔逊河的河水减少可能存在上游河道截流用水。综上所述,呼伦湖地区的气候呈干化趋势发展,呼伦湖的持续萎缩是由气候变化和人类活动影响的综合作用造成的。

综上所述,呼伦湖的保护与拯救已刻不容缓,否则我国北方重要的生态屏障将受到严重损害,此后引起的其他生态恶化现象和经济损失将无法估量。

6.2.5 呼伦湖生态需水量探讨

湖泊生态环境需水量是指保证特定发展阶段的湖泊生态系统结构,发挥其正常功能而必需的一定数量和质量的水,具有明显的时空性、复杂性和综合性,其范围并存在两个阈值,一是湖泊最大生态环境需水量,超过此值,湖泊将水漫堤岸,发生洪涝灾害;二是湖泊最小生态环境需水量,低于此值,湖泊生态系统结构与功能将受到不可逆的损害。正常状态下,湖泊的蓄水量在此范围内波动(帅红,2012;吴佳曦,2013;张华等,2014)。

湖泊最小生态环境需水量是针对目前湖泊生态环境现状,从保护淡水资源和恢复湖泊生态环境功能的角度,为保证湖泊生态系统能够持续供给人类生活、生产等方面的淡水资源,提供一定数量和质量的水给湖泊生态系统自身的最小阈值,以期遏制日益恶化的湖泊生态环境。此概念是基于环境科学角度提出的,适用于受损严重的湖泊生态系统恢复与重建。现阶段国内关于自然生态系统生态环境需水量的研究和探讨多基于此(崔保山等,2005;燕文明等,2012)。

根据上述原则,本文针对呼伦湖的目前状况,提出下述两种方法来探讨呼伦湖的生态需水量问题。

1)水量平衡法

根据湖泊水量平衡原理,湖泊的蓄水量由于入流和出流水量不尽相同而不断变化,湖泊水量的变化处于动态平衡,如式(6-2)。此时湖泊的最小生态环境需水量应当为保证补充湖泊的蒸发量、渗漏和其他的出湖水量,即在现有的情况下令ΔV等于0,此方法适用于急需保护和濒临干枯的湖泊。由前面的水量平衡分析可知,呼伦湖21世纪以来的ΔV平均值为$-9.6 \times 10^8 \text{m}^3$,如令$\Delta V$等于0除降雨和河川径流之外湖泊每年必须有其他补给水$9.5 \times 10^8 \text{m}^3$。这个值代表了目前呼伦湖维持现状,保持湖泊不再萎缩的最小其他补水量。

2）湖水外流水位法

呼伦湖水位在到达 545.1m 时会因高于额尔古纳河水位，使新开河的流向转变，呼伦湖会变为外流湖泊，湖水发生交换，此时的呼伦湖水量才应该为适合呼伦湖情况的真正意义上的生态需水量，因为湖水只有在外流时，才能有水流和物质的交换，有效地防止湖中盐分和营养物质的不断积累，从而维持和保证呼伦湖的正常生态系统功能的可持续性向前发展。由三维模型分析计算可知，呼伦湖水位在 545.1m 时的蓄水量为 $123.1 \times 10^8 m^3$，这个值可定义为呼伦湖可持续利用与保护的生态需水量。

上述两种方法的探讨说明了不同计算方法所基于的理论基础和侧重点有所不同，计算方法的研究关系到水资源的科学管理、合理配置和湖泊生态系统的恢复与重建，需要学者、国家决策机构和管理人员的共同努力。呼伦湖的目前的蓄水量较少，所以，在当前的形势下，应以水量平衡法计算的最小生态需水量作为保护湖泊的参考值，以保持湖泊不再萎缩，防止生态环境的进一步恶化。待通过科学合理的管理手段使主要补给河流克鲁伦河与乌尔逊河的流量恢复，呼伦湖水位有所上涨之后，生态需水量的确定可参考湖水外流水位法。

6.3 呼伦湖保护的对策与建议

根据水量平衡研究的结果及目前湖泊保护与管理的经验，对呼伦湖保护的提出如下几点对策与建议：

（1）引水补给呼伦湖，目前呼伦湖水位下降迅速，引水补给是解决问题的最佳方法。海拉尔河在历史上曾是呼伦湖的支流，后随自然变化及人类活动影响，呼伦湖逐步向内陆湖退化。海拉尔河水资源量比较丰富，多年平均径流约为 $37 \times 10^8 m^3$。引海拉尔河水入呼伦湖，必能缓解呼伦湖因缺水导致的湖泊水位下降、湖水面和周边湿地萎缩、湖区及草原生态环境严重破坏等问题，逐渐恢复原有的水域和湿地，维持湖区和草原生态平衡。

（2）加强流域综合管理，湖泊湿地资源为全人类所共有的，仅以一个国家或地区来保护是不够的，目前的管理措施以行政区划为单元，一定程度上忽略了呼伦湖流域的完整性，因呼伦湖的主要补给河流产流区都位于蒙古国，所以尤其加强国际协商，使呼伦湖整个流域水资源尽可能的合理配置，防止上游随意截流，以保证下游入湖的水量。

（3）重视国家间的交流和基础数据共享，国界的阻隔一定程度上限制了整个流域数据的收集与分析，而目前各国都仅拥有自己行政区域的基础数据，这使得呼伦湖流域在整体上被分割，使得系统科学的研究无法正常进行，所以，下一步应重视国家间的交流，争取在流域上的基础数据能有所共享使用，以方便科研工作者做出更多更深入的分析模拟研究，为水资源管理与污染控制方面提供科学依据。

（4）建立良好的体制，当前，呼伦湖的保护管理归属于水利、环保、林业等多个部门，每个部门的管理职责有明显的交叉与重合。这种多部门的管理使得管理职责不明晰、部门协调困难，最终导致工作效率地下。良好的体制可有效的对不同管理部门的作用与职责进行清晰定义，推动呼伦湖水资源和水环境的保护向前发展。

（5）对水资源的调度进行科学的论证，因海拉尔河下游为额尔古纳河，额尔古纳河又为中俄界河，所以在对呼伦湖进行引水补给时，应对海拉尔河的水资源状况进行科学合理的论证，在调水的同时要以保证下游的生态用水，以免引起国际纠纷和下游生态环境的恶化。

（6）加强公众意识，构建公众参与体系，在对呼伦湖采取一系列保护措施的同时，除了政府及其他职能部门以外，应加强对公众的宣传，使全民都有积极的保护意识。公众意识的提高是湖泊保护能力持续提高的重要条件，公众也可以通过各种途径参与到湖泊保护的政策制定、政策实施以及重大决策等过程，发挥民主监督作用。

6.4 结论与讨论

应用水深反演结果中的最优模型中的最优年份，对其进行矢量化操作，矢量化方法为在 Arc GIS 9.2 环境下人机交互式，并实测数据相融合，最终生成呼伦湖 TIN 三维模型。使用 3D 分析工具对 TIN 模型进行三维分析，计算水位与面积、库容的关系式，关系相关性良好，后续研究可按实测水位来计算面积与库容。

在三维 TIN 模型及湖面面积解译结果的基础上，对呼伦湖进行长时间序列的水量平衡分析，分析结果得出了呼伦湖除大气降水与河川径流以外应存在地下水补给。呼伦湖水位不断下降、湖面不断萎缩的主要原因为河川径流量的减少即克鲁伦河与乌尔逊河的河水减少，而克鲁伦河与乌尔逊河的河水减少可能与上游河道截流用水有关。呼伦湖地区的气候呈干化趋势发展，呼伦湖的萎缩是由气候变化和人类活动影响的综合作用造成的。

依据湖泊生态需水量的理论结合呼伦湖实际情况，对呼伦湖的生态需水量做了相关的探讨，其中水量平衡法较适用于急需保护和濒临干枯的湖泊，呼伦湖目前除降雨和河川径流之外每年必须有其他补给水量 9.5 亿 m^3，这个值代表了目前呼伦湖维持现状，保持湖泊不再萎缩的最小其他补水量。

参 考 文 献

崔保山, 赵翔, 杨志峰. 2005. 基于生态水文学原理的湖泊最小生态需水量计算. 生态学报, 25(7): 1788–1795

杜国明, 陈晓翔, 吴超羽. 2005. 长时间尺度珠江口河网水下地形演变过程三维可视化实现及分析. 水科学进展, 16(2): 181–184

贾瑞生, 姜岩, 孙红梅, 等. 2008. 基于 IDL 三维地形建模及可视化技术研究. 测绘科学, 33(6): 113–115

刘学, 王兴奎. 1999. 基于 GIS 的泥石流过程模拟三维可视化. 水科学进展, 10(4): 388–392

刘阳, 张培松, 韦仕川, 等. 2009. 基于 Arc GIS 三维地形可视化及其应用研究——以阳江农场为例. 广西农业科学, 40(6): 772–776

帅红. 2012. 洞庭湖健康综合评价研究. 湖南师范大学博士学位论文

熊祖强, 贺怀建, 夏艳华. 2007. 基于 TIN 的三维地层建模及可视化技术研究. 岩土力学, 28(9): 1954–1958

吴慧欣. 2007. 三维 GIS 空间数据模型及可视化技术研究. 西北工业大学博士学位论文

吴佳曦. 2013. 吉林省东辽河流域生态环境需水量的研究. 吉林大学硕士学位论文

燕文明, 刘凌, 王翠文. 2012. 淡水湖泊最小生态需水量简易求解方法及应用. 水电能源科学, 30(7): 6–8

张华, 张兰, 赵传燕. 2014. 极端干旱区尾闾湖生态需水估算——以东居延海为例. 生态学报, 34(8): 2102–2108

第 7 章　呼伦湖流域水文数值模拟

7.1　HydroGeoSphere 模型

7.1.1　物理过程

HydroGeoSphere 模型（简称 HGS 模型）以水文系统组成项地表水、地下水以及两者之间的相互关系为基础，充分考虑了水文循环的主要过程。模型在每个时间步长内，同时计算地表水、地下水及溶质运移方程的解，并给出水量、质量平衡关系，如图 7-1 所示（刘春蓁，2003），其中的各项计算方程如下。

地表水，
$$P = (Q_{S2} - Q_{S1}) - Q_{GS} + I + ET_S + \Delta S_S / \Delta t \tag{7-1}$$

地下水，
$$I = (Q_{G2} - Q_{G1}) + Q_{GS} + ET_G + Q_G^W + \Delta S_G / \Delta t \tag{7-2}$$

整合以上两个方程式，得出水文系统总水量平衡关系，
$$P = (Q_{S2} - Q_{S1}) + (Q_{G2} - Q_{G1}) + (ET_S + ET_G) + (Q_S^W + Q_G^W) + (\Delta S_S + \Delta S_G)\Delta t \tag{7-3}$$

式中，P 为净降雨量（实际降雨量–截留量），Q_{S1} 和 Q_{S2} 为地表水入流、出流量，Q_{GS} 为地表水、地下水交换量，I 为净下渗量，ET_S 为地表水系统的蒸散发量，Q_S^W 为地表水抽取量，ΔS_S 为时间步长 Δt 内的地表水储量，QG_1 与 QG_2 为地下水流入、流出量，ET_G 为地下水系统的蒸散发量，Q_G^W 为地下水抽取量，ΔS_G 为时间步长 Δt 内的地下水储量。

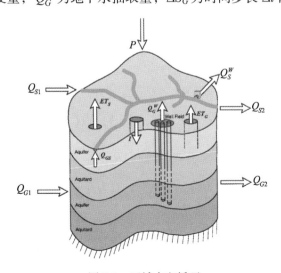

图 7-1　区域水文循环

为了分析的整体性，HGS 模型应用质量守恒定律耦合地表水、溶质运移方程与三维非饱和地下水、溶质运移方程，较以前仅依赖于单独地表水、地下水之间联系的模型更为准确。

1. 地下水

1）多孔介质

模型中多孔介质的假设条件：流体上不可压缩；介质、断裂不可变形；系统处于恒温条件下；气体可随时变化。

利用理查德（Richard）方程描述非饱和多孔介质中水流动态变化，

$$-\nabla \cdot (q) + \sum \Gamma_{ex} \pm Q = w_m \frac{\partial}{\partial t}(S_w \theta_s) \tag{7-4}$$

地下水渗流通量 q 为

$$q = -k \cdot k_r \nabla(\psi + z) \tag{7-5}$$

式中，$\nabla = (\partial/\partial x, \partial/\partial y, \partial/\partial z)$，$k_r = k_r(S_w)$ 为饱和度为 S_w 的介质中的相对渗透率，ψ 为压力水头，z 为高程，θ_s 为饱和含水率，假设等于孔隙度。Q 为源汇项。

渗透系数 K 表示如下

$$K = \frac{\rho g}{\mu} k \tag{7-6}$$

式中，g 为重力加速度，μ 为水的黏度，k 为介质的渗透张量，ρ 为水的密度。

饱和度 S_w 表示为

$$S_w = \frac{\theta}{\theta_s} \tag{7-7}$$

Γ_{ex} 为模型中地下水与其他区域水量的交换速率。

通常用 Van Genuchten 来表示相对渗透率（k_r）、饱和度（S_w）、压力水头（ψ）之间的关系。

$$\begin{aligned} S_w &= S_{wr} + (1 - S_{wr})\left[1 + |\alpha\psi|^\beta\right]^{-\nu} & \psi < 0 \\ S_w &= 1 & \psi > 0 \end{aligned} \tag{7-8}$$

相对渗透性为

$$k_r = S_e^{(l_p)}\left[1 - (1 - S_e^{1/\nu})^\nu\right]^2 \tag{7-9}$$

$$\nu = 1 - \frac{1}{\beta}, \quad \beta > 1 \tag{7-10}$$

式中，α 为空气负压，β 为孔隙大小分布指数，l_p 为孔隙连通性参数，S_e 为有效含水量，$S_e = (S_w - S_{wr})/(1 - S_{wr})$，$S_{wr}$ 为残余含水量。

2）断层

HGS 模型将断层表示为两个平行平面之间的缝隙，并假设断层宽度剖面上的水头均匀一致。非饱和断层内的水流方程来源于饱和流断层方程（Berkowitz et al., 1988; Sudicky and McLaren，1992）与多孔介质的 Richard 方程。断层内二维水流方程表示为，

$$-\overline{\overline{\nabla}} \cdot (w_f q_f) - w_f \varGamma_f = w_f \frac{\partial S_{wf}}{\partial t} \tag{7-11}$$

式中，q_f 表示为，

$$q_f = -K_f \cdot k_{rf} \overline{\overline{\nabla}} (\psi_f + z_f) \tag{7-12}$$

∇ 为断层平面的二维梯度算子，k_{rf} 为相对渗透系数，$\varPsi_f$ 与 z_f 为断层内的压力与水头高程。断层饱和水力传导系数 K_f 为，

$$K_f = \frac{\rho g w_f^2}{12\mu} \tag{7-13}$$

断层内的非饱和水流仍然要遵守连续性原理。目前，该方面的实验室研究结果较少。为了捕获其本质特征只能使用一些理论研究的成果。Wang 和 Narasimhan（1985）构造了表面分布孔隙的单个断层内压力、饱和度及相对渗透性之间的关系；Pruess 与 Tsang（1990）考虑了断层表面两相流体的问题，将断层表面分解为一些元素，并且给每个赋予空间关联的缝隙。其中，相对渗透性与饱和度、压力水头之间的关系仍然可以使用 Van Genuchten 模型来描述。

3）井

对于一维贯穿整个含水层、具有较强储水能力的抽水井（Therrien and Sudicky，2000），用下式描述，

$$-\overline{\nabla} \cdot (\pi r_s^2 q_w) \pm Q_w \delta(l-l') - P_w \varGamma_w = \pi \frac{\partial}{\partial t} \left[(r_c^2 / L_s + r_s^2 S_{ww}) \psi_w \right] \tag{7-14}$$

式中，q_w 为，

$$q_w = -K_w k_{rw} \overline{\nabla} (\psi_w + z_w) \tag{7-15}$$

$\overline{\nabla}$ 为沿井方向的一维梯度算子，r_s 和 r_c 分别为观测井和抽水井的半径，L_s 为总观测长度，P_w 为湿润周长，k_{rw} 为相对渗透性，S_{ww} 为饱和度，观测井的压力水头及高程水头分别为 $\varPsi_w$ 和 Z_w，观测井位置 l' 处的单位长度补水、排泄速率为 Q_w，$\delta(l-l')$ 为狄拉克函数。

井的水力传导系数 K_w 通过 Hagen-Poiseuille 公式（Sudicky et al.，1995）获得，

$$K_w = \frac{r_c^2 \rho g}{8\mu} \tag{7-16}$$

式中，右边项代表了井孔的储水系数，可以分为两部分，一部分水量来自于流体的压缩性，另一部分是由于抽水井水位变化造成的。虽然可以假设前者足够小以致忽略，但是它仍是组成的一部分，类似于 Sudicky 等（1995）的理论。

相对渗透性与饱和度函数是用来控制抽水井的水流，以防水位低于观测井的顶部。为了模拟高于水位且没有水流的部分，使用修正项，即多孔介质相对渗透性来减小式（7-14）中井的水力传导系数。众多实验表明，如果将相对渗透性设为零，牛顿迭代中就会出现众多的问题，以至于模拟结果不收敛。为了避免这些问题，同时还要控制井内水流高于水位，就要选择一个修正项，如观测井的水力传导系数比周边介质的小两个数量级。这样，高出水位的井的节点就不会影响井内的水流。

2. 地表水

1）地表径流

基于质量守恒原理，使用二维圣维南方程描述非稳定地表水流，

$$\frac{\partial \varphi_o h_o}{\partial t} + \frac{\partial (\overline{v}_{xo} d_o)}{\partial x} + \frac{\partial (\overline{v}_{yo} d_o)}{\partial y} + d_o \Gamma_o \pm Q_o = 0 \tag{7-17}$$

$$\frac{\partial (\overline{v}_{xo} d_o)}{\partial t} + \frac{\partial (\overline{v}_{xo}^2 d_o)}{\partial y} + \frac{\partial (\overline{v}_{xo} \overline{v}_{yo} d_o)}{\partial x} + g d_o \frac{\partial d_o}{\partial x} = g d_o (S_{ox} - S_{fx}) \tag{7-18}$$

$$\frac{\partial (\overline{v}_{yo} d_o)}{\partial t} + \frac{\partial (\overline{v}_{yo}^2 d_o)}{\partial y} + \frac{\partial (\overline{v}_{xo} \overline{v}_{yo} d_o)}{\partial x} + g d_o \frac{\partial d_o}{\partial x} = g d_o (S_{oy} - S_{fy}) \tag{7-19}$$

式中，d_o 为水流深度，z_o 为河床（地表）高程，h_o 为水体高程（$h_o = z_o + d_o$），$\overline{v}_{xo}$ 与 $\overline{v}_{yo}$ 为 x、y 方向的平均流速，Q_o 为源汇项单位面积体积流速，φ_o 为地表孔隙度，水体高程在地表和洼地顶端之间时，φ_o 在 0 和 1 之间变化。S_{ox}，S_{oy}，S_{fx}，S_{fy} 为无量纲变量，分别为 x，y 方向的河床、摩擦梯度。这些梯度可以用 Manning，Chezy 和 Darcy-Weisbach 方程近似表示。

Manning 公式表示 S_{fx}，S_{fy}：

$$S_{fx} = \frac{\overline{v}_{xo} \overline{v}_{so} n_x^2}{d_o^{4/3}} \tag{7-20}$$

$$S_{fy} = \frac{\overline{v}_{yo} \overline{v}_{so} n_y^2}{d_o^{4/3}} \tag{7-21}$$

式中，$\overline{v}_{so}$ 为沿最大坡度方向 S（$\overline{v}_{so} = \sqrt{v_{xo}^2 + v_{yo}^2}$）的平均流速，$n_x$，$n_y$ 为 x、y 方向的粗糙系数。

Chezy 公式表示 S_{fx}，S_{fy}

$$S_{fx} = \frac{1}{C_x^2} \frac{\overline{v}_{xo} \overline{v}_{so}}{d_o} \tag{7-22}$$

$$S_{fy} = \frac{1}{C_y^2} \frac{\overline{v}_{yo} \overline{v}_{so}}{d_o} \tag{7-23}$$

式中，C_x、C_y 为 x、y 方向的 Chezy 系数。

Darcy-Weisbach 公式表示 S_{fx}，S_{fy}，

$$S_{fx} = \frac{f_x}{8g} \frac{\overline{v}_{xo} \overline{v}_{so}}{d_o} \tag{7-24}$$

$$S_{fy} = \frac{f_y}{8g} \frac{\overline{v}_{yo} \overline{v}_{so}}{d_o} \tag{7-25}$$

忽略动量方程式（7-18）、式（7-19）左边前三项，S_{fx}，S_{fy} 由式（7-20）、式（7-21）或式（7-22）、式（7-23）或式（7-24）、式（7-25）计算，推导出下式，

$$\overline{v}_{ox} = -K_{ox} \frac{\partial h_o}{\partial x} \tag{7-26}$$

$$\overline{v}_{oy} = -K_{oy}\frac{\partial h_o}{\partial y} \qquad (7\text{-}27)$$

式中，K_{ox}、K_{oy} 为地表传导性，其取值主要依赖于 S_{fx}，S_{fy} 的计算公式。

Manning 公式计算 K_{ox}、K_{oy}，

$$K_{ox} = \frac{d_o^{2/3}}{n_x}\frac{1}{[\partial h_o/\partial s]^{1/2}} \qquad (7\text{-}28)$$

$$K_{oy} = \frac{d_o^{2/3}}{n_y}\frac{1}{[\partial h_o/\partial s]^{1/2}} \qquad (7\text{-}29)$$

式中，s 为最大坡度方向。

Chezy 公式计算 K_{ox}、K_{oy}，

$$K_{ox} = C_x d_o^{1/2}\frac{1}{[\partial h_o/\partial s]^{1/2}} \qquad (7\text{-}30)$$

$$K_{oy} = C_y d_o^{1/2}\frac{1}{[\partial h_o/\partial s]^{1/2}} \qquad (7\text{-}31)$$

Darcy-Weisbach 公式计算 K_{ox}、K_{oy}，

$$K_{ox} = \sqrt{\frac{8g}{f_x}}\frac{1}{[\partial h_o/\partial s]^{1/2}} \qquad (7\text{-}32)$$

$$K_{oy} = \sqrt{\frac{8g}{f_y}}\frac{1}{[\partial h_o/\partial s]^{1/2}} \qquad (7\text{-}33)$$

将式（7-26）和式（7-27）代入连续性方程（7-17），地表水扩散波方程为，

$$\frac{\partial \phi_o h_o}{\partial t} - \frac{\partial}{\partial x}\left(d_o K_{ox}\frac{\partial h_o}{\partial x}\right) - \frac{\partial}{\partial y}\left(d_o K_{oy}\frac{\partial h_o}{\partial y}\right) + d_o \Gamma_o \pm Q_o = 0 \qquad (7\text{-}34)$$

式中，K_{ox}、K_{oy} 由式（7-28）、式（7-29）或式（7-30）、式（7-31）或式（7-32）、式（7-33）计算。

2）洼地储水量与消减储水量

洼地储水量（depression storage/rill storage）：由于地表的坑洼、沟槽等洼地引起地表水体储存量的滞留，即地表降水产流之前必须先填满的储存量，以洼地储水高度 h_d 来表示（曾献奎，2009）。

消减储水量（storage exclusion/obstruction storage）：由于地表植被、地形、建筑物等障碍物引起储存量的消减，同样还会引起摩擦阻力增加与能量的耗散，以消减储存高度 h_0 来表示（曾献奎，2009）。

模型计算过程中假设洼地储水量与消减储水量均有一个最大的水位高程，地表水深在此高程与零之间变化（图 7-2），随水位高度变化的地表水覆盖面积符合抛物线变化规律，表示为体积高度。曲线的斜率为孔隙度，地表面为零，达到 H_s 为 1。虽然抛物线变化从地表到最大高度进行了连续积分，但是线性或者其他函数在牛顿以及改进的 Picard 线性迭代中也是支持的。洼地储量与消减储量的高度可以通过曲线的几何形状来确定。

当洼地储量的高度为（L_S+h_d）时，低于此高度时，模型计算过程中式（7-36）中平流项为零。当地表水高程高于洼地储水量高程时，地表才会有侧向流产生。另外，传导系数 K_{ox} 与 K_{oy} 随着因子 K_{ro} 减小，直到水位降低到消减储水高度。消减储水高度在 0 到 h_0 内变化，因子 K_{ro} 从 0 到 1 之间变化。

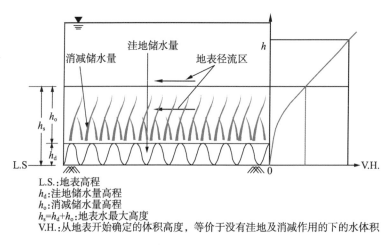

图 7-2 洼地储水量与消减储水量概念模型

3）河道

明渠水流可表示为：

$$-\nabla \cdot (Aq_c) + Q_c \delta(l - l') - \Gamma_c = \frac{\partial A}{\partial t} \qquad (7\text{-}35)$$

式中，∇ 为沿河道方向 l 的一维梯度算子，Q_c 河道 l' 位置的相对流量，$\delta(l-l')$ 为狄拉克函数，l 为河道长度，A 为河道横断面面积。

根据渠道中水流的状态确定 q_c 的计算公式。假设为紊流，则

$$q_c = -K_c k_{rc} \nabla(\psi_c + z_c) \qquad (7\text{-}36)$$

式中，k_{rc} 为渠道的相对渗透性，Ψ_c 为流体深度，z_c 为渠道高程，K_c 为渠道的传导性。

$$K_c = \frac{\rho g \psi_c^2}{3\mu} \qquad (7\text{-}37)$$

流体密度是其浓度 C_c 的函数，$\rho=\rho(C_c)$。

7.1.2 地表水-地下水数学模型的耦合

HGS 模型提供两种地表水、地下水耦合方式。第一种称为普通耦合方式，它是假设两个连续体之间的水头连续，能够达到瞬时平衡，应用叠加的方式隐含的计算水流通量（Therrien and Sudicky，1996）。另一种耦合方式是双重节点方式。它将平面二维地表水模型叠置在地下水模型顶部，节点具有完全一致的空间坐标，即耦合模型表层的节点同时具有地表水和地下水属性，每个地表水节点与相应的地下水节点进行水力联系（图7-3）。这种耦合方式没有假设两个系统间的水头连续性，而是通过达西关系来描述两者

间的水流交换。

$$d_o \Gamma_o = \frac{k_r K_{zz}}{l_{exch}}(h - h_0) \quad (7\text{-}38)$$

式中，Γ_o 为正表示水流从地下流向地表，h_0 为地表水头，h 为地下水头，k_r 为交换量的相对渗透率，K_{zz} 为下层介质的垂直饱和水力传导系数，l_{gxch} 为耦合长度。当水流从地下水流向地表，k_r 与多孔介质中的相对渗透性是相同的，而当水流从地表流向地下时，由地表水深占总消减储水高度（H_s）的百分数确定。

$$k_r = \begin{cases} S_{exch}^{2(1-S_{exch})} & d_o < H_s \\ 1 & d_o > H_s \end{cases} \quad (7\text{-}39)$$

式中，$S_{exch} = d_o / H_s$。

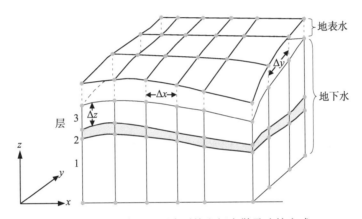

图 7-3 地表水、地下水系统空间离散及连接方式

7.1.3 边界条件

1. 地下水

地下水的边界条件包括：第一类（狄拉克）边界条件，即定水头边界条件，下渗量或交换量，源汇项，渗透面，边界条件可随时间变化。当使用 HGS 模型耦合地表水、地下水流时，在计算地下水流时不需要面交换量边界条件。

2. 地表水

地表水边界条件包括第一类（狄拉克）边界条件，即定水位边界条件，降雨、源汇项、蒸发、零深度梯度，以及非线性临界深度条件。

零深度梯度及临界深度边界条件是用于模拟山坡低处的边界条件。零深度梯度边界条件是迫使水位的坡度等于地表坡度，其排泄量用 Manning 公式表示为，

$$Q_o = \frac{1}{n_i} d_o^{5/3} \sqrt{s_o} \quad (7\text{-}40)$$

Chezy 方程表示为，

$$Q_o = C_i d_o^{3/2} \sqrt{s_o} \qquad (7\text{-}41)$$

Darcy-Weisbach 方程表示为,

$$Q_o = \sqrt{\frac{8g}{f_i}} d_o^{3/2} \sqrt{s_o} \qquad (7\text{-}42)$$

式中,Q_o 为单位宽度的流量,i 为零深度梯度流量的方向($i=x$ 为 x 方向,$i=y$ 为 y 方向)。n_i 为 i 方向的 Manning 粗糙系数,f_i 为 i 方向的摩擦系数,s_o 为零深度梯度边界的地表坡度。

临界深度边界条件是迫使边界处的深度等于临界深度。单位宽度的流量为

$$Q_o = \sqrt{g d_o^3} \qquad (7\text{-}43)$$

3. 截留与蒸散发

截留是指一部分雨水滞留在植物的叶、枝杈、茎或者城市内建筑结构上的过程。截留过程使用桶模型进行描述,即当降雨超过了截留储水量时,蒸发的范围延伸到了地表。截留储水量在 0 与截留储水容量 $S_{\text{int}}^{\max}$ 之间变化,$S_{\text{int}}^{\max}$ 与作物种类及生长过程有关,用下式表示,

$$S_{\text{int}}^{\max} = c_{\text{int}} \text{LAI} \qquad (7\text{-}44)$$

式中,LAI 为叶面指数,c_{int} 为冠层储水参数。在呼伦湖流域,LAI 代表牧草春、夏、秋的叶面覆盖状况。

潜在蒸发是控制整个蒸散发过程的重要参数,它是在水分充足的条件下作物蒸腾,地表,地下水蒸发的总量。本文中的潜在蒸发量使用前文介绍的 Penman 公式法计算。

作物的蒸散发主要发生在根系区,可能高于或者低于地下水位。蒸散发的速率用下面的关系(Kristensen and Jensen,1975)描述,

$$T_P = f_1(\text{LAI}) f_2(\theta) \text{RDF}(E_P - E_{\text{can}}) \qquad (7\text{-}45)$$

式中,$f(\text{LAI})$ 为叶面指数的函数,$f_2(\theta)$ 为节点水分含量的函数,RDF 为根系变化分布函数。

$$f_1(\text{LAI}) = \max\{0, \min[1, (C_2 + C_1 \text{LAI})]\} \qquad (7\text{-}46)$$

根系分布用下面关系表示,

$$\text{RDF} = \frac{\int_{C_1}^{C_2} rF(z) \mathrm{d}z}{\int_0^{L_r} rF(z) \mathrm{d}z} \qquad (7\text{-}47)$$

土壤水分含量,

$$f_2(\theta) = \begin{cases} 0 & 0 \leqslant \theta \leqslant \theta_{\text{wp}} \\ f_3 & \theta_{\text{wp}} \leqslant \theta \leqslant \theta_{\text{fc}} \\ 1 & \theta_{\text{fc}} \leqslant \theta \leqslant \theta_0 \\ f_4 & \theta_0 \leqslant \theta \leqslant \theta_{\text{an}} \\ 0 & \theta_{\text{an}} \leqslant \theta \end{cases} \qquad (7\text{-}48)$$

$$f_3 = 1 - \left[\frac{\theta_{\text{fc}} - \theta}{\theta_{\text{fc}} - \theta_{\text{wp}}}\right]^{C_3} \qquad (7\text{-}49)$$

$$f_4 = 1 - \left[\frac{\theta_{\text{an}} - \theta}{\theta_{\text{an}} - \theta_0}\right]^{C_3} \qquad (7\text{-}50)$$

式中，C_1、C_2、C_3 为无量纲的拟合参数，L_r 为根系的有效长度，z 为土壤表面下的深度坐标，θ_{fc} 为田间持水量，θ_{wp} 为凋萎含水量，θ_0 为有氧条件下的含水量，θ_{an} 为厌氧条件下的含水量，$rF(z)$ 为根系输水函数，通常随着深度呈对数变化。

f_1 通过线性的方式将蒸散发（T_p）与叶面指数（LAI）联系起来。f_2 将蒸散发与根系所处水分状态联系起来，是 Kristensen 与 Jensen 函数的延伸，深入地分析了根系的蒸散发过程。当土壤水分低于凋萎含水量时，蒸散发强度为 0，随着土壤水分的增加，当含水量达到田间持水量时，蒸散发也达到最大，此状态会一直保持，直到含水量低于有氧条件下含水量临界值时，蒸散发则逐渐减少，直至厌氧条件下为 0。当土壤中有效水分低于厌氧条件下含水量临界值时，根系由于通气不足而死亡（Therrien et al.，2012）。

HGS 模型提供了两种蒸发计算模式。第一种是假设潜在蒸发量 E_p 没有完全被作物冠层蒸发 E_{can} 和蒸腾 T_p 所消耗尽的情况下，土壤表层及以下才能够发生蒸发，用下式表示，

$$E_s = \alpha^*(E_p - E_{\text{can}} - T_p)\text{EDF} \qquad (7\text{-}51)$$

第二种模型是假设蒸发与蒸腾作用同时发生，表示为，

$$E_s = \alpha^*(E_p - E_{\text{can}})[1 - f_1(\text{LAI})]\text{EDF} \qquad (7\text{-}52)$$

式中，α^* 为湿度因子，

$$\alpha^* = \begin{cases} \dfrac{\theta - \theta_{e2}}{\theta_{e1} - \theta_{e2}} & \theta_{e2} < \theta < \theta_{e1} \\ 1 & \theta > \theta_{e1} \\ 0 & \theta < \theta_{e2} \end{cases} \qquad (7\text{-}53)$$

式中，θ_{e1} 为能量限制阶段的水分含量上限，θ_{e2} 为水分含量下限，低于该值，蒸发为 0。

式（7-52）描述了土壤中水分的可利用性。对于地表，当水深高于或者等于洼地储水高度时，α^* 为 1；相反，当水流沿地表面流动时，α^* 为 0。EDF 为地表和地下的蒸发分布函数。对于 EDF 的定义有两种。对于第一个模型，由于随着地表下深度的增加，土壤中的能量逐渐减少，蒸发能力也随之减小。因此，EDF 可以表示为地表下深度的函数。对于第二个模型，蒸发能力从地表向下到规定的深度（B_{soil}）都能满足。

7.2 基于 HydroGeoSphere 的地表水–地下水耦合模拟

7.2.1 模拟区的选择

基于呼伦湖流域的划分结果，结合资料的种类及系统性，选择呼伦湖周边的子流域

（图 2-23 中的子流域 7~10）为 HydroGeoSphere 的模拟区域（图 7-4），面积为 16974.92km²，周长为 1064km。模拟区域大部分位于自然保护区内，没有人口密集的城乡以及大型工矿企业，目前仍处于未开发状态。

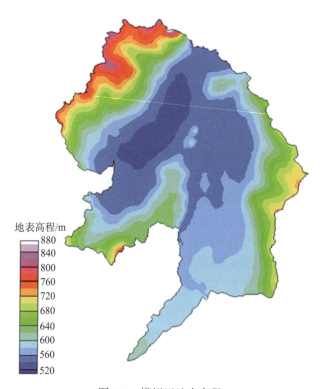

图 7-4　模拟区地表高程

7.2.2　数据准备

1. DEM 数据

将分辨率为 90m 的 DEM 数据进行纠正处理，以使地表水流根据重力作用沿河道流动。研究区地表高程见图 7-4。最高为湖右侧丘陵区，878.25m；最低为湖底，537m。

2. 地质概况

1974 年、1975 年，黑龙江省水文地质工程水文地质队对呼伦湖周边的流域进行了勘察测量，测区范围见图 7-5，分别编制了水文地质综合测量报告书及区域水文地质普查报告。

测区出露地层有古生界和新生界。其中以新生界为主，中生界次之。由于构造运动和冰川作用，致使前第四系多被掩伏。

测区内前第四系均呈北东-西南向分布，基本符合区域构造规律。古生界石炭-二迭系和中生界上侏罗统大兴安岭火山岩组和燕山期花岗岩构成测区基底。

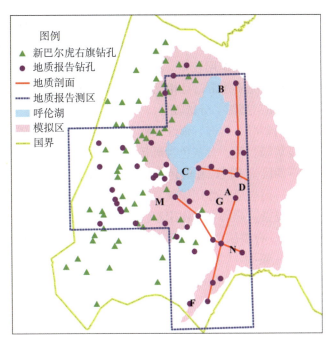

图 7-5　模拟区地质剖面及钻孔分布图

1）前第四系

（1）石炭-二迭系：主要为一套陆相沉积岩夹薄层火山岩，局部具轻变质现象。零星出露于甘珠花乌尔逊河大桥西侧采石场和白旗庙一带。前者岩性为深灰、灰黑色粉砂质板岩、凝灰质砂岩等，凝灰质砂岩为不等粒砂状结构、块状结构，其中碎屑占70%（粒径0.05~1.00mm，具棱角状）余为泥硅质胶结物；后者岩性为甚灰、灰黑、灰黄色蚀变安山岩、蚀变熔岩角砾岩、片理化熔岩角砾岩和砂砾岩。具有明显的轻微变质现象。片理化熔岩角砾岩已千枚岩化，砾石被挤压成透镜状，并定向排列。沿北东方向的挤压面形成近直立的产状，据前人资料，总厚度>1400m。

（2）侏罗系：上侏罗统大兴安岭火山岩组是测区内构成"圣山—霍尔坡上隆起带"的主要岩体。主要出露于圣山、包乌拉、塔力亚托北山和白旗庙地区，岩性以酸性火山岩即灰白、灰、暗灰、灰黄色流纹岩流纹斑岩为主。在圣山东部采石场可见含有角砾流纹斑岩构成圣山北西向背斜，据前人资料，本组总厚度>600m。

上侏罗统扎赉诺尔群仅分布在扎赉诺尔—呼伦湖凹陷带内，地表未见出露。岩性主要为灰、灰绿色泥质砾岩，砾岩，砂砾岩，砂岩等，局部为灰白、黄绿色。泥质砂岩，夹层灰、黑色泥岩，粉砂质泥岩含多量炭屑、炭块，局部并富集成搏煤层，具明显的铁染现象，泥质岩成岩作用较佳，砾岩、砂砾岩、砂岩成岩作用不佳，砂岩组成颗粒磨圆、分选好。砾石呈棱角、半棱角状，粒径一般0.3~0.5cm，大者达6~8cm，成分以中酸性火山岩和石英为主。泥质胶结、局部钙质胶结。受挤压岩石普遍存在挤压镜面及蚀变现象或形成破碎岩。底部以泥质砾岩与下伏地层或岩体呈不整合接触。推测本群厚度>1000m。

（3）白垩系：下白垩系统主要分布于测区东部乌尔逊河凹陷与西贝尔湖凹陷中。岩性主要为灰、灰白、灰绿色泥岩，粉砂质泥岩，泥质粉砂岩，砂岩，砂砾岩。泥质岩成岩作用较佳，砂岩、砂砾岩成岩作用较差。泥质胶结，局部为钙质胶结。普遍含炭屑、炭块，据黑、黑褐、灰黑色泥质条带，且相互穿插。砂、砾石成分主要为酸性火山岩和石英，砾石一般0.5~1.0cm，磨圆、分选较佳。

上白垩统主要岩性为猪肝、砖红、紫红、紫灰、粉、粉灰色泥岩，粉砂质泥岩，泥质粉砂岩夹薄层灰、浅灰绿、黄、黄灰色含砾粗砂岩、中细砂岩、粉细砂岩、泥岩等。依据其特征可分为上下两段。下段以粉红色细碎屑岩为主；上段以砖红夹灰绿色条带状泥岩、粉砂质泥岩为主。泥岩成岩作用较佳，普遍富含钙质或钙质结核。局部具炭屑、炭块、铁锰结核或铁锰浸染。碎屑成岩作用不佳。主要由石英颗粒组成，磨圆度较好，泥质胶结，局部钙质胶结，有挤压现象，裂隙发育，但被钙质充填，本统厚度200~300m。

（4）第三系：上第三系中–上系统，于准和热木图零星见灰色泥岩、粉灰色块状灰岩。岩性主要为灰、灰白、灰黄、灰绿、浅灰绿、褐黄色泥岩，粉砂质泥岩，泥质粉细砂岩，粉细砂岩，粗砂岩，砂砾岩等。在乌尔逊河河谷岸边陡砍处亦有零星出露，成岩作用一般比较差，产状近于水平，水平层理发育。局部含石膏和富集成石膏晶簇或薄层，本统厚度<100m。

2）第四系

本区第四系比较发育，分布普遍，下更新统冰、冰水堆积层（早冰期）。

冰层：分布于海拉尔谷底部及丘陵边缘地带，主要由一套砖红、杂色泥砾构成，厚度5~13m。综合其特点：

（1）无分选，由黏土、砂、岩屑、卵石、尖角块石混合而成。泥砾结构杂乱而致密，不透水。粗粒物质磨圆度不一致，有尖角状，次棱角状的块石，也有磨圆良好的卵石。砾径0.5~5cm，大者大于10cm，此层中间或其上常穿插砂砾石。

（2）无层理。

（3）在卵石、块石中，常见有亚坑、压碎裂等痕迹，亦见酥石，拖鞋石，多面石等。

（4）砾石成分主要由中酸性火山岩及花岗岩等构成。砾石表面多附着一层极细腻物质，手搓之具滑感，染手。黏土中含高价铁，故其呈砖红色。

冰水堆积层：分布在海拉尔河谷及其以南的高平原中，乌尔逊和边陡砍及贝尔湖陡砍一带露头较好。总的特点：

（1）由棕黄色、灰白色砂砾石组成，间夹细砂、砾石、黏土及粉土层，表层为亚砂土覆盖。但无固坚变化规律，厚度10~25m。由南向北粒度有变细趋势。

（2）具有粗略的分选性，在剖面中可见粗细不等、色调不同的沉积夹层，并由此组成了不同形式的层理。由于冻融作用，在黏土薄层或细粒夹层中，常形成一些不甚明显的微形，以及非常清晰的波浪式"冻褶皱"，与前者组合在一起，构成一幅纷乱而奇异的图像。同一层，或不同层之间，颗粒相差悬殊，相变剧烈，粒径一般0.2~3cm，个别大者达5cm。均具较好的磨圆，砾石中见有极少量多面石、拖鞋石及酥石，亦可见泥砾团块。

（3）物质成分，粗粒物质由中酸性、中基性火山岩及花岗岩组成。细粒物质由长石、石英构成。风化程度较深、卵砾石表面亦有细腻物质，手搓染手。

中更新统冲积湖积层：由一套灰绿色、黄绿色、灰黄色亚砂土，淤泥质亚黏土及中细砂组成。富含植物残骸。沉积韵律清晰，分选良好，水平层理发育。亚黏土中含有大量有机质，具腥臭味。厚 5~30m。

上更新统冰碛、冰水堆积层（冰晚期）：冰层不连续的分布在海拉尔河冰成阶地及测区中部的冰成谷底中。沉积厚度 8~10m，覆盖于早冰期泥砾或老地层之上，上覆同时期冰水堆积物。其特点与早期泥砾极相似，唯独风化程度较浅。呈土黄色、黑褐色，胶结程度较前者差。粉土物质不及前者细腻。粗粒物质中的卵砾石磨圆均较前者良好。直径一般在 0.3~3cm，见有多面石及拖鞋石。砾石较前者新鲜、坚硬、该层常夹有冰水砂砾石及纹泥层。

冰水堆积层分布在冰成阶地及冰成谷地中，沉积厚度 8~20m。上部位亚砂土、细砂及中细砂层；下部为砂砾石及砾石层。与早冰期冰水堆积物对比，风化程度浅，呈浅黄色，黄褐色，分选稍好，较松散，卵砾石新鲜坚硬。

全新统冲积、湖积、风积及湖泊化学沉积层：冲积层分布在海拉尔河、乌尔逊河漫滩中，堆积较薄。下部为黄褐色砂及砂砾石，上部为灰黑色即黑褐色含砾亚黏土。厚度 2~3m。

湖积层分布在呼伦湖、乌兰诺尔湖滨一带。主要由分选良好的浅黄色细砂组成。厚度在 2~5m。

风积层分布在呼伦湖滨一带，覆于上述堆积物之上，岩性为灰黄色、浅黄色中细砂。分选即磨圆均较好，厚度 2~10m。

湖泊化学沉积层分布在冰成阶地及高平原的冰蚀洼地中，岩性为富含硝酸盐的灰黑、黑褐色亚黏土、粉土及粉细砂，厚度 2~3m。

3）侵入岩

区内侵入岩有燕山期花岗岩和花岗斑岩。

（1）花岗岩：主要岩性为浅肉红色正长花岗岩，正长石占 60%以上，其次为石英和黑云母，具有花岗结构，局部可见灰黑色细晶花岗岩。

（2）花岗斑岩：主要出露于圣山难坡，其次在白旗庙北部也有零星出露，以脉岩产生。为浅肉红色、粉褐色花岗斑岩，具有明显的斑状结构，成分石英约占 60%，余为钾长石。

3. 水文地质

1）区域水文地质条件

测区属寒温带干旱草原气候，蒸发量大于降雨量，雨期集中，决定本区潜水的主要补给源为大气降水，但补给量不大。

测区大部分地区为高平原所占据，地形平缓，蒸发作用强烈，地下水交替作用较差，不断蒸发浓缩，促进地下水的矿化作用。

呼伦湖东部边缘，地形平坦，向呼伦湖方向倾斜。含水层主要为砂、砂砾石孔隙潜水和砂岩、砾岩及泥质砂岩孔隙承压水。潜水主要赋存于全新统湖积细砂和含黏土较多的上、下更新统冰水堆积、砂砾石中。地下水补给、径流、排泄途径较短，径流较通畅，主要接受东部丘陵区火山岩裂隙潜水补给，局部接受湖水补给。地下水主要向西北流动，部分泄于呼伦湖中。

东部广大高平原，属乌尔逊河凹陷带和西贝尔湖凹陷带，该凹陷带沉积了巨厚的中、新生代地层，最大厚度达3500m。地面平坦，向北地势渐低，呈微波状起伏。其上多被亚砂土、亚黏土覆盖，地下水径流迟缓，为西部丘陵区潜水径流区。乌尔逊河自贝尔湖向北注入呼伦湖，乌兰诺尔与乌尔逊河相通，为地表水及地下水的运动提供了良好的水文条件。广大高平原的潜水，主要赋存于下更新统冰水堆积砂、砂砾石中，乌尔逊河谷与冰成谷地的潜水，赋存于全新统砂、砂砾石及上更新统冰水堆积砂、砂砾石中。主要接受西部丘陵火山岩裂隙水补给。局部接受贝尔湖和乌兰诺尔及乌尔逊河水补给，泄于乌尔逊河谷及冰成谷地中。虽广大面积上均有下更新统冰水堆积砂、砂砾石分布，但由于地形上的影响，地下水分布不均匀，不普遍。南部贝尔湖—乌兰诺尔—乌尔逊河三角地带，地形平坦，向北倾斜，主要接受南部邻国蒙古人民共和国境内的地下水和贝尔湖水补给，地下水丰富。而其余广大地区，由于受乌尔逊河谷和冰成谷地的分割，地形呈狭长形分布，相对高差10~20m，利于地下水的流动与排泄。乌尔逊河谷及冰成谷地为广大高平原地下水的排泄区，同时又是地表水的汇水区，地下水泄于呼伦湖中，水量较丰富。下部承压含水层总的分布规律：西部含水层基本上为透镜状，向东、东南渐连续，且含水层厚度逐渐增加。承压水以上第三系砂岩、砂砾岩孔隙承压水最发育，贝尔湖—贝尔公社—M39号孔连线以南本含水岩组，有两个含水段，水量丰富。其余广大地区为一个含水段，以M51—M48—3CK3—贝尔公社连线为界，东部本含水岩组分布稳定，一般顶板埋深大于100m，水量较贫乏。

综上所述，东部广大高平原的地下水，可归纳为如下几点：

（1）潜水主要自西北流向东南，主要接受西部火山岩裂隙水的补给，承压水主要自东南流向西北。

（2）潜水含水层厚度自东南向西北逐渐变薄，上第三系承压含水层自东南向西北有连续渐变为薄层透镜状。

（3）贝尔湖—乌兰诺尔—乌尔逊河三角地带和冰成谷地及冰成阶地，潜水丰富，承压水以上第三系为主。

2）含水岩层（组）及含水带

（1）全新统湖积细砂孔隙潜水：主要呈条带状分布于呼伦湖滩地一带。乌兰诺尔南也有零星分布。含水岩性主要为浅黄色细砂。含水层厚度2~5m。

（2）全新统冲积砂、砂砾石孔隙潜水：呈条带状分布于乌尔逊河一带。含水层岩性由黄褐色砂、砂砾石组成。乌尔逊河河谷地带本含水岩层自南向北逐渐变薄，且有尖灭之趋势。一般厚度2~3m，水位埋深1~5m。

（3）上更新统冰碛冰水砂、砂砾石、泥砾孔隙潜水：主要分布在冰成谷底，冰成阶地及呼伦湖南缘一带。其中冰碛泥砾分布不均匀，不连续。含水层上部主要为浅黄、黄褐色细砂及中细砂层，下部为浅黄、黄褐色砂砾石及砾石和泥砾。一般厚度 8~12m，水位埋深 1~5m。

（4）下更新统冰水砂、砂砾石、孔隙潜水：主要分布在广大高平原上。含水层岩性主要为细砂、砂砾石及砾石组成，间夹黏土及粉土层，无固定变化规律。由南向北有由粗变细的趋势。贝尔湖—乌兰诺尔—乌尔逊河三角地带，本含水岩层较稳定，岩性为砂及砂砾石，厚度 5~10m，水位埋深 0.5~8m。

（5）上第三系砂岩、砂砾岩孔隙承压水：大面积分布于乌尔逊河凹陷和西贝尔湖凹陷中。含水层岩性主要为灰、灰白、灰黄色粉细砂岩，粗砂岩和砂砾岩。由两个含水段组成，但分布不均匀，不稳定。贝尔湖—贝尔公社—M39 号孔连线以南，本含水岩组的两个含水段比较发育，上部含水段厚度 10~25m，岩性为灰、灰白色砂砾岩，顶板埋深 10~30m。下段含水段厚度 3~10m，M33—M34 号孔一带岩性为灰、灰白色纷细砂岩与中细砂岩，M35—M39 号孔一带为灰、灰白色砂砾岩，顶板埋深 80~100m。其余广大地区本含水岩组仅有下段含水岩段，含水段岩性主要以灰、灰白、灰黄色粗砂岩、含砾中细砂岩和细砂岩为主。综上所述，上第三系分布较普遍，含水层厚度 3~35m，顶板埋深一般 50~100m。

（6）上白垩统砂岩、砂砾岩孔隙承压水：大面积分布于乌尔逊河凹陷与西贝尔湖凹陷中。含水岩性主要为灰、浅灰绿、黄、黄灰色含砾粗砂岩，中细砂岩，粉细砂岩。含水层分布不连续，多成透镜状。

（7）上侏罗统扎赉诺尔群砂岩、砾岩、泥质砂岩孔隙承压水：分布于呼伦湖凹陷中。含水层岩性组要为灰、灰绿色砂岩，砾岩泥质砾岩，含较多泥质，透水性不佳，富水性不均匀，含水层厚度 20~60m，顶面埋深 60~140m，承压水位埋深 4~20m。

4. 水文地质参数

模拟区内水文地质条件比较复杂，主要的水文地质参数有水力传导系数 K、给水度 φ，弹性储水系数 S_s，以及非饱和带的 Van Genuchten 参数。

1）水力传导系数 K

根据当地水文地质勘查报告及抽水试验结果，将模拟区内的水文地质参数进行分区，分别为表层、浅层、弱透水层、深层含水层，其深度范围为 2~5m、18~20m、100~120m、280~300m。水力传导系数分区见图 7-6 与图 7-7，所采用的初值见表 7-1。

2）Van Genuchten 参数的确定

2009 年 8 月，内蒙古农业大学河湖湿地项目研究组对呼伦湖周边流域的土壤、河流湖泊、植被、水井进行了野外踏勘采样，这里详细介绍有关土壤的野外及室内试验。

A. 土样点布设

通过全面考虑该流域的土壤类型、成土母质、地形、天然植被等情况，采用全球定位系统定位，均匀的布设采样点 85 个，其中个别点采样因操作困难而放弃，最终共采样 80 个（图 7-8），土壤采集剖面见图 7-9。

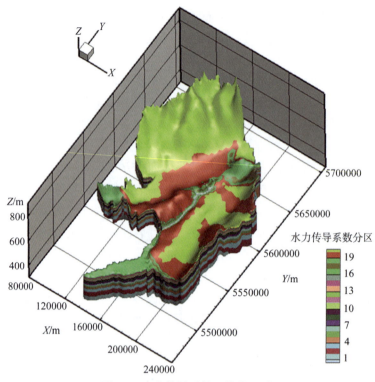

图 7-6 水力传导系数三维分区图

B. 实验

a. 土壤物理参数的测定

主要采用烘干法、环刀法测量土壤含水量及容重,进而计算孔隙度。

土壤含水量也常称重量含水量,是指水与干土粒的质量比或重量比,即

$$\theta_m = \frac{W_w - W_d}{W_d - W} \times 100\% \qquad (7\text{-}54)$$

式中,θ_m 为质量含水量(%),W_w 为湿土与铝盒重量之和(g),W_d 为干土与铝盒重量之和(g),W 为铝盒重量(g)。

土壤容重是指土壤在自然情况下,单位体积内所具有的干土重量,包括土壤孔隙在内,通常以单位(g/cm³)表示。通过土壤容重测定可以大致估计土壤有机质含量多少,质地状况以及土壤结构好坏。

$$\rho = \frac{(W - G) \cdot (1 - \theta_m)}{V} \qquad (7\text{-}55)$$

式中,ρ 为土壤容重(g/cm³),W 为环刀和湿土重之和(g),G 为环刀重(g),V 为环刀容积(cm³),θ_m 为土壤含水量。

土壤孔隙度是指单位体积内土壤孔隙所占的百分数,土壤孔隙的数量与大小,密切影响着土壤透水、透气与蓄水保墒能力,它可由土壤容重、土壤密度计算而得。

$$f = (1 - \rho / \mu) \times 100\% \qquad (7\text{-}56)$$

式中,f 为孔隙度,ρ 为容重(g/cm³),μ 为土壤密度(g/cm³)。

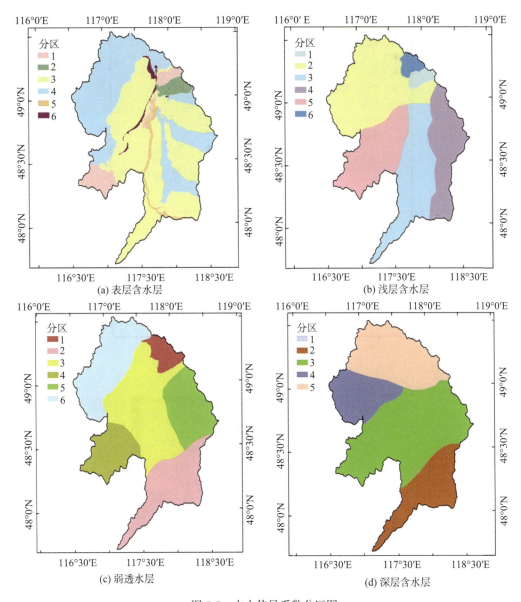

图 7-7 水力传导系数分区图

表 7-1 模拟区各含水层水力传导系数初值

表层		浅层		弱透水层		深层	
区号	数值	区号	数值	区号	数值	区号	数值
1	1.07	1	3.5	1	2.25	1	3.6
2	0.68	2	5.91	2	1.18	2	1.2
3	0.49	3	3.74	3	5.96	3	0.59
4	1.12	4	6.36	4	3.21	4	0.11
5	2.0	5	2.1	5	1.9	5	0.51
6	2.8	6	4.1	6	3.1		

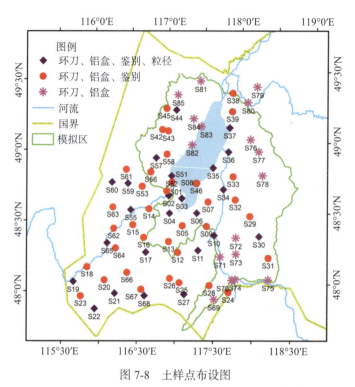

图 7-8 土样点布设图

图 7-9 土壤采集剖面

b. 土壤鉴别

根据土壤颜色、土壤结构、松紧度等特征采用目视手测的方法来鉴定土壤质地。此法虽较粗放，在野外条件下还是比较可行的，经过较为专业的鉴定，也可达到基本鉴别质地类别的目的。

c. 粒径分析

选取 0~20cm 的表层土，装于布袋中，带回实验室。将样品放置实验室阴凉处自然风干、踢出杂质、粉碎，用电子天平称取 100g 土样，经过研磨后过 100 目筛，得到大于 2mm，1~2mm，小于 1mm 的土壤重量。取 1mm 以下的土样，用型号为 Rise-2008 的激光粒度仪进行粒径分析，得出土样中沙粒、粉砂砾、黏砾的含量。

C. Van Genuchten 参数的计算

根据以上实验得到的表层土壤质地、孔隙度及含水量，将表层土壤根据深度分为三层，采用 Rosetta 软件（图 7-10）确定残余水饱和度、以及 Van Genuchten 参数（表 7-2）。浅层、弱透水层及深层水文地质参数根据其质地选择经验参数（表 7-3）。

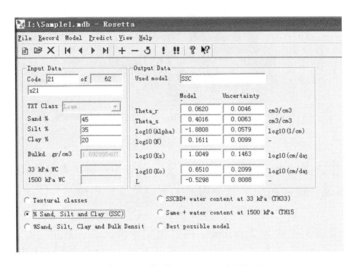

图 7-10　软件 Rosetta 运行界面

表 7-2　表层土壤水文地质参数

土层	深度范围	ϕ	S_s/m^{-1}	S_{wr}/m^{-1}	α/m^{-1}	β
1	0.8~1	0.427	2.5×10^{-5}	0.0553	2.57	1.730
2	0.5~0.8	0.422	2.5×10^{-5}	0.0546	1.84	1.814
3	0~0.5	0.433	2.5×10^{-5}	0.0523	1.69	1.597

表 7-3　水文地质参数经验值

土层质地	ϕ	S_s/10^{-4}m^{-1}	S_{wr}/m^{-1}	α/m^{-1}	β
黏砂土	0.4~0.7	6~10	0.049	3.475	1.746
粗砂	0.8~1.5	0.4~0.8	0.030	29.40	3.281
砾石	1.5~3.2	0.2~0.4	0.005	493.0	2.190
中砂	0.8~2	0.6~1.0	0.053	3.524	3.177
黏土	0.25~0.35	0.25~0.35	0.098	1.490	1.250

5. 土地利用

《呼伦湖水资源配置及水环境治理工程环境影响报告书》中的评价范围包括呼伦湖

区、工程区、饮水水源区与湖泊排水承纳区。其中，呼伦湖区只要涉及直接接受补水影响的呼伦湖国家级自然保护区水域及周边湿地（图 7-11）。

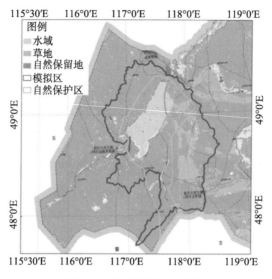

图 7-11　遥感解译土地利用

根据遥感影像解译结果，呼伦湖区评价区可划分为水域、草地、沼泽湿地（不包括水域）、林地、耕地、难利用地、其他用地（居民及工矿用地）。

1）湖泊

呼伦湖区总水域面积约为 2100km^2，占呼伦湖评价区总面积的 28.38%，其中湖泊面积占水域面积约 95.5%，说明呼伦湖评价区内以水域主要以湖泊形式为主。

2）草地

呼伦湖评价区草地面积 4213km^2，约占呼伦湖评价区总面积的 56.93%。其中覆盖度居 50%~70%（高覆盖草原）之间的草地面积为 824.37km^2，占呼伦湖评价区总面积的 11.14%。

3）湿地

呼伦湖评价区湿地面积为 745.13km^2，占该评价区总面积的 10.07%，如果把水域面积也作为湿地进行统计，呼伦湖区湿地面积将占评价区总面积的 38.45%。由于评价区内水域面积较大，在湖泊、河流的四周及部分地势低洼的积水地区形成了繁衍的天然场所，尤其是国家一级和二级保护的珍禽在此栖息，是保护区的核心区域所在。

4）耕地

耕地面积为 14.55km^2，占评价区总面积的 0.2%。由于该评价区内的人口密度低（每平方公里仅 0.8 人），并且其经济运营方式主要以牧业和渔业为主，所以呼伦湖评价区内的耕地多为人居地（屯）、庭院及周边所种植的一些夏秋蔬菜。

5）林地

林地面积为 12.80km^2，占评价区面积的 0.17%，是呼伦湖评价区内土地利用的最小部分。由于区内土地主要是天然草地，林地仅分布于人居地（村屯）庭院周边附近。

6）居民地

居民地为 31.55km², 占呼伦湖评价区总面积的 0.43%。居民用地主要指城乡的居民住宅地、工矿、交通等用地。由于区内人密度较稀, 居民住宅地用量相对较少。

7）难利用地

难利用地主要是滩地、沙地（以呼伦湖周消落带裸露的沙地为主）和盐碱地（新达赉湖干涸后形成的盐碱地占大部分）, 滩地、沙地面积为 144km², 盐碱地区为 138.97km², 二者合计占评价区总面积的 3.83%。

根据以上已有遥感解译及自然保护区内各类型土地所占比例, 本文将模拟区内的土地利用类型分为三类, 分别为草地、水域、湿地（图 7-12）, 各自面积为 13418.81km²、2114.23km²、1441.88km², 占模拟区百分比分别为 79%、12.5% 和 8.5%。

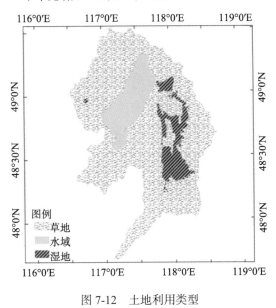

图 7-12　土地利用类型

曼宁粗糙系数反映地表对于水流的阻碍作用, 表 7-4 中列出了不同土地利用类型的取值及文献来源。

表 7-4　不同土地利用类型的粗糙系数　　　　　　　　　　s/m^(1/3)

参数	n_x	n_y	文献	初值	识别结果
水体	0.04	0.04	（Li et al., 2008）	0.045	0.05
	0.0548	0.0548	（Therrien et al., 2012）		
	0.04	0.04	（曾献奎, 2009）		
	0.03	0.03	（Colautti, 2010）		
	0.025~0.025	0.025~0.025	（Sykes. 2005）		
湿地	0.05	0.05	（Li et al., 2008）	0.05	0.05
	0.5	0.5	（曾献奎, 2009）		
	0.05	0.05	（Colautti, 2010）		
草地	0.07	0.07	（Colautti, 2010）	0.07	0.07

6. 水井

水文地质报告中调查水井共 34 眼,其中 14 眼位于研究区内。2009 年 8 月、2010 年 8 月,重新对研究区内的井点水位进行了调查,其中大部分井点已经被废弃(图 7-13)。

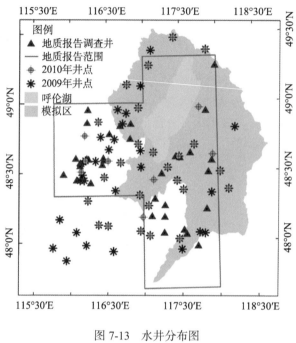

图 7-13 水井分布图

7. 降雨

采用泰森多边形插值法将四个气象站的点降雨量转化成模拟区面降雨量(图 7-14)。

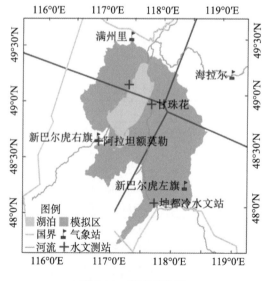

图 7-14 泰森多边形

8. 蒸发

模型中涉及蒸散发计算的参数确定不是本文的研究内容，而本文所使用的参数列于表 7-5、表 7-6 中，均来自于已有的相关文献中（Kristensen and Jensen，1975；Vazquez et al.，2002；Andersen et al.，2002；Vazquez et al.，2003；Dickinson et al.，1991；Panday and Huyakorn，2004）。不同时间段内的参数根据作物的生长状态调整大小。

表 7-5 蒸散发参数初值及识别值

参数	C_{int}	C_1	C_2	C_3	L_r	B_{soil}	θ_{fc}	θ_{wp}
初值	0.05	0.30	0.20	20	4	2	0.32φ	0.2φ
识别值	0.05	0.32	0.2	30	3	3	0.32φ	0.2φ
参数	θ_o	θ_{an}	θ_{e1}	θ_{e2}	RDF		EDF	
初值	0.76φ	0.9φ	0.32φ	0.2φ	Cubic decay with depth		Cubic decay with depth	
识别值	0.76φ	0.9φ	0.32φ	0.2φ	Cubic decay with depth		Cubic decay with depth	

注：φ 为孔隙度。

表 7-6 叶面指数（LAI）的季节变化初值及识别值

土地利用类型	数值	4 月	5~9 月	10 月
草地	初值	2	2.5	2
	识别值	3	3.5	3
水域	初值	0	0	0
	识别值	0	0	0
湿地	初值	1	1.4	1
	识别值	1	1.5	1

7.2.3 边界条件概化

模拟区地下水系统的顶部边界为地表，底部边界为花岗岩和变质岩含水岩组，其透水性差，处理成隔水底板。

侧向边界共有两种，一种为河口边界，即 Γ_1、Γ_2、Γ_3、Γ_4，河流通过该边界流入、流出模拟区。边界 Γ_1，即达兰鄂罗木河在 1964 年被填堵，使得呼伦湖与海拉尔河、额尔古纳河失去了地表水利联系，新开河于 1971 年才开始修建，此期间没有水流的记载，所以本文这里地表水边界条件选择为临界深度条件，地下水概化为定水头边界，Γ_3，为乌兰泡，仍然无资料记载，这里处理为定水头边界条件，Γ_2、Γ_4 为乌尔逊河与克鲁伦河，为已知流量边界条件，另一种为流域分水岭，即 Γ_5，概化为零通量边界（图 7-15）。

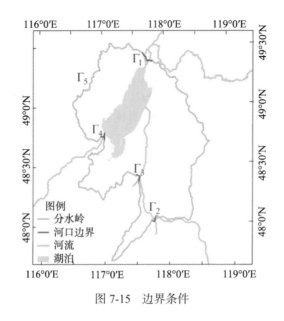

图 7-15 边界条件

7.2.4 离散

1. 空间离散

根据水文地质报告中地质剖面信息，将模拟区在垂向上剖分 15 层，最上一层为地表，底层为隔水底板。平面上采用三角嵌套式网格，为了能够尽量详细的刻画河流渗透面以及地表-地下水交换特征，对河流周边网格进行细分处理，最小边长为 100m，至少使用 4 个节点离散河流侧边界。远离河流，地势平坦的区域，最大网格边长可达 4000m。每层网格有 62800 个节点，由三角形有限元连接侧边界（图 7-16、图 7-17）。

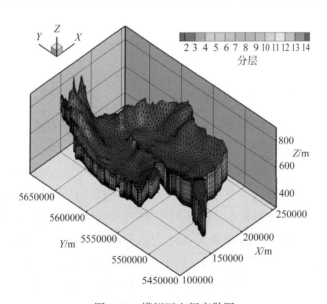

图 7-16 模拟区空间离散图

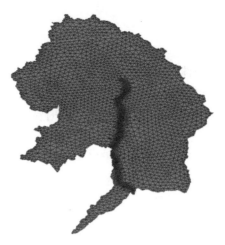

图 7-17 模拟区表面网格

2. 时间离散

呼伦湖流域处于高原寒旱区，冻结-冻融期相对较长，通常从每年的 11 月初开始到翌年 4 月中旬结束，持续时间长达 6 个月。前面水平衡分析的结果表明，每年从 3 月开始，湖周边流域积累 5 个月的降雪随着温度的回升，逐渐融化并深入地下，以浅层地下水流的形式补给湖泊，使得湖泊水位升高。经过计算，补给湖泊的地下水量与 11 月至翌年 3 月累积降雪量存在关系，平均量值较大，是不能被忽略的，所以本文选择模拟时段为 4~10 月。

3. 对于冻土融雪过程的处理方法

目前，由于现有版本的 HGS 还不具备模拟冻土期和降雪、融雪过程地下水运动的能力。通过联系模型的研发人员——加拿大安大略省滑铁卢大学的 Rob Mclaren，他们正在试图将冻土、降雪、融雪期间地表水、地下水运动过程加入模型中，但是还没有完成，就目前版本的模型所要解决此问题，建议的方法是降低冻土的渗透系数。冻土的渗透性很弱，可以认为多年冻土对大量水的迁移来讲是不透水层（阳勇和陈仁升，2011）。因而，模型将冻土的渗透系数调小是合理的，但是本文所选研究时段内的 4~5 月正是流域内冻土解冻过程，这与冻土期间地表水-地下水运动过程存在一定的差距。所以，仅依靠调整水文地质单元内的渗透系数不能充分反映其水文过程的变化。

根据融化过程中土壤水分运移特征，将冰封期累积降雪的 78% 加入到 4 月、5 月的降雨中，同时将此时土壤的渗透系数适当调整低于非冻结期数值，其他时间不做改变。

7.2.5 模型的识别与验证

根据地表-地下水文系统信息的获取程度分两个阶段识别流域水文模型。由于模拟内的地下水观测孔少且分布不均匀，通过插值获取的初始条件势必会对模型的初期模拟结果产生较大影响，所以首先利用稳定流模型获取非稳定流的初始条件。

1. 稳定流模型

稳定流模型的建立目的就是获取流域内长期的水量平衡关系，即获得长期地表水深、地下水位作为后续非稳定流模型的初始条件。

收集资料显示，1965~1970 年期间，呼伦湖流域内除了新开河外没有大型的水利枢纽工程，而新开河仍在建设中，并未投入使用，故此时流域水文系统基本未受到人为干扰，仍处于原始状态，所以选择此时段流域长期平均降雨量，地下水头，流量构建稳定流模型（附表 6~附表 9）。湖泊周边流域处于极干情况，地下初始水头设置为 1×10^{-4}。Goderniaux 等（2009）认为即使所取流域初始水头与实际完全不符，对地表水流速的影响在几天内消失，地下水头可能需要两年的时间，由于模拟结果对于耦合长度的敏感性较差，所以取值为常数 0.01m。时间步长取为日，采用可调时间步长，使地下水头及地表水深在一个时间步长内变化幅度不超过 0.5m 和 0.01m。

图 7-18 为模拟的地下水头，其水位线的形状与地表高程一致，湖泊左侧丘陵区的水头远高于右侧的湖滨平原，说明丘陵区对于湖泊的补给作用强于湖滨平原。通过与实际调查井水位进行对比（图 7-19），可以看出两者的一致性较好，但是个别井点的差距也较大，最大可达 3m。这是由于井点某一年的实测值对于地下水系统长期平均状态的代表性较差。但是，如果假设地下水变化周期为几十年的尺度，那么处于地下较深的井点的观测水位也是能够反映地下水位的变化情况（Colautti，2010）。将模拟的地表水深与实际情况对比（图 7-20），可以看出，模拟结果清晰地显示了呼伦湖、新开湖以及乌

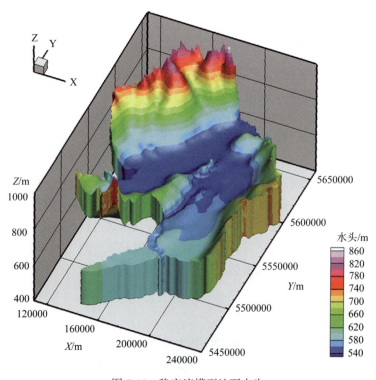

图 7-18 稳定流模型地下水头

尔逊河，与实际情况较吻合，虽然不能很好地重现乌尔逊河入湖口处的水深。类似于大多数模型，在流域内河流及地形起伏特征的详尽刻画与计算耗时之间很难达到平衡，本文最大网格边长设为 4000m，即使对河流周边处的网格进行细分处理后，最小边长也有 100m，而乌尔逊河丰水期的宽度仅为 60~70m，枯水期的河宽仅 30~50m，所以水平方向的模拟就存在一定的问题，非稳定流模型也一样。

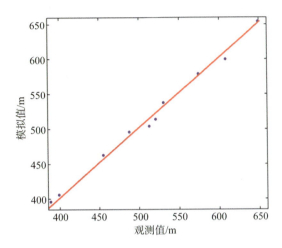

图 7-19 模拟井水位与地质报告调查值对比

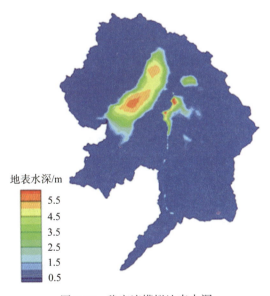

图 7-20 稳定流模拟地表水深

鉴于稳定流模拟的地下水头及河网与实际比较吻合，表明稳定流模型能够捕获模拟区内的地表水—地下水的水文特征，可以作为非稳定流的初始条件（表 7-7、表 7-8）。

稳定流模型能够提供流域水文系统内各种来水、用水量之间的平衡关系。对于本文所选的湖泊周边流域，在 4~10 月内，将降雨的识别结果乘以各区的控制面积可得模拟

表 7-7 各区降雨识别结果   mm

识别结果	海拉尔	满洲里	新巴尔虎右旗	新巴尔虎旗
面积（km²）	1083.7	3680.27	6419.5	5621.89
降雨（mm）	301.3	261.2	245.3	253.5

表 7-8 边界流量识别结果   m³/s

边界	Γ_2	Γ_4
流量	25.85	30.45

区内长期平均降雨量为 $42.9 \times 10^8 m^3$，而蒸散发量为 $56 \times 10^8 m^3$，其中湖面蒸发量为 $27.8 \times 10^8 m^3$，占蒸散发量的 49.6%。乌尔逊河及克鲁伦河来水分别为 $7.8 \times 10^8 m^3$、$5.3 \times 10^8 m^3$，分别占模拟区总均衡量的 18.2%和 12.35%。模型中假设模拟区与周边区域没有地下水交换，水量为 0。

2. 非稳定流模型

1）参数识别

参数的最初识别已经在稳定流模型中完成，即利用长期平均水平衡因素作为非稳定流模型的初始条件。

通常使用三类数据进行参数的识别，分别为平均降雨量，地下水头的分布，水文站观测的河流流量（Li et al., 2008）。

在水文模型研究中，平均径流量的识别是了解流域水文过程的第一步，主要是因为它可以检验模拟结果与实际是否相符。其他的识别项包括观测的地下水位，定性一些的比如地下水位线的形状及方向。另外就是观测与模拟河流排泄量较大的位置是否一致。HydroGeoSphere 模型的一个突出的特点就是可以自行计算出流域河网，而不像其他模型要事先设定。

模型的识别通常要涉及调整水力传导系数。例如，如果地下水位整体偏于实际情况，说明水力传导系数设定的过低或过高，需要将其调整，特别是接近地表处。当模拟结果整体上接近实际时，仍可能存在个别水文站流量的模拟值与实际不符，这时不需要大规模的调整水力传导系数，而是小范围的调整容易带来误差的植物蒸散发参数以及不同土地利用类型的粗糙系数（Colautti，2010）。

采用稳定流模型所确定的初始条件，利用 2009 年降雨、水面蒸发量数据，进行模拟（附表 10）。通过对比发现，地质报告调查井点水位的模拟值偏高于实际观测值，且乌尔逊河流量的模拟值低于实际观测值[图 7-21(a)]，因此调低水文地质单元的水力传导系数，并将乌尔逊河所在区域的蒸发量由 800mm 改为 750mm，模拟结果见图 7-21(b)。可以看出，乌尔逊河流量有所增加，特别是 7~10 月期间，吻合较好，但是在 4~6 月模拟值与实测值的差距较大。这可能是冻土融化期，仅靠调整的水力传导系数不能充分地反映流域水量交换。因此，在 4 月和 5 月的降雨中加入上一年 11 月到翌年 3 月期间累积降雪量的 78%，重新进行模拟。从图 7-21(c)中可看出，4~7 月的模拟值与实际的差距有所减小，但是 7~10 月的流量却稍高于实际值，说明 4 月和 5 月加入的水量所起的作用不仅仅局限于冻土融化期，而是延长到整个模拟期间，但是逐渐减弱，其原因是所采取的处理方法仅在数量上满足融雪期湖泊水位的变化特征，但由于模型内部没有描述此期间地下水补排特征的物理方程，使得土壤内部水分变化的过程与实践不完全相符。

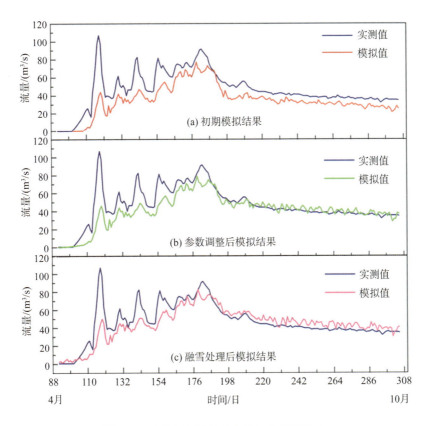

图 7-21　乌尔逊河流量模拟值与实测值对比

蒸发参数在所列文献中的范围内进行调整，敏感性从强到弱的排序为根系区及蒸发深度 L_r 与 B_{soil}，冠层储水参数 c_{int}，蒸腾拟合参数 C_3，叶面指数 LAI，蒸散发量随着根系及蒸发深度的增加呈立方数减小。

总体上，对于呼伦湖这样大的流域来说，模拟结果与实际的吻合程度已经达到精度的要求。所以，将此时的参数作为非稳定流的识别参数确定下来（表 7-4~表 7-6）。

2）模型验证

由于数据收集的限制，选择 2010 年 4~10 月来验证 HydroGeoSphere 模型的模拟能力。使用稳定流模型确定的初始条件，仅改变模型中边界条件降雨量的输入，其他参数不变。

距地表 5m 以内的井点水位的测量存在着很大的不确定性。例如，测量、读数以及观测点高程误差等。当个别井点不准确时，通过其他多个井点水位建立的地下水位线也就不可能反映实际情况，因为地下水波动的幅度很小，所以利用较精确的井点水位识别的参数较其他识别目标更可靠。对比 2010 年地下水头的模拟值与实测值（图 7-22），虽然个别井的模拟值与实际值的差距可达 4m，但是总体上两者的吻合程度还是较高的。同时，模拟结果能够较准确地重现乌尔逊河流量过程（图 7-23），说明模型能够捕捉到流域水文过程季节性变化的主要特征。而细节难以准确描述，其原因有两个：其一，可能是由于研究面积较大，而水文、气象站点较少，虽然区内的河网简单，但存在着众多的季节性河流，这些河流的流量均没有实测数据，模型很难捕捉到其变化特征，特别是暴雨发生时，更不能用其识别参数；其二，模拟过程中仅改变了降雨的输入，而未改变其他参数，特别是蒸散发参数，这就增加了模拟的误差。

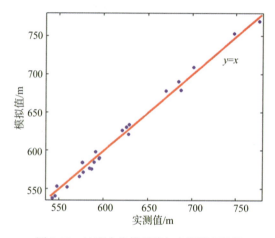

图 7-22 地下水头模拟值与实测值相关性

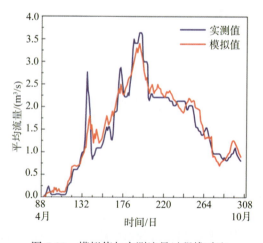

图 7-23 模拟值与实测流量过程线对比

通过定性的比较获取地下水补给的河网位置也是验证模型参数识别效果的一种途径。例如，图 7-24 为地下水与地表水的交换通量，即水量离开或渗入地下水。地表水的下渗与这里的交换通量存在着一定的区别，下渗水量可以通过蒸发按原路返回到地表水和大气中。当模型中的水量离开地下水系统进入到地表水系统时，模型计算过程的特征与地表径流完全相同。可以看出，乌尔逊河在整个模拟期间均获得地下水的补给。这与 Li 等（2008）及 Colautti（2010）的结论完全相符。相比较而言，4 月，呼伦湖与周边的流域地下水排泄的速率非常小，此时正处于春季冻土解冻时期，部分融雪水量补充到地下水中。进入 6 月，湖泊处的地下水排泄较 4 月增加，说明部分地下水补充到湖泊，与前面水量平衡分析的结果相符合，湖周边流域的地下水排泄的范围也有所扩大，这是由于蒸发作用的加剧，更多的水量离开地下水系统。8 月，湖泊及周边流域的地下水排泄均有所减少，这可能是冻土融雪水褪去，虽然蒸发较 5 月、6 月减弱，而降雨却达到了全年最大，对于地下水的补充作用增强。10 月，湖泊周边流域的地下水排泄范围有所扩大，而湖泊的几乎没有很大的变化，其主要原因是此时的风速达到了全年的第二个极值，蒸发作用随之增加，使得地下水排泄较大。

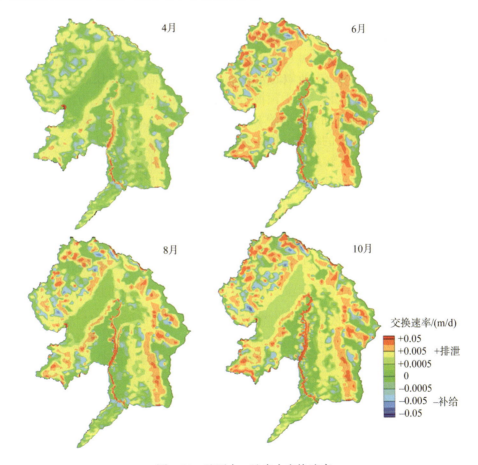

图 7-24　地下水、地表水交换速率

总体上，HydroGeoSphere 模型能够较为准确地反映流域水文过程，对于地表水–地下水的季节性分配也与实际情况相符，可为流域水资源管理者提供合理的水量分配建议，进而采取正确的措施。

7.3 未来气候下流域水文特征预测

气候作为一种重要的自然资源,同时作为自然环境的重要组成部分,不同程度地影响着全球各地区社会经济的方方面面,如主要农作物及畜牧业的生产、主要江河流域的水资源供给、沿海经济开发区的发展、人类居住环境与人类健康以及能源需求等,受到国际社会的广泛关注(王芳栋,2010)。IPCC(政府间气候变化专门委员会)第四次评估报告结果显示,过去 100 年(1906~2005 年)地球地表平均温度升高 0.74℃,与 1980~1999 年相比,21 世纪全球平均地表温度可能会升高 1.1~6.4℃(秦大河等,2007,2008)。气候变化对降雨、蒸发、径流等造成直接的影响,引起水分循环的变化,使得水资源在时间、空间上进行重新分配。近几十年来,国内外学者通过若干大型研究计划开展了全球气候变化影响的相关研究(王国庆等,2008)。

7.3.1 未来 20 年气候预测

目前,在短期气候预测方面所做的大部分工作基本上是由统计模式或全球环流模式来完成的,同时还有很多统计、动力预报相结合的方法。这 3 类预测方法在不同地区、不同季节预报技巧都有所不同,没有绝对优势(刘洪波等,2006)。我国短期气候预测多年来一直是采用多种因子的综合分析和多种方法的综合应用。统计学方法做气候预测隐含着一个基本假设,即气候系统的未来状况类似于过去和现在。如果预测期间的气候状况发生改变就破坏了这种基本假设,就有可能导致预测失败。这也是短期气候预测水平不稳定的主要原因。与统计方法相比,数值模式的预测方法不仅有明确坚实的物理基础,而且具有客观、定量的优点,是气候预测方法的一个新的发展,但运行代价高,且受到模式分辨率的限制,预测的结果比较粗糙,很难突出局地特征,对区域尺度的气候及其变化,尤其是对降水的模拟与预报不够准确。

1. 均生函数

20 世纪 90 年代初,依据气候时间序列蕴涵不同时间尺度振荡的特征,魏凤英等(1993)、曹鸿兴等(1993)拓展了数理统计中算术平均值的概念,提出了一种根据预报量自身序列进行预报建模的均值生成函数,简称为均生函数的方法。均生函数预测方法有两个优点,一是能很好地拟合出预报对象的趋势与极值;二是可以制作长时间的多步预测。因为这两个优点,用均生函数方法作气候预测在国内得到大量应用。基于均生函数的模型已经大量应用于年降水、年径流以及年水位的中长期预报序中(孙映宏,2009;窦浩洋等,2010;董秀丽等,2008;赵雪花和陈旭,2015;黄燕等,2010;马龙等,2013)。

1)均生函数模型

设样本量为 n 一个时间序列

$$x(t) = x(1), x(2), x(3), \cdots, x(n) \quad (7\text{-}57)$$

$x(t)$ 的平均值为

$$\overline{x(t)} = \frac{1}{n}\sum_{i=1}^{n} x(i) \tag{7-58}$$

对于式（7-58）构造均生函数：

$$\overline{x_i(t)} = \frac{1}{n}\sum_{j=0}^{n_l-1} x(i+lj) \quad i=1,2,\cdots,l; 1 \leqslant l \leqslant m \tag{7-59}$$

式中，n_1 为满足 $n_1 \leqslant [n/l]$ 的最大整数，$m=[n/2]$ 为不超过 $n/2$ 的最大整数。根据式（7-59）生成 m 个均生函数，可以得到一个下三角矩阵，

$$H = \begin{bmatrix} \overline{x_1(1)} & & & \\ \overline{x_2(1)} & \overline{x_2(2)} & & \\ \vdots & \vdots & & \\ \overline{x_L(1)} & \overline{x_L(2)} & \overline{x_L(L)} \end{bmatrix}$$

称 H 为 1 阶均生矩阵，$L=l_{\max}=[n/2]$。对 $\overline{x_L(i)}$ 做周期外延，即：

$$f_l(t) = \overline{x_t}\left[t - l \cdot \mathrm{int}\left(\frac{t-1}{l}\right)\right] \quad (l=1,2,\cdots,L;\ t=1,2,\cdots,n) \tag{7-60}$$

由此构造出均生函数的外延矩阵如下：

$$F = \begin{bmatrix} \overline{x_1(1)} & \overline{x_1(1)} & \overline{x_1(1)} & \overline{x_1(1)} & \overline{x_1(1)} & \cdots & \overline{x_x(1)} \\ \overline{x_2(1)} & \overline{x_2(2)} & \overline{x_2(1)} & \overline{x_2(2)} & \overline{x_2(1)} & \cdots & \overline{x_2(i_2)} \\ \vdots & \vdots & \vdots & \vdots & \vdots & & \vdots \\ \overline{x_L(1)} & \overline{x_L(2)} & \cdots & \overline{x_L(L)} & \overline{x_L(1)} & \cdots & \overline{x_L(i_L)} \end{bmatrix}$$

为了建立更好的预报效果模型，除了将原序列派生的均生函数作为预报因子备选外，还需对原序列作差分变换并计算相应的均生函数。一阶差分序列：

对原序列（7-57），令

$$\Delta x(t) = x(t+1) - x(t) \quad t=1,2,\cdots,n-1 \tag{7-61}$$

从式（7-61）可得一阶差分序列

$$x^{(1)}(t) = \Delta x(1), \Delta x^2, \cdots, \Delta(n-1) \tag{7-62}$$

对于式（7-61），令

$$\Delta x^{(2)}(t) = \Delta x(t+1) - \Delta x(t) \quad t=1,2,\cdots,n-1 \tag{7-63}$$

据此可得二阶差分序列

$$x^{(2)}(t) = \Delta^2 x(1), \Delta x^2(2), \cdots, \Delta^2(n-2) \tag{7-64}$$

将原序列 $x(t)$ 的均生函数记为 $\overline{x}_1^0$，将一阶差分序列 $x^{(1)}(t)$ 和二阶差序列 $x^{(2)}(t)$ 的均生函数分别记为 $\overline{x}_1^{(1)}(t)$ 和 $\overline{x}_1^{(2)}(t)$，利用式（7-60）可得它们的延拓序列 $f_l^{(0)}(t)$、$f_l^{(1)}(t)$、$f_l^{(2)}(t)$。

在原序列起始值和一阶差分序列均生函数延拓序列的基础上，进一步建立累加延拓序列：

$$f_l^{(3)}(t) = x(l) + \sum_{i=1}^{t-1} f_l^{(1)}(i+1) \quad t=2,3,\cdots,n; \quad l=1,2,\cdots,m \tag{7-65}$$

这样,从原序列可派生出 $4m$ 个均生函数延拓序列 $f^{(0)}{}_i(t)$、$f^{(1)}{}_i(t)$、$f^{(2)}{}_i(t)$、$f^{(3)}{}_i(t)$ 作为自变量供选择,原序列 $x(t)$ 作为预报对象,利用 MATLAB 中的逐步回归,筛选出一个最优回归,这时有 p 个($p \leqslant 4m$)入选序列,得到回归方程,即:

$$x(t) = \phi_0 + \sum_{p=0}^{4m} \phi_i f^j{}_i(t) + \varepsilon_t \quad j = 0,1,2,3,\cdots \quad (7\text{-}66)$$

若要做 Q 步回归,对 p 个序列各周期延拓,将外延得的值代入式(7-66)中,即得 Q 步预测。

$$x(t+q) = \phi_0 + \sum_{p=0}^{4m} \phi_i f^j{}_i(t+q) + \varepsilon_t \quad q = 1,2,\cdots,Q \quad (7\text{-}67)$$

对于多步预测,本文利用时间序列模型进行预测过程中随着时间推移不断用新信息取代旧信息的数据处理方法。首先用时序变量 $\{x(1), x(2),\cdots x(k)\}$ 建模,做 $x(k+1)$ 值预测。其次,删去序列的第一值 $x(1)$,把 $(k+1)$ 时刻的预测值 $x(k+1)$ 补充到序列的最末。再用 $\{x(2), x(3),\cdots x(k+1)\}$ 序列建模,做 $(k+1)$ 时刻的变量 $x(k+2)$ 值预测。如此相继进行下去,就可实现时序变量新旧信息替换的多步预测。

表 7-9 均生函数预测结果检验

降雨(基于 1961~2000 年段预报)										
年份	2000	2001	2002	2003	2004	2005	2006	2007	2008	P
M	−33.8	−31.0	−29.4	−23.8	−52.7	61.3	−55.8	6.8	3.5	
S	−25.4	13.2	−5.9	42	−43.9	−2.3	−21.1	37	0.0	
T	√	×	√	×	√	×	√	√	√	66.7%
蒸发(基于 1961~2000 年段预报)										
M	43.4	95.6	54.4	−47.8	44.2	87.1	39.0	83.8	41.3	
S	13.59	−22.6	−4.19	−11.4	3.7	18.9	12.8	−0.5	25.0	
T	√	×	×	√	√	√	√	×	√	66.7%
降雨(基于 1971~2010 年段预报)										
年份	1960	1961	1962	1963	1964	1965	1966	1967	1968	P
M	35.9	27.9	21.5	−22.6	29.4	0.9	21.6	−22.3	−22.7	
S	59.5	−4.6	1.5	−21.2	5.4	−19.4	2.0	−24.7	−10.2	
T	√	×	√	√	√	×	√	√	√	77.8%
蒸发(基于 1971~2010 年段预报)										
M	4.2	−55.7	−39.8	−7.9	16.2	42.0	10.1	23.6	−23.8	
S	9.1	−69.4	−52.1	0.2	12.7	13.5	9.6	23.3	−7.6	
T	√	√	√	×	√	√	√	√	√	88.9%

注:M 为实测距平值,S 为预报距平值,T 为趋势判断,P 为距平符合率。

2)预测结果验证

本文选用新巴尔虎右旗 1961~2010 年 8 月降雨、蒸发数据来验证均生函数的适用性。第一种方式,用 1961~2000 年共 40 年的降雨、蒸发数据建模,预测 2001~2010 年变化

第 7 章 呼伦湖流域水文数值模拟

情况。第二种方式,用 1971~2010 年数据建模,反推 1961~1970 年降雨、蒸发数据。

对比预测与实测的距平值及距平百分率,结果见图 7-25、图 7-26。以 1961~2000 年段数据建模,预测的 2001~2010 年降雨、蒸发与实际观测值变化趋势基本一致,但是量值差距较大,尤其明显的是蒸发量。然而,用 1971~2010 年数据建模反推 1961~2000 年的降雨、蒸发与实测值的变化趋势、量值吻合的都较好。图 7-26 中的实测值与预测的降雨、蒸发的距平百分率也存在着类似的表现。表 7-9 中的距平符合率均高于 60%,且基于 1971~2010 年数据的预测结果的趋势判断和距平符合率均高于基于 1961~2000 年

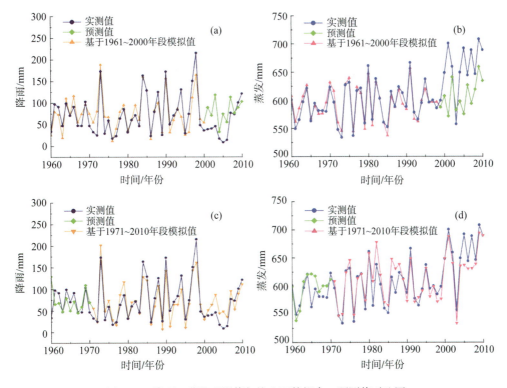

图 7-25 降雨、蒸发观测值与均生函数拟合、预测值对比图

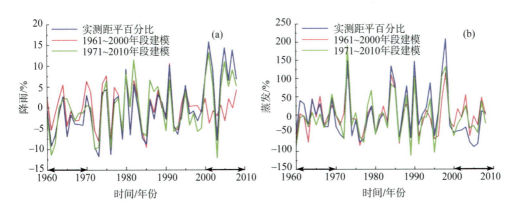

图 7-26 降雨、蒸发实测值与均生函数拟合、预测值的距平百分率曲线

段数据建模的预测结果。这说明使用 1971~2010 年数据建模的预测结果更符合实际,其原因主要是气候代表性的强弱问题。据前面 1960~2010 年呼伦湖流域气候变化特征分析的结果可知,1999 年后,流域气候出现短期的突变,如果建模数据不包括该时间段的数据,模型的代表性就会降低,预测结果的准确定性也就受到了影响,而 1961~1970 年段的降雨虽然也存在低于系列均值的情况,但是变化幅度不大,对于预测结果的影响较小。

2. 区域气候模式

PRECIS(Providing Regional Climates for Impacts Studies)是英国气象局 Hadley 气候预测与研究中心基于(GCM-HadCM3P)发展的区域气候模拟系统。该系统包含了政府间气候变化委员会(IPCC)2000 年设计的《排放情景特别报告》(SRES)情景下的气候情景数据库、RCM 本身和运行 RCM 所需的数据库。PRECIS 的水平分辨率为 50 km,垂直方向分为 19 层,最上层达到 0.15hPa。垂直方向最下面 4 层采用地形追随 σ 坐标系(σ=气压/地表气压),最上面 3 层采用 P 坐标系,中间采用两者的混合坐标系。侧边界采用松弛边界条件,缓冲区大小采用 4 个格点。陆面过程应用的是 MOSES(Met Office Surface Exchange Scheme)方案,土壤模式使用 4 层方案来计算地表面的热量和水分交换、土壤中热量和水文的传输过程,还考虑了土壤水分相变以及水和冰对土壤热力和动力特征的影响。采用了新的辐射方案,包括 6 个短波段和 8 个长波段。大尺度降水过程用云中液态水(冰)含量、云量的预报方案及降水诊断方程来描述,关于 PRECIS 详细介绍请参阅相关文献。PRECIS 的范围见图 7-27。

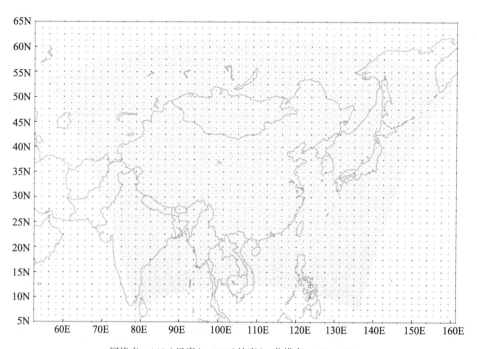

网格点:145(经度)×112(纬度)　分辨率:50km×50km
+:HadCM3;网格点;×:HadAM3H 网格点;·:PRECIS 网格点

图 7-27　PRECIS 覆盖区域

1) PRECIS 模型在中国的应用

许吟隆等（2006）、王芳栋（2010）、张勇等（2007）分别利用 Hadley 气候预测与研究中心的区域气候模式系统 PRECIS 进行中国区域气候基准时段（1961~1990 年）和 SRESB2 情景下 2071~2100 时段降雨量，地面温度，最高、最低气温及日较差变化响应的分析。结果表明，PRECIS 具有对中国区域地面温度、最高、最低气温及日较差的模拟能力，能够模拟出中国区域最高、最低气温及日较差的局地分布特征。无论是空间分布还是年际变化，模式对温度的模拟能力明显优于降水。PRECIS 对中国北方地区降水的模拟效果优于南方地区，模式不足在于区域内普遍存在模拟的气温略高于实况的系统性暖偏差。此外，许吟隆（2006）还利用 1979~1980 年的 ECMWF 分析数据作为准观测侧边界条件驱动气候预测，结合 PRECIS 模式，进一步验证 PRECIS 对中国区域的气候模拟能力。选择典型的观测站点北京模拟的日最高最低气温、太阳短波总辐射和月均降水量与观测结果进行直接比较，显示 PRECIS 具有很强的模拟地面气候季节变化的能力。

也有将 PRECIS 模型应用到我国局部地区气候变化情景的分析中。许吟隆等（2007）采用 ECMWF1979~1993 再分析数据作为准观测边界条件和 PRECIS 区域气候模式系统，将华南地区的模拟结果与实测资料进行比较，验证 PRECIS 对华南地区区域气候的模拟能力，并检验 GCM 模拟的大尺度边界场的误差对 PRECIS 模拟能力的影响。结果表明 PRECIS 能较好的模拟出华南地区气候的周期变化和时空特征分布，同时 GCM 产生的边界值的偏差对 PRECIS 的模拟效果没有明显的影响。陈楠等（2007，2008）基于 PRECIS 气候模型，分析了 B2 温室气体排放情景下，相对于气候基准时段 1961~1990 年，宁夏 2071~2100 年地面气温、降水量等的变化。徐宾等（2007）选定 4 种大小不同的模拟区域设置 25km 水平分辨率的 PRECIS 系统于宁夏地区，利用欧洲中期天气预报中心（ECWMF）1978 年 12 月~1979 年 9 月的再分析数据作为准观测边界条件驱动 PRECIS，通过模拟的宁夏地区冬夏两季日平均气温和降水与观测资料的对比，分析 25km 水平分辨率气候模拟结果对模式区域选择的敏感性。结果表明，25km 水平分辨率的 PRECIS 在 4 种不同模拟区域下都能较好地模拟宁夏地区典型年的日平均温度和降水量，尤其是对降水的模拟效果更好。总体上，PRECIS 的模拟效果随着模拟区域的缩小而下降，但 PRECIS 在中小模拟区域下仍然能够获得较好的模拟效果。徐宗学等（2009）应用统计降尺度模型 SDSM 和区域气候模式 PRECIS，对太湖流域的日降水量和日最高、最低气温进行降尺度处理，建立未来 2021~2050 年的气候变化情景，并对比分析两种方法的优缺点和适用性。两种方法模拟的未来时期日最高、最低气温季节和年的变化情景增幅总体上比较一致，高排放情景 A2 下模拟生成的情景增温幅度较大，未来时期最高气温增加幅度比最低气温明显。尤莉等（2009）利用区域气候模式系统 PRECIS，嵌套全球环流模式 HadCM3，模拟了气候基段 1961~1990 年内蒙古平均气温。通过模拟结果与实测值的对比分析，预测并分析了在 B2 温室气体排放情景（SRES）下，2071~2100 年内蒙古气温的变化情景。PRECIS 模式较好的模拟出了内蒙古 1961~1990 年 30 年平均的气温分布，特别在模拟从东北向西南温度递增趋势上表现了良好的能力，在 B2 排放情景下，未来 2071~2100 年内蒙古气候继续向暖的方向发展。

2）PRECIS 数据的验证

国外学者 Storch 等（1993）认为，研究区域内至少包括 4 个全球气候模型（GCM）网格，才可以研究气候情景的影响作用。本文的研究区是不符合该要求的，因为 GCM 过于粗糙的分辨率。但是本文呼伦湖周边流域基本上能够覆盖 4 个 PRECIS 区域气候模型（RCM）的网格节点（图 7-28），且英国 Hadely 气候中心为本文提供了 A1B 情景（中等排放情形：经济增长非常快，全球人口数量峰值在本世纪中叶，新的和更高效的技术被迅速引进，各种能源之间相平衡）下 2000~2050 年的逐日 PRECIS 数据（图 7-29）。所以，本文首先验证 PRECIS 模拟数据的精度。这里数据验证的时间段为 2000~2008 年的 4~10 月，目的是为了与前面均生函数模拟结果验证时间保持一致，以便进行对比。另外，4~10 月内，降雨量较为丰富，对其精度影响较小。首先，由于 PRECIS 的网格为 50km×50km，采用距离平方反比法对其进行插值。其次，根据四个气象站点的坐标，提取逐日降雨量，累加得到月值。最后，将该数据与气象站的实际观测值进行对比，结果见图 7-30。

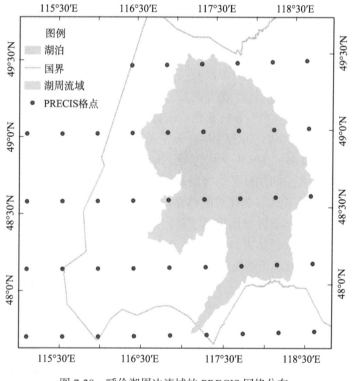

图 7-28　呼伦湖周边流域的 PRECIS 网格分布

由图 7-30 看出，PRECIS 数据能够反映降雨量年内的主要变化趋势，但是量值上与实测值差距较大，尤其明显的是海拉尔与新巴尔虎右旗。通过与均生函数预测结果对比，也表明了 PRECIS 数据与实际气候状况不是非常一致。主要原因有以下几点：首先，区域气候模式中设定的未来气候情景、气候系统本身以及模式三者存在不确定性，在分析

第 7 章 呼伦湖流域水文数值模拟

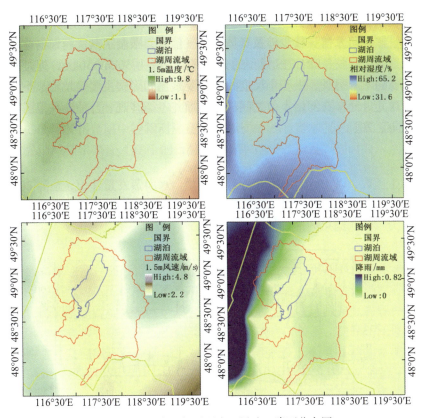

图 7-29 温度、相对湿度、风速、降雨分布图

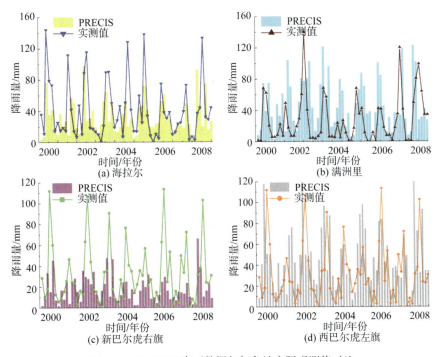

图 7-30 PRECIS 降雨数据与气象站实际观测值对比

模拟结果时需要综合考虑多方面因素；其次，短期气候预测的对象多为一些平均变量，如平均温度、平均降水等，较少涉及具体的天气信息，限制了其优越性的体现（刘洪波等，2006）；再次，虽然 PRECIS 模型的分辨率已经降为 50km×50km，但是对于本文所选研究区仍然过大，另外，由于小尺度的气候要素比如降雨主要由地形、小尺度降雨过程等原因所决定，简单在网格点值之间进行内插并不能客观、合理地获得区域气候要素值（宋晓猛等，2013）。

3. 气候预测

利用均生函数，以 1961~2010 年逐月降雨量、水面蒸发量建模，预测 2011~2030 年月值（图 7-31），累加即得年值。这里只预测月量而不预测日量是因为日降雨量很小且随机性比较大，预测结果的准确性值得怀疑。

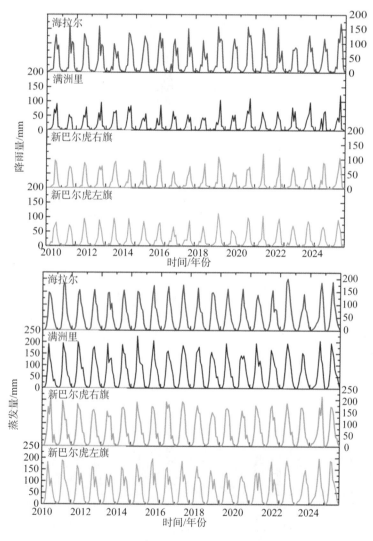

图 7-31 均生函数预测 2010~2030 年逐月降雨量、蒸发量

2011~2030 年，四个区域的降雨量变化趋势较为一致，海拉尔降雨量最大，其他三个地区比较接近，2022 年、2024 年降雨量充沛，蒸发量较小，流域比较湿润，相反，2027 年、2029 年降雨量稀少，蒸发强烈，流域较为干旱，各年份具体降雨量、蒸发量见表 7-10。

表 7-10　均生函数预测 2022 年、2024 年、2027 年、2029 年降雨量和蒸发量

站点	降雨量/mm				蒸发量/mm			
	2022	2024	2027	2029	2022	2024	2027	2029
海拉尔	445	429.56	270.59	253.92	600.4	610.37	752.37	728.17
满洲里	380.3	358.51	151.47	148.16	800.52	813.12	964.01	885.22
新巴尔虎右旗	352.96	335.55	173.52	193.59	740.12	721.41	874.83	896.33
新巴尔虎左旗	329.8	326.11	132.95	164.71	800.89	815.86	963.31	953.17

根据均生函数的预测获得未来 20 年内流域干湿状况，在 PRECIS 模拟结果中提取干旱年 2027 年、湿润年 2024 年的逐日降雨量、相对湿度、风速、温度、日照数据，利用 Penman 公式计算水面蒸发量，见图 7-32、图 7-33 及表 7-11。总体上，PRECIS 预测的降雨量高于均生函数的结果。

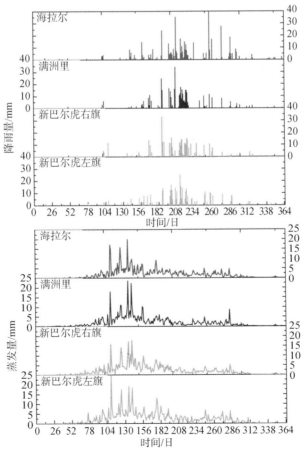

图 7-32　2024 年逐月降雨、蒸发变化情况（PRECIS 数据）

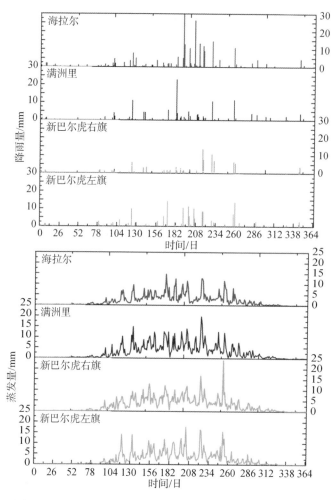

图 7-33　2027 年逐月降雨、蒸发变化情况（PRECIS 数据）

表 7-11　PRECIS 模式预测气象站 2024 年、2027 年降雨量、蒸发量

站点	降雨量/mm		蒸发量/mm	
	2024	2027	2024	2027
海拉尔	493.2	294.66	583.21	874.26
满洲里	389.34	214.47	768.35	989.25
新巴尔虎右旗	365.79	235.82	669.78	888.65
新巴尔虎左旗	379.32	210.23	745.32	997.42

7.3.2　未来气候下流域水文特征

利用稳定流模型确定的流域长期平均水平衡要素作为初始条件，采用非稳定流模型识别的参数，将均生函数预测的 2022 年、2024 年、2027 年、2029 年月降雨、水面蒸发量的日均值作为边界条件代入 HydroGeoSphere 模型，获得湖周边流域地表水、地下水

的分布特征。通过比较发现，2022 年、2024 年的降雨、蒸发均较接近，模拟的地表水深及饱和度也十分的接近，2027 年、2029 年也存在类似的现象。所以，这里只取 2024 年、2027 年的地表水深、土壤饱和度、乌尔逊河径流量的预测值进行比较分析（图 7-34~图 7-36、表 7-12）。

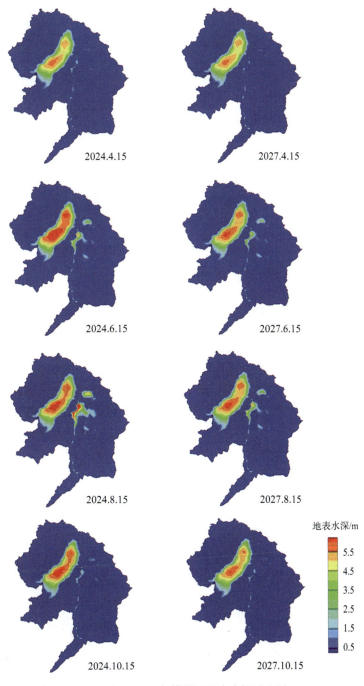

图 7-34　2024 年、2027 年模拟区地表水深对比图

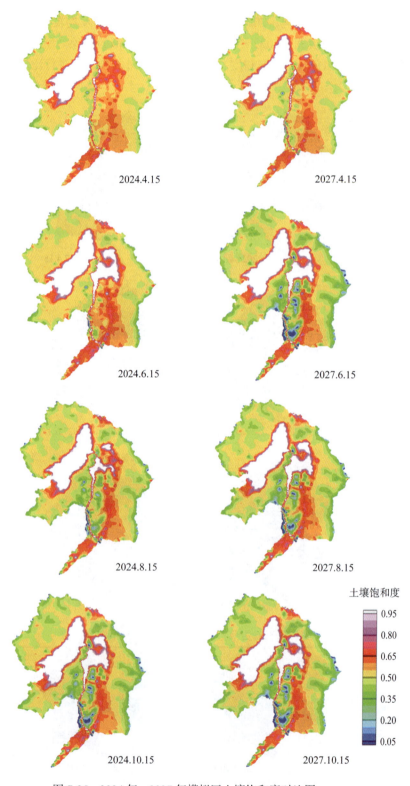

图 7-35 2024 年、2027 年模拟区土壤饱和度对比图

第7章 呼伦湖流域水文数值模拟

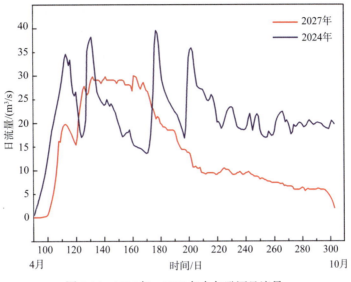

图 7-36 2024 年、2027 年乌尔逊河日流量

表 7-12 水位、面积、库容预测值

年份	月.日	水位/m	面积/km²	库容/(10⁸m³)
2022	4.15	542.3	1932.85	66.25
	6.15	542.8	1982.15	76.05
	8.15	542.2	1925.78	64.33
	10.15	541.9	1900.12	58.58
2024	4.15	542.5	1954.74	70.15
	6.15	542.7	1971.81	74.07
	8.15	542.4	1946.4	68.2
	10.15	542.1	1919.53	62.4
2027	4.15	539.4	1521.92	25.36
	6.15	539.8	1621.75	31.64
	8.15	539.6	1572.04	28.45
	10.15	539.3	1516.12	24.21
2029	4.15	539.6	1572.04	28.45
	6.15	540.1	1678.39	36.62
	8.15	540	1667.66	34.95
	10.15	539.9	1656.74	33.29

从图 7-34 可以看出，自 4 月开始，湖泊水位逐渐增加，新开湖几乎没有水，乌尔逊河开始融化，进入 6 月湖泊水位达到最大值，2024 年升至 542.7m，2027 年为 539.8m，随着降雨的增加，新开湖逐渐出现积水，乌尔逊河的水深也有所增加，8 月后，湖泊水位逐渐降低，此时的降雨、径流达到了全年最大，新开湖与乌尔逊河的水深也达到最大，进入 10 月，湖泊水位有所降低，较 8 月差距不大，但是新开湖已经消失，2024 年、2027 年水位均降至 542.1m 和 539.3m。虽然，新开湖与乌尔逊河的水位与实际值存在一定的

差距，其原因新开湖较小，并未对其进行细分处理，乌尔逊河即使细分处理了，但是也并不能完全刻画河流与地下水之间的相互作用，但是模拟结果却显示其季节性的变化趋势，说明模型的初始条件与参数比较贴合实际，更说明了模型强大的适用性及模拟能力。

比较图 7-35 中 2024 年与 2027 年 4~10 月的土壤饱和度的差距，可以看出，4 月饱和度最大，这是由于融雪补给土壤水分，随后饱和度逐渐变小，土壤水分的损失主要原因就是水分通过植物的蒸腾作用及土壤表面的蒸发过程散失到大气中，6 月与 8 月的差距非常明显，这说明即使 8 月降雨有所增加，但是难以弥补蒸发增加所导致的水分损失量，8 月与 10 月的差距不是很明显，可能是 8 月太阳辐射强烈，而 10 月风速增加，这两者所造成的蒸散发量的增加量比较接近，进而使得土壤饱和度的变化比较小。2027 年整个年份的饱和度都明显低于 2024 年，这直接反映了气候对于土壤水分的影响作用。

通过图 7-36 可以看出，2027 年乌尔逊河的流量总体上小于 2024 年，在丰水期过后流量逐渐减小，而 2024 年则有多个峰值，丰水期后流量仍保持在 20m³/s 左右，年径流量分别为 $2.3\times10^8m^3$ 和 $8.4\times10^8m^3$。

由于以上预测是采用降雨的日均值作为边界条件输入，为了摸清日降雨变化对于模拟结果的影响程度，将从 PRECIS 数据提取的 2024 年、2027 年的逐日降雨、水面蒸发作为边界条件输入模型，选择与以上相同时间的模拟结果进行比较。结果表明，湖泊水位及周边流域饱和度变化规律一致，由于 PRECIS 降雨数据高于均生函数预测结果，所以模拟结果总体上偏高。2024 年 6 月最高水位达到 543.2m，2027 年最低水位为 541.3m，其他时间变化幅度均小于 0.5m，湖周边流域土壤饱和度的变化幅度也不大。这是由于瞬时的日降雨变化形成季节性河流，而流域内水文站点少，捕捉不到此部分水量变化情况，加之流域地下水、土壤水对于降雨响应的滞后性，最终导致模拟结果与日均值的降雨输入差别不大。

查阅历史水位的记载，在 1962 年，湖泊水位达到了 545.3m，湖面面积 2335km²，为近百年来的最高水位，蓄水量达到了 $138\times10^8m^3$，致使湖东岸双山子一带决口，造成了面积为 146km² 的新开湖。通过对两条入湖河流径流量及降雨资料的分析，以及内蒙古农业大学对于呼伦湖水位的野外观测结果可知，呼伦湖历史最低水位出现在 2008 年、2009 年，为 540.1m，面积为 1678.4，容积为 $36.6\times10^8m^3$，此时的湖泊水环境基本已成中度富营养化水平。综合比较可以得出结论，未来 20 年内，较湿润年份内，呼伦湖水位最高能升至 543.2m，与历史最高水位仍有一定差距，新开湖只会因为降雨而在夏季出现积水现象，进入秋季则消失。总体上，湖泊水位的升高不会造成任何灾难；相反，水量的增加可以缓解湖泊萎缩的态势，改善水环境，增加湖泊草原土壤水分，有利于植被的生长，能减缓周边草原退化、沙化的进程，对湖泊及草原生态系统的恢复可以起到积极的作用。另一方面，干旱年份内，湖泊水位降至 539.3m，较目前观测的最低水位还要低 0.8m，其水环境的营养化水平可能会更糟糕，周边的草原由于降雨的减少，土壤水分损失严重，植物生长受到限制，加之湖泊水位的下降，对周边草原的补给作用减弱，会加剧草原的退化、沙化进程；同时，自然保护区内的生态环境也会受到损害，例如，野生动物，特别是鸟类的种类及栖息时间都会受到影响，这都对当地的牧民的生活及旅游业造成一定的影响。

7.4 结论与讨论

通过对 HydroGeoSphere 模型所需数据的准备，利用多年平均水平衡项构建稳定流模型，模拟区内水系、地表水深、地下水头与实际情况一致程度表明稳定流模型能够捕获研究区内的地表水–地下水的水文特征，可以作为非稳定流的初始条件。在此基础上，选择 2009 年的数据利用非稳定流模型进行参数的识别。通过调整水文地质单元的水力传导系数及蒸散发计算的参数，同时加入冻土融雪过程的处理方法，模拟结果与实际较吻合，将此时的参数确定下来。模拟结果显示，此部分水量所起的作用不仅仅局限于冻土解冻、冰雪融化期，而是延长到整个模拟期间，但是逐渐减弱。

采用 2010 年数据对 HydroGeoSphere 模型的模拟能力进行验证，同时，对比分析湖泊、周边流域的地表水–地下水交换量季节性变化特征，乌尔逊河在整个模拟期间均获得地下水的补给。4 月，呼伦湖与周边的流域地下水排泄的速率非常小，此时正处于春季冻土解冻时期，部分融雪水量补充到地下水中。进入 6 月，湖泊处的地下水排泄较 4 月增加，部分地下水补充到湖泊，湖周边流域的地下水排泄的范围也有所扩大，在蒸发加剧的作用，更多的水量离开地下水系统。8 月，湖泊及周边流域的地下水排泄均有所减少，冻土融雪水褪去，降雨却达到了全年最大，对于地下水的补充作用增强。10 月，湖泊周边流域的地下水排泄范围有所扩大，而湖泊几乎没有很大的变化，此时的风速达到了全年的第二个极值，蒸发作用随之增加，使得地下水排泄较大。

选择 1961~2010 年数据建立气候预测模型，利用均生函数预测 2011~2030 年的降雨、水面蒸发量。预测结果显示，2027 年、2029 年，降雨量稀少，蒸发强烈，呼伦湖流域比较干旱。相反，2022 年、2024 年降雨量充沛，蒸发较低，流域相对湿润。从 PRECIS 数据中提取 2024 年、2027 年逐日降雨及其他气象指标，其降雨量高于均生函数预测结果，利用 Penman 公式计算蒸发量。选择均生函数预测的 2011~2030 年中较为湿润、干旱的年份 2024 年、2027 年的月降雨、水面蒸发日均值及 PRECIS 数据逐日降雨、蒸发作为 HydroGeoSphere 模型的边界条件进行模拟，对比地表水深、饱和度及乌尔逊河径流量。降雨、蒸发的日变化对模拟结果影响不大，原因是流域内水文站无法捕获瞬时降雨引得的季节性河流的水量变化及地下水、土壤水对于降雨响应的滞后性。综合比较，未来 20 年内不会有极端天气的发生，湿润年份湖泊最高水位可达 543.2m，不会造成灾害，反而改善湖泊水环境，周边流域饱和度较高，乌尔逊径流量可达 $8.4 \times 10^8 m^3$。干旱年份湖泊最低水位降至 539.3m，流域土壤较干，乌尔逊河径流量为 $2.3 \times 10^8 m^3$。

HydroGeoSphere 模拟结果显示，湖泊水位自 4 月开始升高，6 月到达最大，之后逐渐减少，周边流域土壤在 4 月饱和度最大，之后逐渐降低。此变化规律与水量平衡计算的结论是吻合的。呼伦湖周边流域的水文过程为：4 月开始，温度回升，流域内自上一年 11 月至翌年 3 月的累积降雪逐渐融化，并深入地下，土壤开始解冻，两者共同作用下地下水会得到一次水量补给，水位抬升，开始补给湖泊，水位出现暂时回升，6月，此部分水量退去后，湖泊及流域在强烈的蒸发作用下，水位及地下水位下降，即使8月的降雨增加，也难以弥补强烈的太阳辐射及大风造成蒸散发强度加剧引起的水量损失，使得水位及饱和度逐渐降低。

参 考 文 献

曹鸿兴, 魏凤英. 1993. 多步预测的降雨时序模型. 应用气象学报, 4(2): 198–204
陈楠, 许吟隆, 陈晓光, 等. 2007. PRECIS 模式对宁夏气候变化情景的模拟分析. 第四纪研究, 27(3): 332–338
陈楠, 许吟隆, 陈晓光, 等. 2008. PRECIS 模式对宁夏气候模拟能力的初步验证. 气象科学, 28(1): 94–99
董秀丽, 王贵平, 哈立宇. 2008. 用均生函数模型做赤峰夏季温度和降水气候预测试验. 内蒙古气象, (1): 24–26
窦浩洋, 邓航, 孙小明, 等. 2010. 基于均生函数–最优子集回归模型的青藏高原气温和降水短期预测. 北京大学学报(自然科学版), 46(4): 643–648
黄燕, 张静怡, 顾鹤南. 2010. 基于均生函数模型的香屯站年最高水位模拟与预测. 南水北调与水利科技, 8(1): 72–74
刘春蓁. 2003. 气候变异与气候变化对水文循环影响研究综述水文, 23(4): 1–7
刘洪波, 张大林, 王斌. 2006. 区域气候模拟研究及其应用进展. 气候与环境研究, 11(5): 649–668
秦大河. 2008. 气候变化科学的最新进展. 科技导报, (7): 3
秦大河, 罗勇, 陈振林, 等. 2007. 气候变化科学的最新进展：IPCC 第四次评估综合报告解析. 气候变化研究进展, 3(6): 311–314
孙映宏. 2009. 基于均生函数模型的杭州市年降雨量预测. 水电能源科学, 27(2): 14–16
宋晓猛, 张建云, 占车生, 等. 2013. 气候变化和人类活动对水文循环影响研究进展. 水利学报, 44(7): 779–790
王芳栋. 2010. PRECIS 和 RegCM3 对中国区域气候的长期模拟比较. 中国农业科学院硕士学位论文
王国庆, 张建云, 刘九夫, 等. 2008. 气候变化对水文水资源影响研究综述. 中国水利, (2): 47–51
魏凤英, 曹鸿兴. 1993. 模糊均生函数模型及其应用. 气象, 19(2): 7–11
许吟隆, 张勇, 林一骅, 等. 2006. 利用 PRECIS 分析 SRES B2 情景下中国区域的气候变化响应. 科学通报, 51(17): 2068–2074
许吟隆, 黄晓莹, 张勇, 等. 2007. PRECIS 对华南地区气候模拟能力的验证. 中山大学学报(自然科学版), 46(5): 93–97
徐宾, 许吟隆, 张勇, 等. 2007. PRECIS 模拟区域的选择对宁夏区域气候模拟效果的敏感性分析. 中国农业气象, 28(2): 118–123
徐宗学, 刘浏, 黄俊雄, 等. 2009. SDSM 和 PRECIS 建立太湖流域气候变化情景的比较分析. 第 26 届中国气象学会年会灾害天气事件的预警、预报及防灾减灾分会场
马龙, 刘廷玺, 冀鸿兰, 等. 2013. 基于气候重建资料及均生函数–最优子集回归模型的降水预测. 水文, 33(1): 63–67
阳勇, 陈仁升. 2011. 冻土水文研究进展. 地球科学进展, 26(7): 711–723
尤莉, 许吟隆, 荀学义. 2009. PRECI 模式对内蒙古气候变化情景的模拟与分析. 内蒙古气象, (4): 3–6
曾献奎. 2009. 基于 HydroGeoSphere 的凌海市大、小凌河扇地地下水—地表水耦合数值模拟研究. 吉林大学硕士学位论文
张勇, 须吟隆, 董文杰, 等. 2007. SRESB2 情景下中国区域最高、最低气温及日较差变化分布特征初步分析. 地球物理学报, 50(3): 714–723
赵雪花, 陈旭. 2015. 经验模态分解与均生函数–最优子集耦合模型在年径流预测中的应用. 资源科学, 37(6): 1173–1180
Andersen J, Dybkjaer G, Jensen, K H, et al. 2002. Use of remotely sensed precipitation and leaf area index in a distributed hydrological model. Journal of Hydrology, 264(1–4): 34–50
Berkowitz B, Bear J, Braester C. 1988. Continuum models for contaminant transport in fractured porous formations. Water Resour Research, 24(8): 1225–1236
Colautti D. 2010. Modelling the effects of climate change on the surface and subsurface Hydrology of the Grand River watershed. Waterloo, Ontario, Canada: University of Waterloo

Dickinson R E, Henderson S A, Rosenzweig C, et al. 1991. Evapotranspiration models with canopy resistance for use in climate models, a review. Agricultural and Forest Meteorology, 54(2–4): 373–388

Goderniaux P, Brouyere S, Fowler H J, et al. 2009. Large scale surface-subsurface hydrological model to assess climate change impacts on groundwater reserves. Journal of Hydrology, 373(1–2): 122–138

Kristensen K J, Jensen S E. 1975. A model for estimating actual evapotranspiration from potential evapotranspiration. Nordic Hydrology, 6: 170–188

Li Q, Unger A J A, Sudicky E A, et al. 2008. Simulating the multi-seasonal response of a large-scale watershed with a 3D physically-based hydrologic model. Journal of Hydrology, 357(3–4): 317–336

Panday S, Huyakorn P S. 2004. A fully coupled physically-based spatially-distributed model for evaluating surface/subsurface flow. Advances in Water Resources, 27(4): 361–382

Pruess K, Tsang Y W. 1990. Two-phase relative permeability and capillary pressure of rough-walled rock fractures. Water Resour Research, 26(9): 1915–1926

Storch H V, Zorita E, Cubasch U. 1993. Downscaling of global climate change estimates to regional scales: An application to Ibrian rainfall in wintertime. Journal of Climate, 6(6): 1161–1171

Sudicky E A, McLaren R G. 1992. Laplace transform Galerkin technique for large-scale simulation of mass transport in discretely fractured porous formations. Water Resour Research, 2(2): 499–514

Sudicky E A, Unger A J A, Lacombe S. 1995. A noniterative technique for the direct implementation of well bore boundary conditions in three-dimensional heterogeneous formations. Water Resources Research, 31(2): 411–415

Sykes J F, Randall J E, Normani S D. 2005. The analysis of seasonally varying flow in a crystalline rock watershed using an intergrated surface water and grandwater model. American Geophysical Union

Therrien R, McLaren R G, Sudicky E A, et al. 2012. HydroGeoSphere: A three-dimensional numerical describing fully-integrated subsurface and surface flow and solute transport. Groundwater Simulations Group

Therrien R, Sudicky E A. 1996. Three-dimensional analysis of variably-saturated flow and solute transport in discretely-fractured porous media. Jounral of Contaminant Hydrology, 23: 1–44

Therrien R, Sudicky E A. 2000. Well bore boundary conditions for variably saturated flow modeling. Advances in Water Resources, 24(2): 195–201

Vazquez R F, Feyen L, Feyen J, et al. 2002. Effect of grid size on effective parameters and model performance of the MIKE-SHE code. Hydrological Processes, 16(2): 355–372

Vazquez R F, Feyen L, Feyen J, et al. 2003. Effect of potential evapotranspiration estimates on effective parameters and performance of the MIKE SHE-code applied to a medium-size catchment. Journal of Hydrology, 270(3–4): 309–327

Wang J S Y, Narasimhan T N. 1985. Hydrologic mechanisms governing fluid flow in a partially saturated, fractured, porous medium. Water Resource Research, 21(12): 1861–1874

附 录

附表 1　1990 年 10 月 18 日遥感影像在实测水深点位置的波段 DN 值提取结果表

点位	band1	band2	band3	band4	band5	band6	band7
1（1988）	63	25	25	10	4	101	0
2（1988）	65	27	26	11	4	100	1
3（1988）	66	25	27	10	2	100	2
4（1988）	68	27	27	9	4	99	0
5（1988）	65	26	28	10	5	101	2
6（1988）	68	28	26	10	6	100	3
7（1988）	65	26	25	9	5	100	1
8（1988）	64	26	26	9	5	100	0
1（1991）	64	25	25	9	5	99	1
2（1991）	60	24	25	9	4	100	1
3（1991）	61	25	26	10	3	100	0
4（1991）	65	27	27	10	4	100	2
5（1991）	67	27	27	10	3	99	1
6（1991）	65	25	27	10	5	100	1
7（1991）	66	25	26	9	4	101	3
8（1991）	68	26	28	10	4	101	1
9（1991）	64	25	26	9	4	100	2
D71	64	27	26	10	5	99	3
D72	64	26	28	10	3	99	1
D73	65	27	27	10	5	100	3
F51	68	26	27	10	5	100	1
F52	66	26	27	10	4	101	3
F53	67	28	27	10	5	101	0
G22	64	27	27	10	5	99	1
G23	66	26	27	10	5	100	2
H41	66	27	28	10	5	101	4
G81	62	26	25	9	3	100	2
F7	66	25	28	10	4	100	0
C8	65	27	27	10	3	99	2
D9	66	27	25	9	3	101	4
A10	64	25	26	11	5	99	2
D11	65	25	26	9	4	100	1
D7	64	25	26	9	5	99	2
E8	64	28	27	10	4	100	1
F5	68	26	27	10	5	100	1
F9	65	26	26	11	4	101	1
G8	61	26	25	9	4	101	2
H3	65	26	26	9	6	100	3
I2	59	24	22	8	4	97	3
I5	61	24	23	10	4	99	1
H3	66	27	26	10	3	100	2

附表 2　1998 年 9 月 15 日遥感影像在实测水深点位置的波段 DN 值提取结果表

点位	band1	band2	band3	band4	band5	band6	band7
1（1988）	74	30	28	10	2	111	2
2（1988）	80	32	32	10	6	111	2
3（1988）	83	35	34	11	5	112	3
4（1988）	82	35	34	11	4	111	1
5（1988）	79	34	32	11	5	112	3
6（1988）	84	35	35	12	5	110	0
7（1988）	81	32	30	10	4	109	4
8（1988）	84	34	33	11	4	112	3
1（1991）	76	31	27	10	3	111	5
2（1991）	60	23	20	9	3	110	4
3（1991）	74	30	28	10	5	112	4
4（1991）	81	33	31	10	3	111	2
5（1991）	85	37	35	12	3	111	3
6（1991）	83	35	35	12	5	111	3
7（1991）	84	34	34	11	4	112	3
8（1991）	83	34	34	12	5	110	3
9（1991）	78	32	30	10	5	109	4
D71	84	35	35	11	3	111	2
D72	83	34	33	11	5	111	3
D73	79	32	31	10	3	111	2
F51	85	34	36	12	5	111	3
F52	86	34	35	12	3	111	2
F53	83	34	35	13	5	111	2
G22	83	36	36	13	5	110	4
G23	85	34	34	12	5	110	3
H41	81	34	34	11	4	110	3
G81	79	33	32	11	4	112	2
F7	83	35	35	12	5	111	3
C8	81	33	31	11	4	111	3
D9	78	31	30	10	4	111	2
A10	75	29	25	9	4	110	6
D11	79	31	31	10	4	111	3
D7	80	34	34	11	3	111	3
E8	80	33	33	10	5	111	3
F5	85	35	35	12	5	111	4
F9	81	32	31	10	5	111	4
G8	80	32	32	11	5	112	3
H3	81	34	32	12	4	109	2
I2	76	32	29	10	5	109	3
I5	71	29	27	10	4	109	3
H3	81	34	35	11	4	111	2

附表 3　2001 年 10 月 17 日遥感影像在实测水深点位置的波段 DN 值提取结果表

点位	band1	band2	band3	band4	band5	band6	band7
1（1988）	68	53	53	27	12	91	11
2（1988）	69	53	54	26	10	91	10
3（1988）	67	56	54	24	10	92	9
4（1988）	67	55	50	24	10	92	10
5（1988）	69	56	53	24	9	91	11
6（1988）	67	55	51	22	10	91	11
7（1988）	67	51	47	20	9	91	10
8（1988）	70	55	55	25	9	91	10
1（1991）	66	53	49	22	10	90	12
2（1991）	65	51	47	21	10	88	9
3（1991）	64	53	50	25	10	90	10
4（1991）	68	55	54	25	10	92	9
5（1991）	69	54	53	24	9	93	8
6（1991）	68	55	54	24	9	91	9
7（1991）	70	54	51	24	10	92	10
8（1991）	68	54	51	23	10	92	11
9（1991）	64	52	50	19	10	92	10
D71	68	53	51	22	10	90	10
D72	69	53	51	22	9	90	10
D73	68	54	50	23	10	91	9
F51	71	54	53	24	10	92	10
F52	68	53	51	24	10	92	9
F53	67	55	53	24	10	92	10
G22	69	54	52	22	10	91	10
G23	68	55	53	23	10	91	8
H41	69	55	55	26	10	91	11
G81	68	55	51	24	10	90	8
F7	67	53	53	24	10	91	10
C8	68	53	51	23	10	91	10
D9	68	54	52	26	10	90	8
A10	65	52	51	23	9	91	10
D11	65	52	52	26	9	92	11
D7	68	51	49	22	10	90	8
E8	69	54	53	26	10	91	10
F5	67	54	54	24	10	92	10
F9	66	52	50	27	10	91	9
G8	67	54	53	23	10	90	10
H3	70	57	52	25	10	92	9
I2	66	52	49	21	9	89	10
I5	67	52	47	21	11	89	10
H3	67	54	54	26	10	91	9

附表4　2006年10月7日遥感影像在实测水深点位置的波段DN值提取结果表

点位	band1	band2	band3	band4	band5	band6	band7
1（1988）	65	30	31	22	4	105	3
2（1988）	68	30	31	21	7	104	4
3（1988）	66	29	31	19	4	105	4
4（1988）	64	31	31	20	5	105	4
5（1988）	62	29	31	18	6	105	4
6（1988）	66	32	31	20	6	104	4
7（1988）	65	29	30	17	5	103	5
8（1988）	67	31	32	23	6	105	4
1（1991）	61	29	30	20	7	103	6
2（1991）	61	28	27	16	5	102	3
3（1991）	63	29	29	19	6	104	4
4（1991）	66	30	31	20	6	105	5
5（1991）	66	30	32	20	6	104	4
6（1991）	66	32	32	22	7	105	5
7（1991）	68	32	32	22	6	106	5
8（1991）	68	31	34	20	7	104	5
9（1991）	66	30	30	17	7	104	3
D71	64	29	30	19	4	106	5
D72	63	31	30	20	6	106	4
D73	65	31	31	20	7	106	5
F51	65	30	32	21	6	104	5
F52	65	30	31	20	6	104	4
F53	68	31	32	23	6	105	4
G22	68	31	32	21	6	106	4
G23	68	31	33	21	7	104	4
H41	65	31	31	22	6	105	5
G81	62	29	29	20	6	105	4
F7	69	31	34	24	7	106	5
C8	64	31	31	19	6	106	3
D9	67	31	30	21	7	105	4
A10	63	29	30	20	6	104	3
D11	66	30	31	23	7	106	4
D7	64	29	30	19	6	106	3
E8	64	29	30	20	5	105	4
F5	66	31	30	21	5	104	3
F9	67	30	30	22	6	105	5
G8	65	30	30	20	6	105	5
H3	66	31	31	20	6	105	3
I2	63	29	30	16	7	101	5
I5	64	29	29	18	5	104	4
H3	67	31	33	22	6	105	6

附表 5　2007 年 9 月 24 日遥感影像在实测水深点位置的波段 DN 值提取结果表

点位	band1	band2	band3	band4	band5	band6	band7
1（1988）	60	30	26	12	8	108	4
2（1988）	71	33	32	19	5	108	3
3（1988）	70	33	32	19	7	107	5
4（1988）	71	34	34	19	6	108	2
5（1988）	71	35	34	19	7	108	4
6（1988）	72	33	31	16	6	109	4
7（1988）	59	27	22	11	7	108	4
8（1988）	71	34	33	18	6	108	5
1（1991）	65	31	29	14	6	107	4
2（1991）	57	26	24	12	9	105	4
3（1991）	59	27	23	11	9	107	5
4（1991）	72	33	32	19	6	109	3
5（1991）	73	33	34	19	7	109	5
6（1991）	71	35	33	19	8	107	5
7（1991）	71	33	32	18	6	109	4
8（1991）	66	31	28	13	7	108	4
9（1991）	62	28	24	12	6	107	2
D71	70	32	30	15	6	108	5
D72	71	33	31	16	9	108	4
D73	68	33	31	16	6	108	5
F51	70	34	32	18	7	109	4
F52	71	34	32	18	8	109	3
F53	72	33	33	19	6	109	4
G22	66	32	29	14	6	108	4
G23	70	33	32	18	5	108	4
H41	71	33	32	18	5	109	2
G81	72	33	32	19	7	109	4
F7	70	33	32	19	6	108	2
C8	67	31	30	14	8	108	2
D9	71	34	32	18	6	108	4
A10	61	27	23	10	8	106	4
D11	69	34	33	19	7	107	6
D7	69	33	30	16	8	108	5
E8	72	35	35	20	7	108	3
F5	70	33	31	17	7	109	5
F9	71	34	35	20	4	108	5
G8	71	34	33	19	7	108	5
H3	73	34	33	19	5	108	3
I2	57	27	23	11	6	105	2
I5	66	30	27	13	5	107	2
H3	74	34	32	19	5	109	3

附表6 稳定流模型各测站降雨量 mm

年份	月份						
	4	5	6	7	8	9	10
站点 海拉尔							
1965	6.60	16.80	16.50	106.30	53.40	7.70	0.30
1966	17.20	14.00	92.60	59.00	110.20	2.60	12.90
1967	3.20	30.10	108.30	101.90	68.60	34.40	4.00
1968	17.50	26.90	66.50	13.10	68.00	21.50	11.80
1969	32.70	31.00	22.70	135.30	80.90	15.70	22.70
1970	0.40	8.70	49.50	91.70	81.00	94.10	0.00
平均	12.93	21.25	59.35	84.55	77.02	29.33	8.62
站点 满洲里							
1965	5.50	11.30	23.10	54.30	70.00	0.40	0.40
1966	8.50	28.20	77.20	52.30	76.40	8.60	8.60
1967	10.30	22.70	29.30	93.40	57.50	1.80	1.80
1968	29.50	39.30	17.50	26.30	95.30	1.40	1.40
1969	18.80	30.40	10.00	51.60	93.00	7.20	7.20
1970	2.00	9.00	12.90	81.20	112.90	0.00	0.00
平均	12.43	23.48	28.33	59.85	84.18	3.23	3.23
站点 新巴尔虎右旗							
1965	1.70	3.40	54.50	89.40	70.70	16.10	0.80
1966	0.70	14.50	48.90	77.10	91.40	1.80	10.40
1967	3.30	9.80	45.80	99.10	47.50	28.60	0.80
1968	10.30	22.70	26.00	13.30	47.10	43.10	3.50
1969	12.70	10.90	3.90	45.20	103.20	8.20	15.10
1970	0.00	1.00	20.60	68.90	46.90	33.20	0.00
平均	4.78	10.38	33.28	65.50	67.80	21.83	5.10
站点 新巴尔虎左旗							
1965	15.80	8.60	8.30	57.50	92.70	19.90	0.00
1966	6.20	4.80	42.30	50.70	88.90	0.80	10.50
1967	7.10	17.80	62.50	85.10	68.10	22.10	3.40
1968	32.90	24.50	44.20	25.60	104.00	14.20	7.40
1969	21.70	17.00	7.80	44.70	70.50	13.40	18.50
1970	0.10	14.70	42.90	102.60	53.40	59.90	0.00
平均	13.97	14.57	34.67	61.03	79.60	21.72	6.63

附表 7　稳定流模型各测站水面蒸发量　　mm

年份	月份						
	4	5	6	7	8	9	10
站点　海拉尔							
1965	62.59	115.06	157.56	80.00	65.54	64.97	56.87
1966	30.85	177.60	101.16	117.48	67.90	77.55	41.86
1967	47.96	129.50	104.34	81.54	81.61	67.48	32.12
1968	69.16	108.12	112.56	146.07	74.38	56.81	22.61
1969	51.71	105.07	165.51	107.38	56.93	69.97	26.40
1970	68.75	140.18	181.76	66.04	84.34	47.01	53.61
平均	55.17	129.26	137.15	99.75	71.78	63.97	38.91
站点　满洲里							
1965	77.69	144.36	176.78	110.16	78.93	72.47	56.84
1966	34.53	195.90	123.55	116.05	76.87	101.60	48.12
1967	80.79	241.21	175.19	161.51	98.11	84.04	27.85
1968	59.07	170.46	176.65	158.96	68.29	97.68	60.19
1969	72.00	254.37	193.05	108.80	91.01	60.70	54.98
1970	89.52	244.19	193.75	132.96	242.77	93.54	59.30
平均	68.93	208.42	173.16	131.41	109.33	85.01	51.21
站点　新巴尔虎右旗							
1965	67.53	115.90	131.08	96.65	113.50	95.02	80.35
1966	109.44	187.77	265.47	182.51	95.73	72.92	52.45
1967	110.16	163.35	193.95	118.13	102.50	77.13	51.70
1968	92.07	214.97	204.23	119.52	107.29	80.46	52.08
1969	85.65	192.22	201.84	127.57	97.92	86.51	51.28
1970	95.80	199.15	219.92	124.19	79.06	76.54	64.27
平均	93.44	178.89	202.75	128.10	99.33	81.43	58.69
站点　新巴尔虎左旗							
1965	96.59	194.20	253.84	135.23	101.66	94.73	90.11
1966	59.38	235.81	210.61	192.26	93.15	104.07	79.68
1967	84.70	187.40	156.85	161.32	156.98	104.73	56.27
1968	74.18	146.14	177.76	195.93	108.25	95.66	38.28
1969	88.48	164.09	224.31	188.96	149.74	110.56	50.06
1970	121.28	203.56	248.62	114.31	168.71	71.59	84.59
平均	87.44	188.53	212.00	164.67	129.75	96.89	66.50

附表8　稳定流模型乌尔逊河流量　　m³/s

年份	月份						
	4	5	6	7	8	9	10
1965	32.90	28.30	22.50	28.10	43.00	26.40	22.60
1966	15.00	27.10	41.30	34.20	28.50	24.70	19.50
1967	22.70	30.60	36.20	31.60	29.90	23.50	20.90
1968	24.70	25.60	23.70	20.20	19.00	19.00	15.50
1969	22.90	24.80	22.10	16.80	22.20	26.80	21.80
1970	24.40	30.60	29.70	24.10	26.30	29.80	31.00
平均	23.77	27.83	29.25	25.83	28.15	25.03	21.88

附表9　稳定流模型克鲁伦河流量　　m³/s

年份	月份						
	4	5	6	7	8	9	10
1965	16.60	20.30	13.70	19.50	40.20	29.90	16.70
1966	4.38	17.10	16.90	20.00	41.40	48.10	23.50
1967	10.50	23.20	41.60	51.30	93.50	59.00	24.20
1968	11.30	21.80	37.40	26.90	44.10	32.40	26.10
1969	11.50	16.90	10.50	10.90	22.00	49.20	72.20
1970	14.40	35.80	35.50	22.20	36.90	53.10	54.60
平均	11.45	22.52	25.93	25.13	46.35	45.28	36.22

附表10　识别期各测站降雨量、水面蒸发量　　mm

站点	月份						
	4	5	6	7	8	9	10
降雨量							
海拉尔	8.9	20.1	14.5	98.4	60.2	43.2	26.4
满洲里	6.4	13.2	22.1	46.5	69.3	32.1	25.4
新巴尔虎右旗	2.1	3.1	46.9	90.2	67.3	26.5	15.2
新巴尔虎左旗	17.4	7.9	8.5	60.4	93.2	54.2	21.4
蒸发量							
海拉尔	55.17	129.26	137.15	99.75	71.78	63.97	38.91
满洲里	68.93	208.42	173.16	131.41	109.33	85.01	51.21
新巴尔虎右旗	93.44	178.89	202.75	128.1	99.33	81.43	58.69
新巴尔虎左旗	87.44	188.53	212	164.67	129.75	96.89	66.5